城市住房发展规划编制指南

住房和城乡建设部住房改革与发展司
中国城市规划设计研究院   编著

U0249059

中国建筑工业出版社

图书在版编目（CIP）数据

城市住房发展规划编制指南/住房和城乡建设部住房改
革与发展司，中国城市规划设计研究院编著.—北京：中
国建筑工业出版社，2014.5
ISBN 978-7-112-16547-6

Ⅰ.①城… Ⅱ.①住…②中… Ⅲ.①住宅建设-城市规
划-编制–中国-指南 Ⅳ.①TU984.12-62

中国版本图书馆 CIP 数据核字（2014）第 046267 号

　　本书内容主要包括城市住房发展规划工作综述，城市住房发展规划的编制要求，城市住房发展规划编制的重点技术问题，城市住房发展规划编制的国际经验等，并将《城市住房发展规划编制导则》和国内部分城市的住房发展（建设）规划成果作为附录，供相关单位在编制城市住房发展规划时参考。

　　本书可供住房和城乡建设主管部门及相关单位从事房地产管理、建设、开发和设计工作的读者使用。

* × *

责任编辑：徐晓飞　许顺法
责任设计：陈　旭
责任校对：李美娜　赵　颖

城市住房发展规划编制指南

住房和城乡建设部住房改革与发展司
中国城市规划设计研究院　编著

*

中国建筑工业出版社出版、发行（北京西郊百万庄）
各地新华书店、建筑书店经销
北京红光制版公司制版
北京君升印刷有限公司印刷

*

开本：787×1092毫米　1/16　印张：16¼　字数：355千字
2014 年 4 月第一版　2014 年 4 月第一次印刷
定价：**50.00 元**
ISBN 978-7-112-16547-6
（25324）

编　委　会

主　　任：倪　虹

副 主 任：王永辉　张　强　卢华翔　焦怡雪

参编人员（按姓氏笔画排序）：

马庆林　王敬颖　李　力　李胜全　张丹妮

张祎娴　钟庭军　祝佳杰　蒋俊锋

前　言

随着住房发展规划工作的不断推进，我国初步建立了国家—省区—城市 3 个层次的住房发展规划体系。为加强对城市住房发展规划编制工作的指导，规范规划编制的技术方法和成果表达形式，提高规划编制的质量和水平，住房和城乡建设部住房改革与发展司委托中国城市规划设计研究院组织编制了《城市住房发展规划编制导则》（以下简称《导则》），并于 2012 年 6 月下发各省、自治区、直辖市及新疆生产建设兵团住房和城乡建设主管部门，供各地组织和指导编制城市住房发展规划使用。

为更好地把握城市住房发展规划编制过程中的重点和关键问题，我们编写了《城市住房发展规划编制指南》，主要包括城市住房发展规划工作综述，城市住房发展规划的编制要求，城市住房发展规划编制的重点技术问题，城市住房发展规划编制的国际经验等内容，并将《导则》和部分城市的住房发展（建设）规划成果作为附录，供相关单位在编制城市住房发展规划时参考使用。

住房发展规划的特点与创新点（代序）

一

住房发展规划是国民经济和社会发展规划的专项规划，主要阐明一定时期某一行政区域内城镇住房发展的指导思想、基本原则和发展目标，明确城镇住房发展的主要任务和政策措施，是完善城镇住房供应体系，强化住房保障工作，加强和改善房地产市场调控，促进住房发展方式转型，引导相关资源合理配置的重要依据。《国民经济和社会发展"十二五"规划纲要》指出："国务院有关部门要组织编制一批国家级专项规划"，以落实规划任务。住房发展规划是整个国民经济和社会发展规划体系的重要组成部分，是落实国家住房政策的重要载体，充分体现了党中央国务院"保障和改善民生"的施政纲领，体现了住房在国家经济社会发展中的重要作用。

2011 年 12 月 22 日，国务院召开全国住房保障工作座谈会，时任国务院副总理李克强在讲话中指出，从我国现实情况看，有必要编制一个中长期住房发展规划。规划编制工作既要符合住房发展的一般规律，又要立足我国人口多，资源相对短缺，环境容量有限的国情。在规划内容上，要把发展保障房作为重点，要与城镇化发展相衔接；在建设模式上，要以中小户型为主，积极发展节能省地环保型住宅；在消费模式上，要引导合理适度消费，坚持租购结合、梯度消费，鼓励先租后购、先小后大。在规划编制中，既要加强顶层设计，又要尊重基层和群众的首创。2012 年，国家和地方层面都要启动并加快推进住房发展规划编制工作。同时，还要积极研究完善住房有关法律法规。

2011 年 12 月 23 日，住房和城乡建设部姜伟新部长在全国住房城乡建设工作会议上对这一工作作了明确部署，提出 2012 年部里和各地都要抓紧编制住房发展规划，并指出了住房发展规划对落实住房政策，指导住房建设，引导市场预期的重要作用。

二

住房发展规划的特点体现在以下五个方面：

第一，突出了规划引导关联资源配置的作用。住房发展规划根据住房发展目标，对土地、资金、建材等要素资源提出了要求，这是住房发展规划的重要内容。规划一经批准，就可以有效规范和引导相关部门的政策行为，落实土地、金融、税收等方面对住房发展的支持。拿土地供应来说，房地产市场调控要取得效果，住房城乡建设部门就要根据住房建设任务开出"方子"来，国土部门才好根据"方子"供地。比如，"十二五"时期要建设保障性安居工程3600万套，只有将这一要求明确提出来，国土部门才好按需要供地，确保保障性安居工程任务的完成。住房发展规划就是要起到"开方子"的作用，为土地、资金、建材等相关资源配置提供依据。

第二，突出了规划对市场预期的引导。房价的平稳是房地产市场健康发展的一个重要标志，影响房价平稳的因素有很多，从经济学角度看，第一，一般情况下，商品价格由供需关系决定。供需平衡，价格就稳定；供需失衡或者扭曲，价格就会波动。第二，商品的本质属性也会影响到供需关系，进而影响商品价格。住房具有消费品和投资品的双重属性，既有居住功能，也有投资功能。当投资性住房需求达到一定比例的时候，正常的住房供需关系被扭曲了，进而价格也可能被扭曲了。因此，房价问题不能单纯从供求关系来考虑对策，而要同时从治理预期与调整供需关系等方面来制定相关措施。规划就是影响预期的一个重要手段，通过制定公布住房发展规划，明确告诉市场各方主体，未来几年要供应多少土地、建多少房子，给市场一个清晰、可信的预期，老百姓也就不会去非理性地住房消费；这将有助于建立规范有序的房地产市场及土地、建材等要素市场。还能通过编制规划回应人民对住房问题的深度关切，发挥社会各方面对政府住房职责履行情况的监督作用。这也是被新加坡、韩国、日本等国家的规划实践证明了的。

第三，突出了住房发展方式的转变。转变发展方式，是"十二五"住房发展的一个重要主题。住房发展规划突出强调贯彻落实建设资源节约型、环境友好型社会要求，推进科技进步和建筑节能，制定经济、适用、环保和节约资源的住房标准体系，全面推广省地节能环保型住宅，加快推进住宅产业现代化。同时，要合理规划住宅布局，完善配套设施，提升住房品质。

第四，突出了完善体制机制的政策措施。规划明确了住房发展对土地、金融、财政、税收、技术等关联资源的需求，提出了针对性措施。这是规划的重要组成部分，也是住房政策落地的重要抓手。这些政策措施，完善了住房政策体制机制，既有战略性也有可操作性，对引导住房可持续发展有积极作用。

第五，突出了国家和地方协调统一的可操作性。全国住房发展规划主要提出全国住房发展的指导思想、发展目标和政策导向。省区住房发展规划主要是贯彻国家战略意图，结合本地实际情况，提出本地住房发展的目标任务和政策措施。城市（含直辖市）住房发展规划和年度建设计划，主要是明确住房建设总量、结构、时序、空间布局等，引导市场预期。这种分工合作方式，既突出了国家层面对住房发展整体形势的把握和宏观政策指导，也突出了地方落实住房建设和管理责任的主体作用，有利于规划的实施。

三

住房发展规划还具有以下几个创新点：

第一，刚性与弹性结合。这次规划名称从原有的"住房建设规划"转变为现在的

"住房发展规划"。我们认为，住房建设规划重点是对住房建设具体结构、数量、布局和时序作出安排，是一个技术性较强的刚性规划。住房发展规划是国民经济和社会发展规划的专项规划，体现了国民经济和社会发展规划指标分为约束性指标与预期性指标的特点。它可以在对保障性住房建设目标、住房用地供应指标、节能减排指标等关键环节作出刚性约束的基础上，对房地产市场需要引导的环节和方面提出弹性的发展目标。有刚性，有弹性，二者相结合，既发挥了规划对落实政府责任的约束性作用，也给地方实施规划留有余地，有助于倡导地方创造性地开展工作。

第二，转变了角色。住房发展规划是一个综合性调控规划，重点是引导住房相关资源配置。住房城乡建设部门编制住房发展规划的过程，就是从以往在其他既定资源指标约束下完成任务的惯例，转变到提出完成目标任务需要的资源配置，即从"答卷子"变为"出卷子"。解决住房问题是一个系统工程，不单单是住房城乡建设部门一家的事情，更不是住房城乡建设部门一家能够解决的事情。住房发展规划就是站在全局的高度，从源头上统筹研究提出对于土地、资金、建材等资源的配置要求，以形成促进住房发展的工作合力。

第三，做实了抓手。住房发展规划还以重大工程的形式，提出了住房发展领域的一些重点工作，如：建筑节能与绿色建筑工程、住房公积金管理工程、住房保障管理能力建设工程、住房产业现代化工程等。通过住房发展规划，将这些工程集合在一起，既是一个完整的体系，也有助于争取各项资源支持，有利于推动住房发展方式转变和建筑科技进步。

住房发展规划既是住房制度顶层设计和住房立法的重要组成部分，也是抓落实的重要抓手。以编制实施住房发展规划为突破口，将现有的住房政策和有关措施综合起来，初步形成一个框架，对于转变经济发展方式，推动住房事业科学发展，都具有积极的意义。

住房城乡建设部住房改革与发展司　司长

2013 年 9 月 22 日

目　　录

第一章　城市住房发展规划工作综述

城市住房发展规划是指在一定时期内，城市人民政府为满足不同收入阶层的住房需求，根据本地同期国民经济和社会发展规划以及国家、省区住房发展规划对住房供应、住房分配、住宅产业发展等各方面的政策安排，对本城市住房建设总量、结构、时序、空间布局等各方面作出的综合部署。城市住房发展规划是国民经济和社会发展规划的专项规划，是指导住房建设，配置关联资源的重要依据，也是引导市场预期，促进住房与城市各项事业协调健康发展的重要手段。

第一节　城市住房发展规划工作的发展历程

自 1994 年《城镇经济适用住房建设管理办法》提出编制经济适用住房发展规划和建设计划以来，随着住房制度改革的有序推进，按照国家政策的具体要求和规划编制的实际开展情况，我国的城市住房发展规划经历了酝酿启动、全面开展、完善规范等三个发展阶段，规划的规范性和科学性逐步得到加强，其对于指导城市住房发展和建设的重要性也逐步提升。

第一阶段：酝酿和启动阶段（1994—2005 年）

为贯彻落实国务院对城镇住房制度改革的要求，1994 年 12 月，原建设部、国务院住房制度改革领导小组、财政部联合下发了《城镇经济适用住房建设管理办法》（建房〔1994〕761 号），首次提出由建设行政主管部门组织编制经济适用住房发展规划和建设计划。1998 年 8 月由原国家发展计划委员会、原建设部、国土资源部、中国人民银行联合下发的《关于进一步加快经济适用住房（安居工程）建设有关问题的通知》（计投资〔1998〕1474 号），以及 2004 年由原建设部、发展改革委、国土资源部、人民银行联合下发的《经济适用住房管理办法》（建住房〔2004〕77 号）等文件中，都要求市、县人民政府编制经济适用住房发展规划。由于当时我国确立了以经济适用住房为主的城镇住房供应体系，那一时期的经济适用住房规划也可视作城市住房发展规划的萌芽和雏形阶段。

随着商品住房市场的不断发展壮大，为了适应城镇住房发展的新变化，国家及时调整住房供应政策。2003 年国务院发布了《国务院关于促进房地产市场持续健康发展的通知》（国发〔2003〕18 号），明确提出"完善住房供应政策，调整住房供应结构，逐步实现多数家庭购买或承租普通商品住房"，要求"各地要编制并及时修订完善房地产业和住房建设发展中长期规划，加强对房地产业发展的指导"，要求结合发展实际和特点"充分考虑城镇化进程所产生的住房需求，高度重视小城镇住房建设问题"，城市住房发展规划编制工作开始启动。

第二阶段：全面开展阶段（2006—2010 年）

2006 年以来，针对我国部分地区住房供应结构不合理，住房价格上涨过快的问题，国务院下发了一系列文件，将编制和落实住房发展规划作为调控房地产市场的重要手段。各地加大住房发展规划编制工作力度，截至目前已先后编制完成 3 轮城市住房发展规划❶。

2006 年 5 月国务院办公厅颁布的《国务院办公厅转发建设部等部门关于调整住房供应结构稳定住房价格意见的通知》（国办发〔2006〕37 号）将"制定和实施住房建设规划"作为调整住房供应结构、稳定住房价格的首要任务。要求"制定和实施住房建设规划。要重点发展满足当地居民自住需求的中低价位、中小套型普通商品住房。各级城市（包括县城，下同）人民政府要编制住房建设规划，明确'十一五'期间，特别是今明两年普通商品住房、经济适用住房和廉租住房的建设目标，并纳入当地'十一五'发展规划和近期建设规划"。同时要求"直辖市、计划单列市、省会城市人民政府要将住房建设规划报建设部备案；其他城市住房建设规划报省级建设主管部门备案。各级建设（规划）主管部门要会同监察机关加强规划效能监察，督促各地予以落实"。之后，为落实国务院关于制定和实施住房建设规划的文件精神，原建设部相继发布《关于进一步加强住房建设规划工作的通知》、《关于请督促做好住房建设计划和住房建设规划制定和公布工作的函》、《关于建立住房建设计划（规划）编制公布工作督办制度的通知》等文件，督促各地加快推进住房发展规划编制工作。各级政府认真落实文件要求，全面启动了 2006－2010 年的住房建设规划编制工作。

为了贯彻落实《国务院关于解决城市低收入家庭住房困难的若干意见》（国发〔2007〕24 号）精神，经国务院同意，原建设部就进一步做好 2009 年住房建设计划、2008—2012 年住房建设规划的制定工作，发布了《关于做好住房建设规划与住房建设年度计划制定工作的指导意见》（建规〔2008〕46 号）。文件指出制定和实施住房建设规划与住房建设年度计划，是国务院作出的重要部署，是改善人民群众生活，提高住房保障水平的重点工作，是落实科学发展观，引导建立符合国情的住房建设和消费模式的重要措施，是完善住房供应政策和调整住房供应结构，推进住房保障体系建设的重要手段。文件要求"城市人民政府要在进一步总结 2008 年住房建设计划制定和公布工作经验的基础上，在 3 月底前制定并公布 2009 年住房建设计划，在 6 月底前制定并公布 2008 年至 2012 年住房建设规划，并认真组织实施。各直辖市、计划单列市和省会（首府）城市的住房建设规划（计划）报建设部备案，其他城市的住房建设规划（计划）报省、自治区建设主管部门备案"。各地依据此文件要求，展开第二轮住房建设规划编制工作，即 2008～2012 年住房发展规划。

---

❶　第一轮 2006—2010 年，第二轮 2008—2012 年，第三轮 2010—2012 年。

2010年1月国务院办公厅下发了《关于促进房地产市场平稳健康发展的通知》（国办发〔2010〕4号），再次提出编制住房发展规划的要求，并对规划主要编制内容予以明确："城市人民政府要在城市总体规划和土地利用总体规划确定的城市建设用地规模内，抓紧编制2010—2012年住房建设规划，重点明确中低价位、中小套型普通商品住房和限价商品住房、公共租赁住房、经济适用住房、廉租住房的建设规模，并分解到住房用地年度供应计划，落实到地块，明确各地块住房套型结构比例等控制性指标要求。房价过高、上涨过快、住房有效供应不足的城市，要切实扩大上述五类住房的建设用地供应量和比例。"同年4月，国务院下发了《关于坚决遏制部分城市房价过快上涨的通知》（国发〔2010〕10号），要求"各地要尽快编制和公布住房建设规划，明确保障性住房、中小套型普通商品住房的建设数量和比例"。据此，各地全面启动2010—2012年住房建设规划编制工作。

这3轮城市住房建设规划对于促进城市住房事业健康发展起了重要作用。但3轮规划期限时间跨度不一致，而且相互交叉重叠，这在一定程度上影响了规划的规范性和权威性。

第三阶段：完善和规范阶段（2011年至今）

2011年12月22日，时任国务院副总理李克强同志在全国住房保障工作座谈会上指出要抓紧编制住房发展规划，指出"住房发展规划是指导住房建设和发展的基本依据。从我国的现实情况看，有必要编制一个住房中长期发展规划。规划编制工作既要符合住房发展的一般规律，又要立足我国人口多、资源相对短缺、环境容量有限的国情。在规划内容上，要把发展保障房作为重点，要与城镇化发展相衔接；在建设模式上，要以中小户型为主，积极发展节能省地环保型住宅；在消费模式上，要引导合理适度消费，坚持租购结合、梯度消费，鼓励先租后购、先小后大。在规划编制中，既要加强顶层设计，又要尊重基层和群众的首创"，并要求"明年，国家和地方都要启动并加快推进住房发展规划编制工作"。根据这次会议精神，城市住房建设规划更名为城市住房发展规划。

2012年6月，住房城乡建设部住房改革与发展司编制完成《导则》并下发各省、自治区、直辖市及新疆生产建设兵团住房和城乡建设主管部门；2012年9月，住房城乡建设部正式印发《全国城镇住房发展规划（2011—2015）》（建房改〔2012〕131号），对"十二五"期间省区、城市住房发展规划的编制工作作出了具体部署。上述文件的出台，明确了城市住房发展规划的地位，对规划内容提出了具体要求。同时，明确规定以后城市住房发展规划的编制期限应与国民经济和社会发展规划的期限相一致。此后，从无锡、扬州、玉溪、大庆等城市的规划成果看，规划的规范性、系统性有了显著提高，《全国城镇住房发展规划（2011—2015）》和《导则》发挥了很好的指导作用。

《国家新型城镇化规划（2014—2020年）》的正式出台，再次明确提出各城市要编制城市住房发展规划，将住房发展规划作为建立房地产市场调控长效机制，优化住房供应结构，强化关联资源配置的重要手段。城市住房发展规划作为实现广大人民群众住有所居，促进城镇化健康有序发展重要载体的地位进一步凸显，伴随新一轮城市住房发展规划编制实践过程中新变化、新问题的应对和解决，规划的系统性、规范性和可操作性将得到进一步增强。

第二节 城市住房发展规划与相关规划的关系

与城市住房发展规划相关的规划主要包括：国民经济与社会发展规划、全国和省区住房发展规划、城市规划、土地利用规划、各类保障性住房建设规划、解决城市低收入家庭住房困难的发展规划（表1-1）等。要处理好城市住房发展规划与相关规划的关系，强化衔接和协调，形成推动合力，促使城市住房发展规划发挥出应有的效用。

国家相关文件对城市住房发展规划与相关规划关系的表述　　　　　表 1-1

文件名称	城市住房发展规划与相关规划的关系
关于促进房地产市场持续健康发展的通知 （国发〔2003〕18号）	在城市总体规划和近期建设规划中，要合理确定各类房地产用地的布局和比例，优先落实经济适用住房、普通商品住房、危旧房改造和城市基础设施建设中的拆迁安置用房建设项目，并合理配置市政配套设施
国务院办公厅转发建设部等部门关于调整住房供应结构稳定住房价格意见的通知 （国办发〔2006〕37号）	各级城市（包括县城）人民政府要编制住房建设规划，明确"十一五"期间，特别是今明两年普通商品住房、经济适用住房和廉租住房的建设目标，并纳入当地"十一五"发展规划和近期建设规划
关于解决城市低收入家庭住房困难的若干意见 （国发〔2007〕24号）	将解决城市低收入家庭住房困难的工作目标、发展规划和年度计划，纳入当地经济社会发展规划和住房建设规划
关于做好住房建设规划与住房建设年度计划制定工作的指导意见 （建规〔2008〕46号）	要与国民经济与社会发展规划、城市总体规划、土地利用总体规划、城市近期建设规划相衔接
关于促进房地产市场平稳健康发展的通知 （国办发〔2010〕4号）	城市人民政府要在城市总体规划和土地利用总体规划确定的城市建设用地规模内，编制住房建设规划
关于坚决遏制部分城市房价过快上涨的通知 （国发〔2010〕10号）	各地要尽快编制和公布住房建设规划，明确保障性住房、中小套型普通商品住房的建设数量和比例； 住房城乡建设部要会同有关部门抓紧制定2010—2012年保障性住房建设规划（包括各类棚户区建设、政策性住房建设）
关于加快发展公共租赁住房的指导意见 （建保〔2010〕87号）	各地区要制定公共租赁住房发展规划和年度计划，并纳入2010—2012年保障性住房建设规划和"十二五"住房保障规划，分年度组织实施
全国城镇住房发展规划 （2011—2015）	各城市编制城市住房建设规划和年度计划，根据国家和省区住房发展规划的总体要求，明确住房建设总量、结构、时序和空间布局。强化各级住房发展规划与城市规划、土地利用规划等规划的衔接协调

一、与国民经济和社会发展规划的关系

我国国民经济和社会发展第十二个五年规划纲要指出其"主要阐明国家战略意图，明确政府工作重点，引导市场主体行为，是未来五年我国经济社会发展的宏伟蓝图，是全国各族人民共同的行动纲领，是政府履行经济调节、市场监管、社会管理和公共服务职责的重要依据"。各省及城市的国民经济和社会发展规划也是指导各省及城市经济社会健康发展的纲领性文件。

全国城镇住房发展规划是国家国民经济和社会发展规划的专项规划。同样，城市住房发展规划也应作为城市国民经济和社会发展规划的专项规划，在规划期限上与国民经济和社会发展规划保持一致，落实国民经济和社会发展规划提出的总体发展目标和住房发展领域的指标与任务。

二、与全国、省区住房发展规划的关系

住房发展规划包括全国、省区和城市 3 个层次（图 1-1）。其中全国住房发展规划，主要侧重全国住房发展目标、发展任务、中长期住房政策导向等宏观内容，并关注住房发展对土地、金融、税收、产业、消费等方面关联资源的引导作用。2012 年初，住房城乡建设部启动了全国住房发展规划的编制工作，并于同年 9 月正式印发《全国城镇住房发展规划（2011—2015）》（建房改〔2012〕131 号）。省区住房发展规划主要是结合省情，承上启下，落实好全国住房发展规划的精神，具体指导城市住房发展规划的编制实施。城市住房发展规划，应以全国和省区住房发展规划为上位规划依据，结合本地实际，落实住房发展目标、指标和分区分类指导要求，确保住房发展规划落地，侧重关注住房建设数量、建设时序、空间布局和住宅户型结构等。

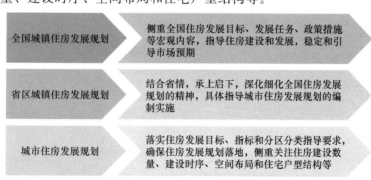

图 1-1　我国城镇住房发展规划编制体系示意图

三、与土地利用规划的关系

根据《土地利用总体规划编制审查办法》（国土资源部令第 43 号），土地利用总体规划是"实行最严格土地管理制度的纲领性文件，是落实土地宏观调控和土地用途管制、规划城乡建设和统筹各项土地利用活动的重要依据"。

《关于促进房地产市场平稳健康发展的通知》（国办发〔2010〕4 号）要求："城市人民政府要在城市总体规划和土地利用总体规划确定的城市建设用地规模内，编制住房建设规划"。

《国土资源部关于加强房地产用地供应和监管有关问题的通知》（国土资发〔2010〕34号）要求"市、县国土资源管理部门要依据土地利用总体规划和年度计划、住房建设规划和计划及棚户区改造规划，结合本地区已供土地开发利用情况和闲置土地处置情况，科学编制住房特别是保障性住房用地供应计划，合理确定住房用地供应总量和结构"。

根据上述文件，城市住房发展规划应在土地利用总体规划确定的城市建设用地范围和规模内进行规划布局，土地利用总体规划和年度计划要充分反映城市住房发展规划对居住用地尤其是保障性住房用地的需求、空间布局和年度安排。

四、与城市规划的关系

住房发展是城市总体规划和城市近期建设规划的重要内容。《关于促进房地产市场持续健康发展的通知》（国发〔2003〕18号）明确指出要"充分发挥城乡规划的调控作用。在城市总体规划和近期建设规划中，要合理确定各类房地产用地的布局和比例，优先落实经济适用住房、普通商品住房、危旧房改造和城市基础设施建设中的拆迁安置用房建设项目，并合理配置市政配套设施"。《国务院办公厅关于保障性安居工程建设和管理的指导意见》（国办发〔2011〕45号）也要求"要把保障性住房建设作为城乡规划和土地利用总体规划的重要内容，提出明确要求，合理安排布局，严格执行抗震设防和建筑节能等强制性标准"。

《国务院办公厅转发建设部关于加强城市总体规划工作意见的通知》（国办发〔2006〕12号）指出："城市总体规划是引导和调控城市建设，保护和管理城市空间资源的重要依据和手段，在指导城市有序发展、提高建设和管理水平等方面发挥着重要作用。"《建设部关于加强城市总体规划修编和审批工作的通知》（建规〔2005〕2号）指出："城市总体规划是促进城市科学协调发展的重要依据，是保障城市公共安全与公众利益的重要公共政策，是指导城市科学发展的法规性文件。"《城市规划编制办法》（建设部令第146号）明确要求中心城区规划要"研究住房需求，确定住房政策、建设标准和居住用地布局；重点确定经济适用房、普通商品住房等满足中低收入人群住房需求的居住用地布局及标准"。城市总体规划是规划期限为20年的综合性中长期规划，城市住房发展规划应依照城市总体规划确定的城镇化水平和人口规模预测住房需求，落实城市总体规划确定的城市住房发展要求、建设标准和居住用地布局（表1-2）。

相关政策对城乡规划在住房方面的要求　　　　　　　表1-2

文件名称	相关政策对城乡规划在住房方面要求
城乡规划法	近期建设规划应当以重要基础设施、公共服务设施和中低收入居民住房建设以及生态环境保护为重点内容，明确近期建设的时序、发展方向和空间布局
城市规划编制办法（建设部令第146号）	城市总体规划内容包括：研究住房需求，确定住房政策、建设标准和居住用地布局；重点确定经济适用房、普通商品住房等满足中低收入人群住房需求的居住用地布局及标准

文件名称	相关政策对城乡规划在住房方面要求
关于促进房地产市场持续健康发展的通知 （国发〔2003〕18号）	充分发挥城乡规划的调控作用。在城市总体规划和近期建设规划中，要合理确定各类房地产用地的布局和比例，优先落实经济适用住房、普通商品住房、危旧房改造和城市基础设施建设中的拆迁安置用房建设项目，并合理配置市政配套设施
国务院办公厅关于保障性安居工程建设和管理的指导意见 （国办发〔2011〕45号）	要把保障性住房建设作为城乡规划和土地利用总体规划的重要内容，提出明确要求，合理安排布局，严格执行抗震设防和建筑节能等强制性标准

《建设部关于印发〈近期建设规划工作暂行办法〉、〈城市规划强制性内容暂行规定〉的通知》（建规〔2002〕218号）指出，"近期建设规划是落实城市总体规划的重要步骤，是城市近期建设项目安排的依据"，"近期建设规划的期限为五年，原则上与城市国民经济和社会发展计划的年限一致"。《城乡规划法》指出"近期建设规划应当以重要基础设施、公共服务设施和中低收入居民住房建设以及生态环境保护为重点内容，明确近期建设的时序、发展方向和空间布局"。因此，城市近期建设规划应纳入城市住房发展规划中对住房建设规模和结构、住房建设项目的空间安排等内容，同时城市住房发展规划也需要充分协调好住房与近期基础设施、公共服务设施等建设空间布局的关系。

城市住房发展规划要以国家和省区住房发展规划、国民经济与社会发展规划、城市总体规划、土地利用总体规划为依据，与城市近期建设规划和其他专项规划相衔接，各类保障性住房建设规划应作为专项内容纳入城市住房发展规划（表1-3）。

城市住房发展规划与相关规划的关系　　　　　　表1-3

规划名称	与城市住房发展规划关系	衔接内容
全国和省级住房发展规划	规划依据	落实上位规划住房发展目标、指标和分区分类指导要求，确保住房发展规划落地，侧重关注住房建设数量、建设时序、空间布局和住宅户型结构等
国民经济与社会发展规划	规划依据	规划期限与其一致； 落实国民经济和社会发展规划提出的总体发展目标和住房发展领域的指标与任务
土地利用总体规划	规划依据	在土地利用总体规划确定的城市建设用地范围和规模内进行规划布局
城市总体规划	规划依据	依照城市总体规划确定的城镇化水平和人口规模预测住房需求，落实城市总体规划确定的城市住房发展要求、建设标准和居住用地布局

规划名称	与城市住房发展 规划关系	衔接内容
近期建设规划	衔接	规划范围与其一致； 住房建设项目和空间安排应纳入近期建设规划
各类保障性住房建设规划	规划专项内容	纳入住房发展规划，作为住房发展规划的专项内容

第三节　城市住房发展规划的定位和作用

首先，住房发展规划包括城市住房发展规划是国民经济和社会发展规划的专项规划。对此，前已述及。需要强调的是，《国民经济和社会发展"十二五"规划纲要》以较大篇幅阐述了住房方面的重大任务，并指出，"国务院有关部门要组织编制一批国家级专项规划"，以落实规划任务。各地的"十二五"规划中也都有相应要求。因此，编制专项的住房发展规划既有法定依据，也有现实的必要性和紧迫性，应作为整个国民经济和社会发展规划体系的重要组成部分。

其次，城市住房发展规划是指导住房建设，配置关联资源的重要依据。先规划后建设是建设领域的基本工作经验，住房的建设和发展也不例外，应当以规划作为落实住房政策，统筹安排各类住房发展和资源配置的总体依据。城市住房发展规划一经政府批准，就可以规范相关部门的政策行为，落实土地、金融、税收等方面对住房发展的支持，引导劳动力、资金、原材料的有序流动，形成促进住房事业科学发展的合力。引导住房关联资源配置是编制城市住房发展规划的一个重要目的。

再次，城市住房发展规划是引导预期的规划。引导合理预期是房地产市场调控的一个重要方面，政府通过编制城市住房发展规划明确规划期内住房建设的规模、结构和空间布局，以及对土地、金融、财税等关联资源的配置安排，对社会各方起到引导预期的作用，从而有助于减少非理性的市场行为，促进房地产市场健康平稳发展。

最后，城市住房发展规划是落实住房政策的载体。目前，我国尚无系统性的官方文件全面阐述国家和地方的住房政策，在此背景下，通过编制住房发展规划，可以将现有的住房政策和有关措施综合起来，形成较为完整的住房政策体系框架。这是由住房发展规划的综合属性决定的：住房发展规划既要重视低收入家庭住房条件改善，也要重视满足中高收入群体等多层次住房需求；既要考虑本地户籍居民住房，又要考虑外来务工人员住房；既要涵盖商品住房，也要涵盖保障性住房；既包括新建住房，也要有城市危旧小区更新改造；既包括住房买卖市场，也要考虑住房租赁市场发展；既包括住房发展的规模和结构，又要注重住宅性能和品质的提升，通过发展节能省地环保住宅，推进住宅产业化解决提升住宅品质，转变住房建设方式的问题。因此，住房发展规划很大程度上是一个住房政策宣言，是政府对于市民在住房方面的承诺书，是国家住房施政纲领的集中体现。

第四节　近年城市住房发展规划编制开展情况

由于各地"十二五"城镇住房发展规划尚处于陆续编制和修改完善阶段，本节重点对 2006 年、2008 年和 2010 年开展的 3 轮城市住房发展规划编制情况进行回顾和评价分析。

2006—2010 年城市住房发展规划编制情况的回顾与评价，共选取样本城市 29 个，包括：哈尔滨、长春、大连、呼和浩特、银川、西宁、兰州、乌鲁木齐、石家庄、济南、青岛、郑州、西安、合肥、重庆、成都、南京、武汉、杭州、宁波、南昌、长沙、昆明、南宁、福州、厦门、广州、深圳、海口。

2008—2012 年城市住房发展规划编制情况的回顾与评价，共选取样本城市 18 个，包括：上海、广州、深圳、无锡、长沙、合肥、郑州、天津、重庆、西安、宝鸡、西宁、贵阳、长春、哈尔滨、杭州、苏州、台州。

2010—2012 年城市住房发展规划编制情况的回顾与评价，共选取样本城市 20 个。由于本轮城市住房发展规划与保障性住房建设规划的编制工作同步开展，从实际工作情况来看，大部分城市两者选编了其中之一。同时，部分城市本轮住房发展规划规划期限为 2011—2015 年。为较完整地反映第三轮城市住房发展规划编制的情况，将保障性住房建设规划和 2011—2015 年城市住房发展规划纳入其中一并进行回顾与评价。样本城市包括：福州、广州、郑州、南昌、深圳、西安、合肥、南京、徐州、扬州、石家庄、宜兴、张家港和涟水县、含山县等 15 个县市的住房发展规划（其中深圳、西安、南京、含山等 4 个城市的住房发展规划规划期限为 2011—2015 年），以及宁波、南宁、台州、成都、太原等 5 个城市的保障性住房发展规划。

一、编制组织情况

从各地住房发展规划的编制情况看，目前初步形成了"政府组织、部门合作"的规划编制模式，但尚未形成常态化、规范化的工作机制，规划编制方案设计、部门责任和工作流程安排等工作有待规范。

《关于做好住房建设规划与住房建设年度计划制定工作的指导意见》（建规〔2008〕46 号）明确指出制定和实施住房发展规划是城市（含县城）人民政府的重要职责。从 3 轮城市住房发展规划的编制情况来看，这一要求已得到贯彻落实，并初步形成"政府组织、部门合作"的规划编制模式。

在规划批准部门方面，第一轮 29 个样本城市中有 23 个规划批准部门为城市人民政府（其余未在文本中明确），第二轮 18 个样本城市和第三轮 20 个样本城市的规划批准部门全部为城市（含县城）人民政府。

在规划编制组织部门方面，前 3 轮规划的 67 个样本城市中，有 20 个城市由两个以上部门联合组织编制；有 25 个城市由单个部门组织编制，其中规划部门 14 个，房管部门7个，建设部门4个；另外有22个城市属于其他情况，其中有19个城市编制组织部门不详，此外第一轮住房发展规划中有3个城市规划编制部门为规划设计单位（表1-4）。

前3轮城市住房发展规划批准部门与编制组织单位比较　　　　　　　　　　　表1-4

	样本数量	批准部门	编制组织部门				
		城市人民政府	2个以上部门联合组织	单个部门组织			其他
				规划	房管	建设	
第一轮	29	23（其余不详）	8	4	1	1	15（12个不详，3个为规划设计单位）
第二轮	18	18	6	5	2	1	4（不详）
第三轮	20	20	6	5	4	2	3（不详）
合计	67	61	20	14	7	4	22（19个不详）

由于3轮城市住房发展规划均是采用下发政策文件方式启动规划，规划期限存在重叠（分别为2006—2010年，2008—2012年，2010—2012年），要求规划工作时间较短，总体来看尚未形成制度化、常态化工作机制，部分城市推进规划工作形式重于内容（表1-5）。同时，规划编制主管部门和规划范围也有待进一步明确。

3轮城市住房发展规划编制工作时间要求　　　　　　　　　　　表1-5

文件名称	规划期限	规划编制时间要求
国务院办公厅转发建设部等部门关于调整住房供应结构稳定住房价格意见的通知（国办发〔2006〕37号）	2006~2010年（十一五）	在2006年9月底前向社会公布（文件发布时间为：2006年5月24日）
关于请督促做好住房建设计划和住房建设规划制定和公布工作的函（建办规函〔2007〕740号）	2008~2012年	2008~2012年住房建设规划要在2008年6月前向社会公布（文件发布时间为：2007年11月23日）
关于坚决遏制部分城市房价过快上涨的通知（国发〔2010〕10号）	2010—2012年	各地要尽快编制和公布住房建设规划。住房城乡建设部要会同有关部门抓紧制定2010—2012年保障性住房建设规划，并在2010年7月底前向全社会公布（文件发布时间为：2010年4月17日）

从目前的情况来看，城市住房发展规划的编制组织仍然存在着相关部门参与不足和牵头部门分散的问题。住房建设问题复杂，涉及多个部门，《国务院办公厅转发建设部等部门关于调整住房供应结构稳定住房价格意见的通知》（国办发〔2006〕37号）就是由建设部、发展改革委、监察部、财政部、国土资源部、人民银行、税务总局、统计

局、银监会 9 个部委联合起草并报国务院发布的。但在各城市政府的落实过程中，只有 1/3 左右的城市由 2 个以上的部门联合组织编制住房发展规划，相关部门的参与不足，无疑影响了住房发展规划的综合性和操作性。另一方面，住房发展规划编制组织的牵头部门仍不明确，在 25 个部门组织编制的样本城市中，由规划部门组织的超过半数（14 个），其次为房管（7 个）和建设（4 个）部门。规划编制组织的主管部门有待进一步规范和明确，以强化住房发展规划编制组织的部门职责。

二、规划编制内容

总体而言，各地编制深度与内容不尽一致，规划文本完整性与规范性有待增强，对重点问题的支撑性专题研究关注不足。

2008 年原建设部发布的《关于做好住房建设规划与住房建设年度计划制定工作的指导意见》（建规〔2008〕46 号）明确要求住房建设规划编制的成果为："住房建设规划的成果由规划文本、图册与附件组成。规划文本应包括总则、住房发展目标、住房用地供应目标与空间布局、住房政策、规划实施保障措施等内容。附件应包括规划说明、研究报告与基础资料。"但由于指导意见的要求较为原则，尚未提出统一的技术标准和要求，各地住房发展规划成果存在内容、深度不尽一致，质量参差不齐的现象。

在 3 轮城市住房发展规划编制工作中，根据指导意见的要求，各地规划编制的规范性有所提高，但规划文本的完整性和规范性有待增强。根据指导意见要求，第三轮规划中有 65% 的城市编制内容完整。但仍有部分城市缺少 2 项以上的内容，2008 年指导意见发布后的两轮城市住房发展规划中，缺项的内容主要集中在以下方面（表 1-6）：住房现状和需求分析（第二轮 2 个，第三轮 4 个）、用地供应（第二轮 2 个，第三轮 1 个）、年度计划（第二轮 3 个）、住房发展政策与策略（第二轮 1 个，第三轮 5 个）、实施保障措施（第二轮 4 个，第三轮 1 个）。

前 3 轮城市住房发展规划文本内容规范性比较 　　　　　　　表 1-6

	样本数量	文 本 内 容			
		编制内容完整	缺少一项	缺少两项	缺少三项以上
第一轮	29	17	8	2	2
第二轮	18	8	7	3	0
第三轮	20	13	4	2	1
合计	67	38	19	7	3

从规划全部成果构成来看，根据要求应包括文本、图纸、说明书和专题报告，各城市编制的住房发展规划均包括文本和主要图纸，但有部分城市没有编制说明书和专题报告，特别是专题报告。从文本内容的缺失也可以看出研究的不完整，多个城市在住房现状分析、需求预测、住房发展政策与策略等重点问题上存在缺项，表明对重点问题的专题研究的关注不足，这也会严重影响规划编制的科学性和操作性。

此外，在规划范围上，3 轮住房发展规划的样本城市对规划范围的表述方式各自不同。大致可归为三类（表 1-7）：一类是使用行政区划的表述，包括市域、市区、具体的行政区名称等；一类是使用城市规划范围的表述，包括城市规划区、规划主城区和规划建成区、规划城市用地范围、近期建设规划范围等；还有一类是其他表述，包括主城区、城镇建设区、城区、建成区等。根据《关于促进房地产市场平稳健康发展的通知》（国办发〔2010〕4号）"城市人民政府要在城市总体规划和土地利用总体规划确定的城市建设用地规模内，编制住房建设规划"的要求衡量，部分城市住房发展规划的范围有可能超出法律允许的城市建设用地范围，应进一步按照法律法规要求进行明确界定。

3轮城市住房发展规划规划范围比较　　　　　　　　　　　　表1-7

	样本数量	规划范围			
		行政区划表述	城市规划范围表述	其他表述	未界定
第一轮	29	20	5	3	1
第二轮	18	10	2	5	1
第三轮	20	9	7	3	1
合计	67	39	14	11	3

三、技术方法

各地的规划编制侧重住房建设的规模、结构和空间安排等内容，对住房政策导向、实施管理等内容关注不够，此外由于基础数据普遍欠缺等原因，住房需求预测、住房空间布局等技术内容有待加强。

在3轮住房发展规划中，除少数城市外，大部分城市均在文本中对规划期内的居住用地供应作出了空间安排，这也体现了住房发展规划作为空间规划的特点。在土地供应来源方面，半数以上的城市提出了新增供应与存量盘活并举的策略，但只有少数城市明确了存量盘活的比例，其他仅提出原则性要求（表1-8）。可以看出，集约节约利用土地的问题已得到广泛关注，但在认识的广度和深度上仍需加强。

前3轮城市住房发展规划居住用地空间安排和用地来源比较　　　　表1-8

	样本数量	已落实用地空间安排	提出增量存量并举策略
第一轮	29	29	18
第二轮	18	16	17
第三轮	15 *	12	12
合计	62	57	47

注：本表中第三轮城市住房发展规划样本未包含5个保障性住房建设规划。

住房基础资料数据缺乏是各地普遍存在的问题。我国在1984年开展过一次城市住房普查工作，之后的住房数据都是以这次普查为基础补充的，大部分城市对现有住房状况掌握不够详尽，特别是人、房、收入的对应情况更是难以掌握，成为规划编制的难点之一。

需求预测是城市住房发展规划编制的核心技术内容。在3轮城市住房发展规划成果样本中看，其中有近1/4的城市没有在文本中阐述需求预测方法；有13.4％的城市直接以国民经济和社会发展规划或城市总体规划中确定的人口和人均居住面积目标预测住房需求；其他城市采取了综合预测方法（文本中提出的预测考虑因素为 2 种及 2 种以上），但很多文本中表述较为简单，甚至出现个别城市文本中需求预测表述完全雷同的情况（表 1-9）。总体来看，尽管各城市都明确了规划期内的住房供应总量目标，但需求预测尚未形成成熟的科学方法，仍需进一步探索和加强。

3 轮城市住房发展规划需求预测方法比较　　　　　　　　　表 1-9

	样本数量	综合预测（考虑 2 种以上因素预测）	依据单一规划进行预测	未阐述预测方法
第一轮	29	16	6	7
第二轮	18	13	1	4
第三轮	20	14	2	4
合计	67	43	9	15

四、政策落实情况

各地的规划成果总体上较好地贯彻落实了国家在住房领域的各项政策，但对各类住房的称谓，住房供应体系的表述存在较大差异，不利于土地、资金等住房发展关联资源的衔接和配套，也不利于上级政府对城市住房发展规划的落实情况进行有效、准确的审查和考核（表 1-10）。

在 3 轮城市住房发展规划编制中，国家住房领域的相关政策，包括《廉租住房保障办法》（建设部令第 162 号）和《经济适用住房管理办法》（建住房〔2007〕258 号）中提出的保障性住房面积标准要求，《国务院办公厅转发建设部等部门关于调整住房供应结构稳定住房价格意见的通知》（国办发〔2006〕37 号）、《国务院关于解决城市低收入家庭住房困难的若干意见》（国发〔2007〕24 号）、《关于坚决遏制部分城市房价过快上涨的通知》（国发〔2010〕10 号）等文件中对提高中低价位、中小套型住房供应比例的要求，以及《关于改善农民工居住条件的指导意见》（建住房〔2007〕276 号）、《中共中央国务院关于加大统筹城乡发展力度进一步夯实农业农村发展基础的若干意见》、《关于加快发展公共租赁住房的指导意见》（建保〔2010〕87 号）中关于将改善农民工居住条件，发展公共租赁住房等内容纳入城市住房发展规划等要求均得到了较好的贯彻落实。

3 轮城市住房发展规划住房供应分类与称谓情况比较　　　　　表 1-10

	住房供应分类与称谓
第一轮	经济适用房、廉租住房、普通商品住房、公共租赁住房、商品住房、中低价位中小套型商品住房、政策性住房、公共住房、社会保障性住房、限价房、单位集资经济适用房、拆迁安置房、周转住房、新社区住房
第二轮	经济适用住房、廉租住房、普通商品住房、公共租赁住房、限价商品住房、配套商品住房、两限普通商品住房、较大户型商品住房、经济租赁房、政策性住房、棚户区改造安置房、棚户区住房、城中村改造安置房、国土定销房、定销房、动迁房、旧住房、危旧房改善、人才公寓、外来务工人员宿舍、外来务工人员公寓、农民工宿舍、单位职工住房、集宿房、创业人才公寓、城市建设恢复住房

续表

	住房供应分类与称谓
第三轮	经济适用住房、廉租住房、公共租赁住房、限价商品住房、普通商品住房、旧城和棚户区改造住房、棚改住房、棚户区改造住房、棚户区改造安置用房、城中村改造安置住房、城中村改造配套开发商品房、拆迁安置房、安置住房、市重点工程拆迁安置住房、城市建设拆迁恢复房、国有困难企业集资建房、偏远工矿企业等住房困难企业集资建房、出新小区、整治房屋、政策性定销房、人才住房、外来务工人员住房

目前我国住房供应和保障体系仍处于不断发展完善的过程中，各地在编制城市住房发展规划中存在着住房供应分类与称谓缺乏规范的现象。除经济适用住房、廉租住房、公共租赁住房、限价商品住房、普通商品住房等国家政策文件采用的标准称谓外，很多城市还采取了其他分类方法和称谓，多达数十种，缺乏统一科学的界定，相互之间关系不明。部分住房类型存在分类不一致的情况，如限价商品住房在有些城市被列入保障性住房，有些城市则列为商品住房，在棚户区或城中村改造安置住房分类上也存在类似问题。城市住房发展规划作为住房政策制定和落实的基点，亟须对住房类型各种称谓的概念以及相互之间的关系进行统一、科学的界定。

第五节　城市住房发展规划工作面临的新形势与新问题

近年来，我国住房事业取得了巨大成就，显著改善了广大人民群众的居住条件，带动了国民经济和关联产业的发展。与此同时，由于我国仍处于转型阶段，经济社会总体发展水平仍然较低，经济结构转型、城镇化快速发展使得住房发展面临新的问题和挑战，需要在后续的规划编制中开展针对性的研究予以充分应对和解决。

一、房地产业发展迅速，特大城市房价大幅上涨与二、三线城市商品房库存积压并存

近年来，我国房地产业发展一方面促进了广大居民住房条件的改善，另一方面对国民经济起到了显著的推动作用，为关联产业发展和扩大就业作出了积极贡献。"十一五"期间，我国城镇住房投资对经济增长的年均贡献率达到17%。与此同时，当前我国的房地产市场呈现特大城市房价大幅上涨和二、三线城市商品房库存积压并存的复杂局面，这种现状是城镇化刚性需求，宽松货币环境，居民投资渠道狭窄，收入分配差距大，经济发展方式粗放以及财税体制、土地制度等多项复杂因素造成的，房地产市场调控难度明显增大。在这种情况下，需要进一步明确调控目标，完善调控措施，通过增加住房有效供给，抑制不合理住房需求，加强市场监管监测，合理引导舆论等手段，增加房地产市场调控的针对性和有效性。同时，需要加快制定完善长效的体制机制，促进房地产市场持续健康发展。

二、保障性安居工程大规模推进，住房保障工作任重道远

2008年以后保障性住房建设步伐显著加快。2007—2011年，中央财政安排的年度补助资金由72亿元增加至1713亿元，年均增长121%。同时，对各类保障性安居工程建设项目的补助力度也逐步加大。到 2011 年底，全国累计用实物方式解决了 2650 万户城镇低收入和中等偏下收入家庭的住房困难，实物住房保障受益户数占城镇家庭总户数的比例达到 11%。除了一大批经济困难的各族群众住上了新房外，全国还有近 450 万户城镇低收入住房困难家庭享受廉租住房租赁补贴。

"十二五"规划纲要提出"实施城镇保障性安居工程，建设城镇保障性住房和棚户区改造住房 3600 万套（户），全国保障性住房覆盖面达到 20% 左右"。"十二五"期间，我国保障性住房建设规模空前，将超过 1998—2010 年建设总量，达到"十一五"期间保障性安居工程建设量的 2.4 倍。2011 年和 2012 年，全国保障性安居工程分别新开工建设 1043 万套和 781 万套，远超过 2009 年和 2010 年的建设规模[1]。

在我国住房保障事业取得巨大成就的同时，我国城镇中低收入家庭住房困难问题仍然较为突出。当前我国正处在工业化和城镇化快速发展时期，在住房需求总量快速上升的同时，新就业职工和外来务工人员住房困难问题也较为突出，历史上形成的棚户区（危旧房）及"城中村"仍然大量存在，棚户区居民住房条件亟待改善，上述因素使得我国住房供需矛盾仍然较为突出，稳定住房价格、强化住房保障的压力较大。

三、进城务工人员住房问题成为影响城镇化质量的关键

改革开放以来，我国农村剩余劳动力大规模向城市转移，出现了"民工潮"和"候鸟式"的跨区域大规模人口迁移。2010 年我国农村外出务工劳动力达到 1.53 亿人[2]，占全国总人口数的 11.41%。2004—2010 年，农村外出务工劳动力年均增加 729.8 万人，年均增幅为 5.48%。一方面，大量进城务工人员为城市产业发展提供了源源不断的低成本劳动力，极大地促进了我国工业化发展的进程。另一方面，尽管农村流动人口进入城市找到工作，却不能享受城市居民的教育、医疗、住房等一系列的社会保障制度，形成了"不完全"城镇化的特殊现象。

居住条件差是进城务工人员面临的亟待解决的核心问题之一。据有关研究报告显示，53.4% 的流动人口家庭人均居住面积不足 10m²，64.4% 的流动人口现住房内没有独立洗澡设施，50.7% 没有独立厨房，45.4% 没有独立卫生间，28.9% 没有独立管道自来水。从统筹城乡发展，建设和谐社会的角度看，改善农民工居住条件，扩大农民工住房保障覆盖面势在必行。2007 年 12 月，原建设部、发展改革委、财政部、原劳动保障部、国土资源部联合发布了《关于改善农民工居住条件的指导意见》（建住房〔2007〕276 号），指出要"把改善农民工居住条件作为解决城市低收入家庭住房困难工作的一项重要内容"，要多渠道多形式改善农民工居住条件。在新的发展条件下，结合城镇住房供应体系的发展完善，逐步解决进城务工人员的住房问题，是城镇化健康发展的必然要求。

党和中央政府对进城务工人员的住房问题日渐关注，是政府公共职责的重要体现。

---

[1]　2009 年和 2010 年，全国保障性安居工程分别新开工建设 330 万套和 590 万套。
[2]　中华人民共和国 2010 年国民经济和社会发展统计公报。

虽然住房的供给主要取决于经济支持，但解决住房问题一开始就不单纯是经济问题，而是政治、经济、社会等诸多因素的综合，解决进城务工人员的住房问题，不仅是政府责无旁贷的社会责任，更是政府的重要工作职责。

四、人口老龄化对住房供应体系提出新的要求

全国第六次人口普查显示，2010 年我国 65 岁及以上人口占总人口的 8.87%，已经进入老龄化社会（图 1-2）。城镇尽管吸纳了大量青壮年就业人口，65 岁及以上年龄人口也达到了 7.80%。"十二五"期间，我国人口生育率将保持较低水平，老龄化进程将进一步加快。从 2011 年到 2015 年，全国 60 岁以上老龄人口将由 1.78 亿人增加到 2.21 亿人，老年人口比重将由 13.3% 增加到 16%。

近年来，我国养老服务业快速发展，老龄事业发展取得显著成就。但总体上看，养老服务和产品供给不足，市场发育不健全等问题仍然较为突出，在住房领域，主要体现在住房供应结构与老龄化人口结构不匹配，住房功能与老年人使用需求不适应，住区无障碍设施不完善，社区公共服务设施养老服务功能不足等。

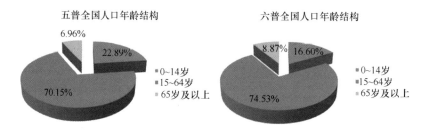

图 1-2　第五次和第六次人口普查人口年龄结构变化

《国务院关于加快发展养老服务业的若干意见》（国发〔2013〕35 号，以下称《意见》）提出到 2020 年，我国要全面建成以居家为基础，社区为依托，机构为支撑的，功能完善、规模适度、覆盖城乡的养老服务体系。在社区服务设施建设方面，《意见》要求各地在制定城市总体规划、控制性详细规划时，必须按照人均用地不少于 $0.1m^2$ 的标准，分区分级规划设置养老服务设施。凡新建城区和新建居住（小）区，要按标准要求配套建设养老服务设施，并与住宅同步规划、同步建设、同步验收、同步交付使用；凡老城区和已建成居住（小）区无养老服务设施或现有设施没有达到规划和建设指标要求的，要限期通过购置、置换、租赁等方式开辟养老服务设施，不得挪作他用。《意见》同时要求各地要发挥社区公共服务设施的养老服务功能，实施社区无障碍环境改造。

在这样的发展背景下，未来我国住房发展必须充分考虑人口老龄化的发展趋势，借鉴国际先进经验，结合相关政策和规划要求，在住宅设计、设施配套、住区环境营造、涉老工程建设与改造、社区服务等方面予以积极应对，重点改善老年人居家养老条件和社区养老环境，主要包括：①以居家为基础，社区为依托，机构为支撑，加快老年活动场所和便利化设施建设；②全面推行涉老工程技术标准规范、无障碍设施改造和新建小区老龄设施配套建设规划标准；③加快推进无障碍设施建设；④引导开发老年宜居住宅和代际亲情住宅。

五、存量旧住房改善问题逐步显现

2010 年末，我国城镇存量住房建筑面积约为 145 亿 $m^2$❶。住宅的建筑设计使用年限一般是 50 年，20 世纪 80 年代建造的住房，至今使用了 20～30 年左右时间，到达其使用寿命的一半，但由于建造时标准较低，设备老化，维护管理不善等原因，已不能满足居民新的居住要求，从建筑到环境都开始出现保养维修甚至改造的需求。现有住宅功能空间、物理性能、住宅设施设备水平的进一步提高，也对旧住宅区的环境、配套和管理提出了新的要求。此外，随着城市建设规模的扩大，在城市里还存在数量巨大的被城市包围的"城中村"，其中相当部分存在着建筑质量较差、设施不齐全等问题，同样应纳入亟待改善的城市存量旧住房的范畴，来进行改善、整治与更新，以全面提高城市居住环境和居住质量。

改善存量住房是全面建设小康社会的要求。在全面建设小康社会的进程中，随着住房短缺问题基本解决，居民住房观念和需求发生了重大变化，整体上已经从生存型向舒适型转变。适用、舒适、经济成为住宅建设的新特征，体现人文关怀、绿色环保、科技创新是住宅建设的新主题。这些存量住房的建筑工程质量、功能设置、设施设备水平和环境配套水平等方面，都需要加大改善工作的力度，满足居民的生活需求。

改善存量住房也是建设节约型社会的需要。一方面，在快速城市化的进程中，土地粗放利用和浪费的现象越来越严重，既有建筑居住区的综合改造对于节约土地，促进城市发展模式从粗放扩张型向紧凑集约型转变具有重要意义。另一方面，与发达国家相比，我国住宅建造和使用过程中也存在严重的资源浪费现象。对存量住宅进行节能改造对于降低全社会的能耗，推动低碳社区建设具有重大意义，同时由于减少了能源和材料的消耗，也减少了建筑垃圾的产生，有助于促进人与自然的和谐共处。

六、节能环保成为住房发展的必然要求

我国建筑能耗占全社会能耗的比例已经由 1978 年的 10％上升到 2010 年的 30％，其中采暖和空调占 20％，建筑耗能已与工业耗能、交通耗能并列，成为我国能源消耗的三大"耗能大户"。建筑能耗对社会造成了沉重的能源负担和严重的环境污染，已成为制约我国可持续发展的突出问题。我国提出到 2020 年将单位 GDP（国内生产总值）的二氧化碳排放在 2005 年的基础上降低 40％～45％，向国际社会作出了庄严的减排承诺，住房建设的节能环保化对于实现节能减排承诺意义重大。

国家对降低建筑能耗工作非常重视，相继颁布了《民用建筑节能设计标准》（JGJ 126—95）、《民用建筑热工设计规范》（GB 50176—93）、《夏热冬冷地区居住建筑节能设计标准》（JGJ 134—2001）、《进一步推进墙体材料革新和推广节能建筑的通知》、《关于发展节能省地型住宅和公用建筑的指导意见》等标准和文件，推动建筑节能工作。2008 年在新颁布的《节约能源法》的基础上，国务院又颁布了《民用建筑节能条例》和《公共机构节能条例》，并于当年 10 月 1 日开始实施。未来我国将全面推广节能和绿

---

❶　住房城乡建设部政策研究中心依据相关数据和研究测算。

色建筑，制定包括节能、节地、节水、节材和环境保护的强制执行标准，并建立绿色建筑与节能建筑的税收和收费优惠制度。在城市住房发展规划中，应大力推动住宅产业化发展，以中小套型商品住房和保障性住房为重点，推动住宅产业化成套技术研发。重视既有居住建筑的节能改造，充分落实建筑节能环保的相关要求，有条件的地区应积极先行先试，通过在保障性安居工程和重点居住小区中推广绿色建筑和节能环保技术，发挥示范效应，并基于城市发展实际制定科学、有约束力的节能环保指标，纳入住房发展指标体系。

第二章 城市住房发展规划编制要点

2012年6月，住房城乡建设部住房改革与发展司正式印发了《导则》，并于当年在成都、深圳、南宁举办了3期培训班，对全国所有地级以上城市主管处室负责人和规划编制人员进行了轮训；2013年，住房改革与发展司在昆明、兰州、哈尔滨举办了3期培训班，对县和县级市的住房发展规划管理和编制人员进行了轮训。

从"十二五"城市住房发展规划编制情况来看，《导则》的出台和相关培训工作的开展取得了良好的成效，各地住房发展规划的系统性、规范性和科学性得到了加强。鉴于《导则》作为技术规范类文件对相关内容的表述较为简明扼要，有必要通过典型案例示范、重点难点问题解说等方式对《城市住房发展规划编制导则》的重点内容进行阐释，帮助各地规划管理和编制人员更好地认识和把握住房发展规划的编制要求，提高规划的编制水平。

第一节 规划指导思想与原则

一、指导思想

高举中国特色社会主义伟大旗帜，以党的十八大精神为指导，深入贯彻科学发展观，以保障和改善民生为重点，认真落实国家和省区城镇住房发展规划的相关要求，积极发挥城市住房发展规划的引导和调节作用，着力强化政府住房保障职责，加强房地产市场调控，推进住房建设消费模式转型，促进住房事业科学发展，努力实现广大群众住有所居目标。

二、规划原则

编制城市住房发展规划应遵循以下原则：

（一）突出住房的消费品属性，强化政府住房保障职责

从维护社会公平和公民基本权利的角度，进一步还原和突出住房消费品属性，促进住房资源均衡配置，稳定住房价格，满足城镇居民基本居住需求和合理住房改善需求。把解决群众的基本居住问题作为住房发展的首要目标，强化政府住房保障职责，着重改善城镇中低收入住房困难家庭、进城务工人员和新就业职工的居住条件。

（二）坚持住房发展与城市经济社会发展相适应

基于城市社会经济发展水平，资源禀赋条件，关联资源配套水平，规划期重点问题等因素，综合确定符合城市实际的住房发展目标和指标；结合城市自身特点和总体发展目标，统筹处理好近期与长远，保障与市场，需求与供给，住房建设与设施配套，规划

刚性与弹性的关系，体现规划的科学性和可操作性。

（三）坚持与相关规划进行充分衔接和协调

城市住房发展规划应以城市国民经济与社会发展规划、国家和省区住房发展规划、城市国民经济与社会发展规划、城市总体规划、土地利用总体规划为依据，充分落实上位规划对住房发展总体目标、居住用地布局、设施配套、建设控制等方面的要求；城市住房发展规划还应与城市近期建设规划和其他专项规划充分衔接，重点突出对土地、财税、金融等关联资源配置和调控的引导，确保住房发展目标的实现。

（四）坚持突出重点、分步实施

住房发展包含住房供应体系和供应结构、住房保障、房地产市场发展、住房建设和消费模式、住房空间布局、住区更新改善、社区环境与住宅质量提升等多方面的内容。由于每个城市的社会经济发展水平不同，住房发展的基础条件和重点问题各异，住房发展的具体目标也存在较大差异，应在落实各项住房政策要求的基础上，明确规划期内城市住房发展建设的主要任务和重点工程，制定年度实施计划，有效引导市场预期，实现住房发展建设稳步有序推进。

（五）坚持政府组织、专家领衔、部门合作、公众参与、科学决策

政府组织：住房发展规划是引导城市住房事业健康有序发展的重要依据，城市人民政府要把住房发展规划纳入重要议事日程，由市政府统一负责，住房行政主管部门牵头开展相关工作。

专家领衔：在规划制定过程中，要充分发挥专家作用，加强对规划论证、评审等环节的技术把关。对涉及住房发展目标、居住水平、住房空间布局、保障新住房供应体系等重大专题的咨询和论证，应当聘请相关领域的资深专家领衔担任专题负责人，提高规划的战略性、前瞻性、科学性。

部门合作：各有关行业主管部门要根据各自职责，做好协调配合，积极为住房发展规划的编制提供必要的技术和管理支持，保证城市住房发展与国民经济和社会发展规划、土地利用总体规划、相关行业规划以及财政、税收、民政等部门计划的协调和衔接。

公众参与：要完善住房发展规划的公示、听证制度，在规划编制的各个阶段，要广泛听取社会各界意见和建议，提高规划修编的公开性和透明度。

科学决策：城市人民政府要在部门、专家、公众的研究、讨论、建议基础上，对住房发展的重大问题进行科学决策，使得住房发展规划真正成为政府的住房发展蓝图和住房政策宣言。要培养住房发展规划问题的研究人才和住房发展规划的具体编制人才，培训现有工作人员，提高住房发展规划编制的科技含量。城市住房发展规划的编制既要有充分的技术支撑和关联资源依托，以保证可操作性；又要有适当的前瞻性，为经济社会发展留有余地。

第二节　规划期限与规划范围

一、规划期限

我国住房发展规划编制工作仍处于起步阶段，为满足落实房地产市场调控和保障性住房建设政策的需要，已开展的前 3 轮住房发展规划编制工作均采用下发文件通知启动的方式。前 3 轮住房发展规划的规划期限分别为 2006—2010 年，2008—2012 年和 2010—2012 年，前已述及，不仅规划期时间跨度不一致，而且存在着规划期交叉与重叠的问题。

由于我国住房供应体系仍处在不断完善的过程中，并且当前我国处于城镇化快速发展阶段，国家相关政策密集出台，稳定房地产市场，强化住房保障面临复杂多变的形势，因此从体现规划时效性和可操作性的角度，住房发展规划的期限不宜过长。考虑未来规划工作开展的常态化要求和与相关规划的衔接，城市住房发展规划应与国民经济与社会发展规划的规划期限相一致，规划期限为 5 年，并于城市近期建设规划充分衔接，以便更好地实现对土地、金融、税收等关联资源的配置，强化规划落实。城市住房发展规划还应对城市中长期（一般为 10 年）的住房发展进行展望。

二、规划范围

住房发展规划作为城市住房建设安排依据，其规划范围应与城市近期建设规划空间范围相一致。在实际工作中，由于城市近期建设规划的范围并不一定是城市的中心城区范围，如果采用完全相同的规划范围将给住房工作带来诸多不便，也不符合现有管理体制和程序的要求，需要结合具体情况，通过部门协商等方式确定科学、可操作的规划范围。如我国西部某市《城市近期建设规划（2011—2015）》提出规划范围是全市域，包含了中心城区、外围新区和市域各县，由于各县城关镇与中心城区、外围新区的住房发展特征、发展需求和发展目标都存在显著差异，在单一的住房发展规划中难以提出系统、有针对性的规划措施，且在实施过程中存在主体不一、关联资源配置要求不同等问题，这就需要住房主管部门与城市规划主管部门充分协调，确定合理的规划范围，保证住房发展规划相关要求在近期建设中得到落实。

第三节　规划制定程序与工作要求

住房发展规划的制定一般按下列程序进行：确定任务、前期调研和资料收集、专题研究、规划编制、规划审查、规划批准与组织实施。

一、确定任务

城市人民政府组织编制城市住房发展规划，城市住房主管部门会同规划等主管部门负责具体编制工作，并可以委托相关单位承担编制任务。在规划编制的具体实践中，城市人民政府也可以根据实际情况指定牵头编制部门。负责具体编制的相关单位在实践中也呈多样化，有的城市是委托有关城市规划设计院，有的城市是委托大学或相关研究机构，也有委托行业协会的。各城市可根据实际情况确定。根据 2011 年底召开的全国住房保障工作座谈会精神，规划编制经费应纳入政府财政预算。

在具体工作开展之前，通常由城市人民政府发布住房发展规划编制工作方案，在工作方案中明确工作目标、工作组织、编制工作内容与进度、任务分工及要求、编制保障措施。由于住房发展规划涉及房地产、住房保障、城市规划、土地利用、旧城改造、金融、税收等多方面的内容，需要统筹协调的工作量较大，可由市政府协调成立以各相关部门、处室主要负责人为成员的领导小组，从而加强部门沟通、提高协同工作效率。

案例 2-1：九江市"十二五"住房发展规划编制组织工作

（一）发布规划编制工作方案

以市人民政府的名义印发《九江市"十二五"城市住房建设规划编制工作方案（2011—2015 年）》，在工作方案中明确工作目标、工作机构（含领导机构、专项工作小组、评审机构、具体承担规划编制的资质规划机构）、主要任务分工和进度安排、规划编制要求、规划经费的安排和管理。

（二）成立规划编制工作组

（1）成立九江市"十二五"城市住房建设规划编制工作领导小组。

（2）设立 6 个专项工作小组，具体包括：

1）城市人口发展现状调研工作小组；

2）住房状况调查工作小组；

3）住房保障调研工作小组；

4）城市建设用地现状与城市和土地利用规划工作小组；

5）住房发展趋势与需求预测论证工作小组；

6）规划成果编制工作小组。

通过设立规划编制工作领导小组和专项工作小组，较好地协调了专项研究工作和整体规划统筹工作的关系，并保证了部门协调和对接的效率（图 2-1、表 2-1）。

九江市"十二五"住房发展规划参与编制部门的任务分工　　　　表 2-1

工作任务	责任机构	工作成果
城市人口发展现状与分析	城市人口发展现状调研工作小组	城市人口发展现状与分析调研报告
住房状况调查	住房状况调查工作小组	住房状况调研报告
住房保障发展状况与分析	住房保障调研工作小组	住房保障调研报告
城市建设用地现状与城市和土地利用规划	城市建设用地现状与城市和土地利用规划工作小组	区域位置图、建设用地现状图、居住用地现状图、土地利用规划图、居住用地规划图

工作任务	责任机构	工作成果
上一轮城市住房建设规划实施评估； 住房发展状况与分析； 住房发展趋势与需求预测	住房发展趋势与需求预测论证工作小组	上一轮城市住房建设规划实施评估报告、住房发展状况与分析报告、住房发展趋势与需求预测报告
县域住房建设计划	各县人民政府	"十二五"城市住房发展指标体系表、"十二五"住房建设年度计划表、"十二五"棚户区改造计划表、"十二五"住房用地年度实施计划
规划成果编制	规划成果编制工作小组	专题研究基础资料汇编、"十二五"住房建设规划文本

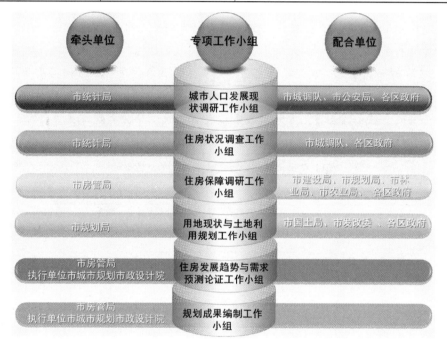

图 2-1 九江市"十二五"住房发展规划编制工作组的构成和工作内容

二、前期调研和收集资料

规划编制单位应通过多种方式收集编制规划所需的经济社会与住房发展相关资料，包括国民经济与社会发展规划、城市总体规划、土地利用总体规划、城市近期建设规划、历版住房发展规划等相关规划资料，听取相关部门的规划设想和建议。具备条件的城市应对居民居住状况和房地产开发企业进行抽样调查。

前期调研和收集资料阶段，通过实地踏勘、部门和人员座谈（访谈）、主要资料搜集等手段，为规划编制提供系统、完善的基础信息，使规划目标和相关措施能更好地反映城市住房发展的实际情况。实地踏勘的重点是了解城市住房与其他功能空间的相互关系，主要住房类型和典型居住小区现状，基础设施和公共服务设施配套情况等。部门和人员座谈（访谈）的重点是了解住房、规划、国土、民政等相关部门对城市住房发展和关联资源配置的现状特征认识和发展设想。资料的搜集应注意时效性，在实际工作过程中经常会遇到相关规划成果编制时间较早的情况，导致对现状特征问题的分析和部分数据难以反映实际情况，需要结合对规划编制部门的访谈进行补充。此外，对统计年鉴等基础资料的搜集应注意时间上的连贯性，一般应有5～10年的时间序列数据和更早典型年份的数据（通常间隔5年选取典型年份）；住房发展规划处于起步阶段，住房相关的基础资料较为欠缺，对居民居住状况和房地产开发企业进行抽样调查有助于加强规划的技术支撑。由于调查工作量较大，需要投入大量的人力物力，相关调查工作应设计系统的调查方案，加强组织领导、合理设计流程，以保证较好的调查质量。

案例2-2：山西省城乡住房调查

2012年，山西省开展了全省城乡住房调查，并制定了《山西省城乡住房调查实施方案》，对调查的方式方法、组织领导、组织实施、质量控制、工作责任、进度安排等各方面提出了详细的要求，有效保障了住房调查工作的有序进行，对城市层面的住房调查具有较好的借鉴意义。

《山西省城乡住房调查实施方案》共分为"全省城乡住房调查实施办法"和"全省城乡住房调查报表制度"两大部分，具体构成见表2-2。

《山西省城乡住房调查实施方案》的总体结构　　　　　　表2-2

	章节	主要内容
全省城乡住房调查实施办法	调查的目的和意义	阐述住房调查对于掌握城乡住房现状和住房保障对象情况，建立城乡住房信息平台，进一步做好住房保障工作和搞好房地产市场调控，编制省市县三级住房发展规划的作用和意义
	调查的对象和内容	调查对象分为所有居住房屋和住房保障潜在对象两个部分；调查内容包括城乡住房基本情况、城乡居民住房状况、城镇住房保障对象等
	调查表式	调查表式分为两大类，一是基层调查表，二是调查综合表，分别对两个调查表的具体构成进行表述
	调查的时间	包括时点指标和时期指标。时点指标的时间为2011年12月31日，时期指标的调查年度为2011年
	调查的方式方法	由省统一组织，以市、县（区、市）为主体，以街道办事处（乡镇）为节点，以社区（行政村）为基本调查单位。通过全省住房房源普查、城乡居民住房状况抽样调查和典型调查、城镇住房保障对象调查等方式，摸清全省城乡住房现状和城镇住房保障对象情况
	调查的组织领导	包括领导小组的成员单位和具体职责，协同沟通方面的要求，对市、县（区、市）、街道办事处（乡镇）和社区（行政村）的具体要求等
	调查的经费保障	按照分级负责的原则，住房调查的经费由省、市、县三级财政共同承担，列入财政预算，按时拨付，确保到位，保证调查工作顺利实施
	调查资料的填报与管理	包括对调查内容真实性、完整性的要求，以及对调查结果的用途和保密方面的限定内容

续表

章节		主要内容
全省城乡住房调查实施办法	调查的组织与实施	包括调查队伍的组建和培训、调查物资准备、调查表格填写、复查与验收、调查资料报送等各环节的具体要求
	调查的质量控制	包括建立以数据质量控制岗位责任制和责任追究制、调查结果抽查和评估、备案制度等
	调查工作的责任	包括建立工作目标责任制，基于调查质量设立奖惩制度，设立举报和监督热线电话等
	进度安排	进度安排分调查准备、调查登记、数据处理3个阶段，对每个阶段的时间节点和具体工作内容要求等
全省城乡住房调查报表	总说明	对调查实施办法的主要内容进行进一步的解释和说明
	报表目录	对基层调查表、综合表的子表构成进行解释
	调查表式	列出基层调查表、综合表的详细内容
	主要指标解释及填写说明	对基层调查表、综合表中涉及的具体指标和填写的要求进行解释
	抽样（典型）调查方案	包括抽样目标、总体、方法、样本量的确定与分配等要求
	附表	山西省县及县以上行政区划代码、2011年山西省各县人口数、2011年山西省各县城镇人均可支配收入、2011年山西省城镇人均住房建筑面积

三、专题研究

规划编制单位应分析城市住房发展中存在的主要问题，在现行住房发展规划实施情况评估，城市住房发展现状与趋势，城市住房需求预测，城市住房有效供应，城市住房建设目标和发展策略等方面，有针对性地选择重点问题开展研究。

我国幅员辽阔，不同区域，不同等级城市的自然禀赋、社会经济基础和住房发展水平存在巨大差异，住房发展领域的研究积累也参差不齐，因此有必要针对规划期内住房发展的主要问题开展专题研究，为规划成果的编制提供充分的技术支撑。

案例2-3：部分城市住房发展规划专题研究（表2-3）

深圳市和九江市"十二五"住房发展规划开展的专题研究 表2-3

城市	专题研究构成
深圳市	规划纲要研究
	"十一五"住房规划实施情况评估
	"十二五"住房需求预测
	"十二五"住房供应研究
	"十二五"住房发展策略研究
	"十二五"住房政策研究
	都市圈背景下的深圳住房发展研究
	"十二五"产业发展与住房发展研究
	深圳"十二五"人才安居住房研究

城市	专题研究构成
九江市	上一轮城市住房建设规划实施评估
	城市人口发展现状与分析
	住房状况调查（包括居民居住与收入状况）
	住房发展状况与分析
	住房保障发展状况与分析
	城市建设用地现状与城市和土地利用规划
	住房政策（住房发展相关标准规范与政策文件）
	住房发展趋势与需求预测

从深圳市和九江市的案例可以发现，专题研究的设置需要充分结合本市住房发展和相关研究的实际情况进行科学选择。深圳市住房发展领域的研究相对较多，住房发展现状、住房保障情况的基本信息较为丰富，因此结合城市空间拓展的趋势，外来人口的特征，住房产业发展的前景等因素，选择了都市圈背景下的深圳住房发展研究，"十二五"产业发展与住房发展研究，深圳"十二五"人才安居住房研究等问题开展专题研究，很好地契合了城市住房发展的重点和难点问题。九江市的专题研究以摸清底数，找准现状特征和问题为出发点，选择了城市人口发展现状与分析，住房状况调查，住房发展状况与分析，城市建设用地现状与城市和土地利用规划等专题进行重点研究，为后续规划目标设定、需求预测、重点指标取值、住房空间布局等提供了有效的技术支撑。

四、规划编制与咨询论证

规划编制单位应根据规划技术要求编制城市住房发展规划，除满足《导则》的相关要求外，城市住房发展规划还应与相关的各层次城市规划（总体规划、分区规划、详细规划等）、土地利用总体规划、各类专项规划（包括各类公共服务专项规划、市政基础设施专项规划等）充分衔接，并满足相关的各类行业规范和标准的要求（如居住区规划设计规范等）。在规划编制的过程中，编制单位应与委托部门充分沟通，在初步方案、规划纲要、规划成果等各阶段对重点技术问题和主要目标、指标进行充分论证，以确保规划成果的科学性和可操作性。

城市住房行政主管部门应当采取论证会、听证会或其他方式征求专家和公众对住房发展规划的意见，规划编制单位应充分考虑专家和公众的意见并对住房发展规划进行修改完善。咨询论证过程既要有房地产、住房保障等领域的实际从业者，又要有政府部门的管理人员，还应包括理论研究的学者，以便从实践、管理、理论研究等多个角度对规划成果提出全面的意见和建议。

住房发展的宗旨是保障和改善民生，充分吸纳公众的意见和诉求是规划编制的应有之义。在规划初步成果完成后，应通过网站、报纸、电视、广播等各种可行的途径，向广大市民公示规划主体内容，并设定合理的公示期限，以便充分吸收公众的意见。规划公示应注意保证主体内容的系统性和较好的可读性，对于部分事关群众切身利益的技术性内容应由专人负责对文字进行详细解读和润色，以便于公众充分理解。

案例 2-4：深圳市通过网络对《深圳市住房建设规划（2011—2015）》征求公众意见（图 2-2）

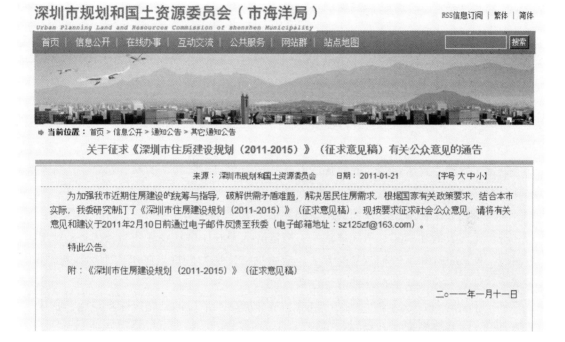

图 2-2　深圳市在规和国土资源委员会官方网站征求社会公众对住房建设规划的意见

五、规划审查

城市住房行政主管部门会同规划等主管部门按照规范性、科学性和合理性的原则，依据《导则》以及国家、省区和本市对住房发展的相关政策要求，组织专家队伍对规划成果进行审查，并形成书面审查意见。规划编制单位根据审查意见进行修改、完善后形成规划报批稿。

六、规划批准与组织实施

城市住房发展规划报经城市人民政府批准后应及时向社会公布，由城市人民政府组织实施。各直辖市、计划单列市和省会（首府）城市的住房发展规划报住房城乡建设部备案，其他城市的住房发展规划报省、自治区建设主管部门备案。

在规划具体实施方面，要注意以下三个方面：

一是要落实政府责任。进一步落实城市人民政府促进住房发展的职责，把保障基本住房，稳定住房市场纳入各地经济社会发展的工作目标，并列入对地方各级政府的考核指标。按照"政府主导、部门协作"的原则，明确住房城乡建设、发展改革、国土、财政、税收、金融、监察等部门的职责分工和相关任务，健全信息沟通、政策协调和工作协同机制，各负其责，密切配合，形成工作合力。

二是要强化规划实施管理。加强对规划实施工作的监督检查，适时评估规划实施情况以及各项任务的完成情况。建立规划动态调整机制，根据住房发展中的新情况、新问题，及时调整，提高规划的科学性和可操作性。建立规划实施考核机制，强化政策落实，保证规划实施效果。

三是要鼓励社会广泛参与。规划批准后应及时向社会公布，接受社会监督。加大住房发展规划宣传力度，营造良好的社会氛围。充分发挥相关行业协会和中介组织作用，加强行业自律，维护市场秩序。动员和鼓励社会力量参与保障性住房建设和运营管理，为实现住有所居贡献力量。

第四节　规　划　内　容

根据《导则》要求，结合各地住房发展规划编制的实践和新的发展趋势，住房发展规划文本的内容应包括以下部分：

一、现行城市住房发展规划实施情况评估

进行住房发展规划实施情况评估，要将依法批准的住房发展规划与现状实施情况进行对照，采取定性和定量相结合的方法，全面总结住房发展规划各项内容的执行情况，客观评估规划实施的效果，评估内容包括：

（1）评估规划目标的落实情况，包括总量和居住水平目标、住房保障目标、质量与环境目标、关联资源配置目标等；

（2）评估保障性住房规划与建设的执行情况，包括住房保障相关政策和制度建设，各类保障性住房建设规模、建设标准和房源筹集，保障性住房建设项目空间分布、土地供应和资金保障，以及保障性住房的分配、管理和使用情况等；

（3）评估商品住房规划与建设的执行情况，包括各类商品住房建设规模，价格变化，建设项目空间分布，土地供应和市场秩序等情况；

（4）评估既有住房发展政策的实施情况与效果；

（5）评估规划实施管理、实施监督、考核奖惩、公众参与等实施保障机制的建立和运行情况；

（6）评估住房建设年度计划的制定和执行情况；

（7）总结现行住房发展规划的实施成效与存在问题，结合当前形势，提出本轮住房发展规划的编制重点和相关对策建议。

现行规划实施情况评估的重点是总结经验，发现问题，并分析规划实施与既定目标存在差异的原因，以便新一轮规划中及时调整思路和策略。要通过规划实施评估，加深对城市住房发展的新形势和新特点的认识，不断提高规划的针对性和时效性，切实发挥住房发展规划对住房发展与建设的引导和调控作用。规划实施评估要结合对社会经济发展形势的分析，有针对性地总结规划实施取得的成绩，防止面面俱到。对问题的分析应针对规划实施和规划本身两个方面，既要寻找实施过程中的问题，也要研究规划自身存

在的不足和缺陷。

从各地编制情况看，现行规划实施情况评估部分的深度和针对性存在较大差异，部分城市甚至缺漏相关内容，不利于新一轮规划系统梳理问题，及时调整既有规划思路。部分城市对现行住房发展规划的实施情况进行了系统的评估，为新一轮规划的编制提供了有效的反馈和支撑，如《深圳市"十二五"住房建设规划》结合"十一五"住房发展规划提出的具体目标，从住房发展规划与相关规划的衔接，住房建设用地供应，房地产宏观调控和市场发展，住房保障制度和保障性安居工程建设，城中村改造和非户籍居民住房条件，住宅产业化及绿色生态可持续发展等方面详细总结了现行规划的实施情况。同时，结合深圳市发展的实际情况，总结了土地资源供应紧缺，房价上涨过快，住房保障有待完善，违法建筑制约城市可持续发展等问题，为"十二五"住房发展规划继承现行规划优点，调整策略解决存在的问题提供了较好的支撑。

案例 2-5：深圳市"十二五"住房建设规划对现行规划实施情况的评估

（一）"十一五"规划目标

"十一五"期间，我市首次将居民住房问题的解决，通过中长期规划的形式，科学系统地进行空间统筹和年度安排。全市规划建设住房总量 69 万套，建筑面积 5700 万 m^2，其中商品住房 55 万套，建筑面积 4930 万 m^2（含城市更新方式建设住房 1800 万 m^2），保障性住房 14 万套，建筑面积 770 万 m^2；规划新建住房用地供应 13km^2，其中商品住房用地 11km^2（新供应 6km^2，利用存量 5km^2），保障性住房用地 2km^2。

根据我市房地产市场发展的实际状况和加强住房保障工作的有关要求，2006～2010年各年度实施计划对保障性住房建设目标进行了调整，将"十一五"住房建设规划中保障性住房规划建设目标由 14 万套，建筑面积 770 万 m^2，调整为 16.77 万套，建筑面积 945.2 万 m^2。

（二）"十一五"规划实施情况

1. 有效衔接相关规划，促进经济社会协调发展

"十一五"住房建设规划确立了全市住房发展的目标和建设任务，明确了地方政府在住房发展中的职责，切实指导了全市住房建设与发展，有效贯彻落实了《深圳市国民经济和社会发展第十一个五年总体规划》的相关要求，充分发挥了住房在国民经济发展中的基础配套作用，促进了经济稳定增长和社会的持续进步；实现了与《深圳市土地利用总体规划大纲》的衔接，引导了土地供应的规模和结构调整，促进了土地资源节约集约利用；实现了与《深圳市城市总体规划（1996—2010）》的衔接，围绕新交通体系建设，立足于深港融合的发展趋势，结合产业结构调整，引导住房发展空间合理布局，有效推进了新城区的开发建设。

2. 住房建设用地供应从新增向存量转变，促进土地资源集约高效利用

"十一五"住房建设规划立足于全市土地资源紧缺的实际，住房用地供应坚持新增供应与存量挖潜相结合，至 2010 年底，全市实际新供应住房用地 8.07km^2，其中新供

应商品住房用地 5.62km^2，完成规划供应目标的 93.7%；保障性住房用地实际新供应 2.45km^2，完成规划目标的 122.5%；积极引导住房建设用地供应从新增向存量转变，2010 年启动城市更新建设住房，开工建设 23 个项目，涉及建设用地面积约 1.18km^2，规划批准住房建筑面积约 239 万 m^2，其中保障性住房约 9.4 万 m^2。

3. 加强房地产宏观调控，促进房地产市场持续健康发展

"十一五"期间，本市以国家房地产宏观调控精神为指导，适度增加住房供应规模，着力调整住房供应结构，保障性住房和中小套型普通商品住房用地供应量达到住房用地供应总量的 79%。商品住房累计新开工 26.5 万套，2386.38 万 m^2，竣工 22 万套，1980.99 万 m^2。完善了差异化的住房金融税收政策，合理引导了住房需求，出台并实施了《深圳市房地产市场监管办法》，加强房地产市场秩序巡查监管，促进市场有序健康发展。

4. 建立完善住房保障制度，大力推进保障性安居工程建设

"十一五"期间，本市创新和发展了公共租赁住房制度，创新和启动了面向人才和"夹心层"的安居型商品房建设，初步形成包括廉租住房、公共租赁住房、经济适用房、安居型商品房以及货币补贴等在内的，具有深圳特色、广覆盖、多层次的住房保障体系，并通过制定和实施《深圳市保障性住房条例》等一系列住房保障法规规章及配套细则，加快推进了覆盖低收入居民和人才的保障性安居工程建设。至 2010 年底，保障性住房建设和筹集 16.9 万套，建筑面积约 1267 万 m^2，其中，已开工 7.9 万套，竣工（含筹集）约 2 万套，实际分配 8209 套，实现了对户籍低保家庭应保尽保，向全市企事业单位提供约 7000 套公共租赁住房，向 3 万名人才发放货币补贴，实现了实物保障和货币保障并重，生存型保障和发展型保障并重。

5. 加强城中村综合整治，改善非户籍居民居住条件

针对本市非户籍人口和进城务工人员主要以城中村和老旧住宅区等存量住房为主要租住地的实际情况，"十一五"期间，本市全面开展城中村和老旧住宅区的环境综合整治，共整治城中村 1600 个，基本消除了居住安全隐患，改善居民居住环境，加强了社会综合治安管理，全面引入和加强了物业管理，使得租住在城中村和老旧住宅区内的大量非户籍人口和进城务工人员的居住条件明显改善；此外，本市通过没收违法建筑、征收原农村集体经济组织统建楼用于产业配套用房，提升了产业园区员工和其他外来务工人员的居住水平。

6. 推进住宅产业化，促进住房向绿色生态可持续方向发展

"十一五"期间，围绕国家住宅产业化综合试点城市建设的要求，本市将住房建设纳入人居环境发展体系中；以节地、节能、节水、节材和环保为方针，全面落实《关于推进住宅产业化的行动方案》，研究开发住宅建设的新技术、新产品、新设备和新工艺，推进住宅性能认定，优良住宅部品推荐，住宅产业化示范基地等政策标准体系和配套体系建设；在保障性住房社区建设中，率先推行雨水收集、中水回用、太阳能光热光伏节能门窗玻璃等"四节一环保"住宅产业化技术，创建住宅产业化综合技术示范小区，重

点突出、步骤合理地推进住宅产业化发展。

7."十一五"规划存在问题

一是土地资源紧缺导致新增住房供应日益减少。"十一五"期间,本市土地资源紧缺成为制约城市经济社会发展,包括住房与房地产持续稳定发展的重要影响因素;住房用地供应呈下降趋势,从"十五"期间的年均住房用地供应 2.7km² 降为"十一五"的年均约 1.6km²;住房用地供应的持续紧张,导致住房开发建设和房地产投资规模持续下降,"十一五"期间商品住房年均新开工、竣工面积分别为 477.28m²、396.2 万 m²,分别比"十五"期间下降 258.64m²、331.91 万 m²。"十一五"期间,本市住房市场已呈现出有效供应不足和结构性短缺等问题,住房市场供应难以满足本市广大普通居民家庭日益增长的住房消费需求。

二是房价过快上涨制约了城市的转型发展。"十一五"期间,本市依据中央、省、市房地产宏观调控政策要求,积极加强房地产宏观调控,稳定住房价格;但是由于有限的土地资源状况,户籍与非户籍倒挂的特殊人口结构,毗邻香港的特殊区位,资本流动性较为充裕以及居民投资意识较强等因素,房地产价格始终保持着较快的上涨趋势。房地产价格的较快上升,提高了城市的生产和经营成本,不利于投资环境的优化和改善,不利于为产业升级和结构调整提供良好的发展环境和空间;同时,高房价提高了城市居民的居住成本和人才的创业成本,限制了居民消费水平提升,降低了城市对人才的吸引力,住房价格过快上涨已成为制约本市城市转型发展的瓶颈之一。

三是住房保障工作仍需不断完善和改进。"十一五"期间,在"保民生、促发展"的住房发展思路指导下,本市初步建立起住房保障制度,并将保障性安居工程建设作为全市经济社会工作的重点。但住房保障工作总体处于起步期间,由于保障性住房的建设、分配与管理存在起点不高,经验不足,认识不到位等问题,实施效果特别是保障性住房的供应效率、分配管理体制、部门协作机制等方面,距离广大居民的期望和政府切实解决低收入居民及人才住房困难的目标,尚有一定差距,仍需不断完善。

四是违法建筑制约了住房与城市的持续发展。违法建筑是本市快速城市化过程中的衍生问题。"十一五"期间全市加大了违法建筑的查处力度,有效遏制了新增违法建筑的产生,但由于诸多的历史遗留问题以及利益驱动,违法建筑仍保持了相当大的规模,严重制约了住房用地的有效供应,侵占了产业发展空间,影响了城市的合理布局与开发建设。违法建筑的私下交易冲击了房地产市场的正常交易秩序,削弱了房地产宏观调控成效。违法建筑普遍存在规划缺失,建筑密度高,建筑质量差,市政和公共服务设施不足,环境卫生差等特点,存在较大的安全隐患,容易引发一系列社会问题。对违法建筑有效处置已成为缓解本市住房供应压力,促进城市持续发展所面临的重要问题。

二、住房发展目标

立足城市住房和经济社会发展现状及存在问题,结合未来人口和城镇化发展趋势预测,分析判断居民住房需求特征和发展趋势,科学合理预测城市住房需求。在住房需求预测的基础上,依据全国和省区城镇住房发展规划,综合考虑资源环境承载能力和政府公共财力，统筹确定城市住房发展与建设目标，主要内容包括：

（一）确定住房发展总体目标

基于住房发展现状特征和问题、政府住房政策导向，对住房政策导向、住房供应体系、住房保障、房地产发展、居住水平和居住质量、物业管理等方面提出定性的总体发展目标。

（二）确定住房发展分项目标

在住房需求预测和供给能力分析的基础上，从建设总量和居住水平、住房保障、住宅质量与住区环境、关联资源配置等几个方面提出城市住房发展的分项目标。

（三）建立住房发展指标体系

基于分项目标，提出规划期内城市住房发展的具体指标，并明确约束性指标和预期性指标。表 2-4 给出了城市住房发展的指标体系，各城市可在此基础上，结合本地实际情况进行修改和完善。

住房发展指标体系（建议）　　　　　　　　　　　　　表 2-4

指标分类	指标名称说明	单位	指标类型（建议）
总量和居住水平指标	城镇新建住房建设总量	万 m²/万套	预期性
	人均住房建筑面积	m²	预期性
	城镇住房成套率	%	预期性
住房保障和公积金指标	保障性住房覆盖水平	%	约束性
	保障性安居工程建设规模	万 m²/万套	约束性
	住房公积金制度实施覆盖水平	%	预期性
质量和环境指标	住宅工程质量验收优良率	%	约束性
	存量住宅节能改造比例	%	预期性
	新建住宅全装修比重	%	预期性
	新建住宅小区物业管理覆盖水平	%	预期性
关联资源配置指标	新增城镇住宅用地供应量	万 hm²	预期性
	保障性住房用地供应量	万 hm²	约束性
	保障性住房、棚户区改造和中小套型普通商品住房用地占住房建设用地供应总量比重	%	约束性
	保障性安居工程建设和中低收入家庭租金补贴的财政性资金投入	万元	预期性
	保障性住房及其配套工程建设的信贷资金投入	万元	预期性

在总量和居住水平指标系列中，城镇新建住房建设总量应基于住房需求预测，房地产市场未来发展趋势，住房保障总体要求，住房供需关系等因素综合确定。人均住房建筑面积指标在我国不同区域、不同等级城市间存在较大差异，应结合本地社会经济发展水平、居住条件的发展趋势，确定合理的标准。部分城市现状人均住房建筑面积较大，

住房发展的重点应转向质量改善、功能提升以及住区环境营造。部分大城市、特大城市用地资源紧张，尽管现状人均住房建筑面积偏小，但从缓和供需矛盾，节约集约利用土地的角度，也应制定客观合理的面积标准，避免过度追求人均指标的快速提升。

在住房保障和公积金指标系列中，保障性住房覆盖水平指标的确定，要在落实上级政府下达的任务基础上，基于城市中低收入住房困难家庭的实际情况，综合政府可投入的土地、资金等资源，综合确定合理的覆盖水平，据此科学测算保障性安居工程的建设规模。

在质量和环境指标系列中，住宅工程质量验收优良率是约束性指标，应强化完善相关规章制度，不断提高验收优良率。存量住宅节能改造比例，新建住宅全装修比重和新建住宅小区物业管理覆盖水平是预期性指标，随着我国城镇居民收入水平不断提高，上述指标对于提高居民生活质量具有重要意义，应通过典型示范、财税政策引导等方式强化落实，不断提高发展水平，条件成熟的城市可结合本地发展实际提出约束性要求。

案例2-6：大庆市"十二五"住房发展指标体系（表2-5）

大庆市"十二五"住房发展指标体系　　　　　　　　　　表2-5

指标分类	指　标　名　称	规划期末	指标属性
总量和居住水平指标	城镇新建住房总量	2700hm²	预期性
	人均住房建筑面积	42.5m²	预期性
	城镇住房成套率	≥98%	预期性
	新建住宅物业管理覆盖率	≥90%	预期性
住房保障指标	保障性住房覆盖面	≥20%	约束性
	保障性安居工程建设规模	80hm²	约束性
	住房公积金制度实施覆盖面	≥80%	预期性
质量和环境指标	住宅工程质量验收优良率	≥80%	约束性
	新建住宅节能比率	≥80%	预期性
	存量住宅节能改造比例	≥50%	预期性
	新建住宅小区物业管理覆盖面	100%	预期性
关联资源配置指标	新增城镇住宅用地供应量	1800万hm²	预期性
	保障性住房、棚户区改造和中小套型普通商品住房用地占住房建设用地供应总量比重	70%	约束性
	居民出行交通便捷度	公交车站距离≤500m	预期性
	居民公共服务便利程度	公共服务设施水平普遍提高且能够方便快捷地享受	预期性

（四）提出中长期住房发展目标

结合城市中长期发展规划，城市总体规划和国土、财税、金融等领域的中长期发展要求，提出中长期住房发展目标，突出对住房供应体系和制度建设的引导性，包括居住水平总体目标、住房保障总体要求、住房质量和功能标准、房地产市场发展导向、配套制度改革等。

案例 2-7：大庆市中长期住房发展目标（大庆市住房建设规划（2011—2015））

未来十年，"转型"、"调整"和"发展"将是大庆城市发展的主旋律，将使经济能级、产业结构、发展质量和社会稳定再上新水平。按照创建现代化国际化城市的目标与要求，力争到 2020 年全面实现现代化，确立初步迈进国际化城市地位的发展目标，形成完善的住房保障体系，房地产业健康发展，资源节约集约利用，人居环境良好，人民群众居住质量和水平达到全新高度，争取从"居者有其屋"向"居者优其屋"的过渡。

案例 2-8：北京市中长期住房发展目标（北京住房建设规划（2006—2010 年））

按照创建以人为本、和谐发展、经济繁荣、社会安定的首善之区的要求，依据力争全面实现现代化，确立具有鲜明特色的现代国际城市地位的发展目标，到 2020 年，形成完善的政府住房保障体系，房地产业健康发展，资源节约集约利用，人居环境良好，城镇人口人均住房建筑面积达到 35m² 左右，人民群众居住质量和水平达到全面建设小康社会的要求。

（一）建立健全完善的住房供应体系和多元化的住房保障体系

按照建设完善的社会主义市场经济体制的要求，把握城镇住房制度进一步深化改革的总体方向，更好地履行政府经济调节和市场监管职能，坚持加大综合调控力度和住房市场化的基本方向，更多地运用经济手段和法律手段调控房地产市场运行，加强住房供需双向调节，实现政府主导的保障类住房与市场配置为主的商品住房的协调发展，促进北京房地产业的健康发展，建立健全符合首都定位和北京特点的住房供应体系。

切实加强政府的社会管理和公共服务职能，不断加大住房保障力度，通过制定规划、完善政策、创新机制体制，进一步明确住房保障目标，逐步健全和完善分类型、多层次的住房保障机制。针对不同收入家庭，建立由廉租住房、经济适用住房、政策性租赁住房 3 个层次构成的住房保障体系，切实保障城镇中低收入家庭，特别是低收入家庭的基本与合理的住房需求。

（二）全面推行符合国情市情的住房建设模式和消费模式

按照推进首都人口、资源、环境协调发展的要求，综合考虑北京人口聚集压力大、土地等资源紧缺、环境改善任务艰巨的实际情况，强化对人口规模与结构的有效调控，实施公共交通优先战略，大力发展节约型居住区、绿色宜居型居住区和节能省地型住宅，提高住宅产业化水平，全面推行资源节约、环境友好的住房建设模式。

提倡适度消费和节约文化，倡导符合可持续发展理念的节约行为模式，引导全市居民树立合理、健康的住房消费观念，全面推行购租结合、理性适度、满足自住需求的住房梯度消费模式。

（三）实现住房发展总量基本平衡、结构基本合理、价格基本稳定

总量基本平衡就是在落实远期规划控制人口总量的前提下，以合理需求为导向，保持相对平衡的住房供应规模；结构基本合理就是以北京资源环境承载能力为基础，积极引导需求和调控市场运行，保障住房类型结构、套型比例结构和空间布局结构基本符合首都社会发展的实际情况；价格基本稳定就是与首都经济社会发展状况相一致，保障首都经济运行质量，努力做到住房价格与居民收入增长相协调。

三、住房发展的主要任务

明确规划期内住房发展建设的主要任务和重点工程，包括住房供应体系和供应结构，住房保障，房地产市场发展，住房建设消费模式，住房空间布局，既有住区更新改善，社区环境与住宅质量提升等方面的内容，各城市可根据实际情况补充其他工作任务。主要内容包括：

（一）住房供应体系和供应结构

明确住房供应体系，总体供应结构和保障性住房覆盖面，优化存量住房供应等内容。

按照"低端有保障，中端有市场，高端有约束"的原则，重点发展中低价位、中小套型的普通商品住房，结合城市中低收入住房困难群体住房条件和收入结构特征确定合理的住房保障标准和覆盖水平。保持商品住房和保障性住房供应的合理比例，逐步建立和完善多元化住房供应体系。

（二）住房保障

明确住房保障方式，各类保障性住房建设规模、建设标准、房源筹集模式和资金来源，以及保障性住房分配、运营管理和住房公积金管理等内容。

结合城市发展实际，建立以公共租赁住房、廉租住房和经济适用住房为主体的住房保障体系。采取实物配租、租赁补贴、面积差额补贴等方式推进廉租住房工作，努力做到"应保尽保"；推进廉租住房与公共租赁住房统筹建设，并轨运行；严格执行国家经济适用住房管理的各项政策，加大经济适用住房建设与分配过程的监管，严格落实经济适用住房购买、转让等有关规定；创新体制机制，积极探索公共租赁住房建设新模式和新途径，拓宽保障性住房供给渠道，实现政府保障责任与财政、土地等公共资源配置能力的平衡。

（三）房地产市场发展

明确房地产市场发展重点，各类商品住房建设规模及建设标准，市场秩序监管，房地产服务业发展和住房信息系统建设等内容。

正确运用政府调控和市场机制两种手段，加强和改善房地产市场调控，促进房地产市场长期平稳健康发展。优先保证住房建设用地供应，采取有效措施控制地价过快上涨。调整住房供应结构，制定行之有效的财税和土地配套政策，鼓励开发企业增加中低价位、中小套型普通商品住房供应。健全差别化信贷政策，抑制投资投机性购房，促进房地产业健康发展。

规范房地产市场秩序，完善市场交易规则，全面加强房屋租赁市场管理，不断提高房屋租赁管理覆盖面。积极发展中介服务，完善信息平台建设。规范住房装饰装修市场，严格执行国家标准。按照国家和省区的统一部署，推进和完善个人住房信息系统建设。

（四）住房建设和消费模式

明确发展省地节能环保型住宅，推进住宅产业化发展；利用新房和存量房两个市场，采取买房和租房两种方式，支持自住和改善型需求，引导合理梯度住房消费等内容。

构建鼓励居民住房梯度消费的政策体系，抓紧完善鼓励节能省地型住宅的经济政策，重视生态环境保护，引导树立合理、健康的住房消费观念，全面推行购租结合，理性适度，满足自住需求为主的住房梯度消费模式。

（五）住房空间布局

明确各类住房的选址原则和空间布局模式，以及相应的公共交通和公共服务设施配套建设要求等内容。

基于优化城市人居环境、方便居民生活就业的总体目标，结合城市近期建设规划、保障性住房建设计划、城市基础设施和公共服务设施配套等因素，引入 GIS 等技术手段，采用多方案比选等方式，科学评价住房空间布局的社会经济效益，综合确定规划方案。鼓励和引导各种类型、不同群体住房的相对混合布局，促进社会和谐。充分考虑居民生活对公共服务设施、公共交通及市政公用设施的需求，合理安排设施服务半径，创造舒适方便的生活环境。

（六）既有住区更新改善

明确存量住房宜居改造，节能改造，结合城市更新推进保障性住房建设等内容。

积极推进老旧居住区、城中村、棚户区改造，有序推进建筑节能改造，实现居住质量、基础设施和环境面貌的整体升级。把旧城改造与城市存量土地挖潜相结合，对闲置土地积极予以盘活，收回的国有土地和储备土地应优先安排保障性安居工程建设。

（七）社区环境与住宅质量提升

明确社区环境建设，地域文化特色营造，社会服务与物业管理，住宅户型设计，住宅工程质量管理等内容，并重点关注老年住房需求，应对老龄化发展趋势。

注重居住区基础设施和公共服务设施的配套建设，进一步加强社区公共服务体系建设，提升社区质量和品质，维护社区良好的生活秩序，营造优美的社区环境，加快推进和谐社区的建设。居住区规划设计水平体现地域与民族文化传统，在住宅设计中注重延续和彰显文化特色。进一步扩大物业管理覆盖面，城镇新建住宅小区全面实施物业管理，推动旧住宅区逐步实施物业管理。建立适应保障性住房特点的物业管理模式。户型设计应体现舒适性、合理性、私密性、美观性和经济性，应在社交、功能、私人空间上有效分隔。全面提高居住品质，建设功能完备、配套齐全、方便安全、智能化和现代化的设施条件，全面实现"以人为本"的居住理念。结合本地人口年龄结构和家庭规模结构变化趋势，在住宅设计、设施配套、住区环境营造等方面予以积极应对。

结合城市住房发展的特征和主要问题，在上述各方面明确相应的重点工程。

案例2-9：大庆市"十二五"住房发展规划的主要任务

（一）住房供应体系和供应结构

1. 控制住房供应体系

按照"高端有调节，中端有市场，低端有保障"的原则，适度发展非普通商品住房，重点发展中低价位、中小套型的普通商品住房；全市房源供应分别针对不同人群提供不同类型的住房。针对低保户、低收入且住房困难户、创业人群等住房困难群体，提供廉租房；针对低收入人群，提供经济适用房；针对中等收入及高收入群体提供不同价位的中高档商品房来解决住房问题。

2. 调整住房供应结构

保持市场性住房供应和保障性住房供应的合理比例，逐步建立和完善多元化住房供应体系。重点发展满足广大群众基本住房消费需求的中低价位、中小套型普通商品住房，优先保障90m² 以下中小户型、中低价位住宅供应量，年度新审批、新开工的套型面积90m² 以下住房所占比重，必须达到住房建设总面积的70％以上。

3. 优化存量房供应

通过优化存量房供应来调节市场供求关系，通过加大二级市场开放力度，优化配置现有的住房资源，解决中低收入住房困难家庭住房问题。

（二）住房保障

1. 住房保障方式与标准

建立以经济适用住房、廉租住房为主体的多渠道供应，多层次救助，市区全覆盖，满足基本需求的住房保障机制，积极探索并轨管理、无缝衔接、梯度保障的原则，简化租赁途径，分类实施保障，扩大住房保障面，完善住房保障体系。

2. 政策性住房规划与建设

政策性住房由市政府统一规划，市、区政府相关部门统一组织建设。新增政策性住房的建设规模、套数、户型、面积标准、装修标准，以及出售、出租、使用管理的相关办法，由市住房管理部门统一制定。

3. 政策性住房建设资金的筹措

政策性住房建设资金由市、区两级政府专项拨款或专项贷款，各大企业自行进行政策性住房建设的，给予相关的优惠政策，将全市年度土地出让净收益的一定比例及住房公积金增值收益考虑用于租赁住房建设，并研究制定出台相应资金运用和监管措施。

4. 廉租住房管理

采取廉租住房认定，实物配租，租赁住房补贴，面积差额租赁补贴等方式开展廉租住房工作，扩大廉租赁住房的来源，拓宽廉租住房保障范围，解决在实际中出现的新问题。

5. 完善经济适用房的建设和管理

严格执行国家经济适用房管理的各项政策，加大经济适用房建设与销售过程的监管，进一步落实经济适用房签订购买合同起5年内不得转让的相关规定。

6. 探索公共租赁住房保障

积极探索公共租赁住房建设，制定灵活管理机制缓解其他保障性住房建设压力。

（三）房地产市场发展

1. 健全市场体系

推动房地产3个层级市场联动发展，坚持积极稳妥发展一级市场，全面开放二级市场，精心培育三级市场。按照控制总量，优化结构，打造精品，提升形象的原则，对增量房的开发进行调控，对二、三级市场放宽准入条件，降低门槛，简化程序，缩短时限，提速办证，出台相关政策等激活房地产二、三级市场的政策，促使房屋交易量不断攀升。

2. 加强市场监管

在全市范围内集中开展整顿和规范房地产市场秩序的专项整治工作，完善市场交易规则使房地产二、三级市场交易行为有章可循，有规可依。全面加强房屋租赁市场管理，建立租赁房屋非住宅与住宅分类管理制度、房屋租赁协管制度，使房屋租赁管理覆盖面达到85％以上。

3. 提高服务水平

应以构筑房屋服务体系为核心，积极发展中介服务，精心搭设房源配对的信息桥梁，同时取缔无证中介机构，对中介无证人员进行持证上岗培训；积极推进政务公开，全面放开全部产权和部分产权住房交易，搞活住房二级市场。规范住房装饰装修市场，严格执行国家标准。

（四）住房建设消费模式

构建鼓励居民住房梯度消费的政策体系，抓紧完善节能省地的经济政策，重视生态环境保护，引导全市居民树立合理、健康的住房消费观念，全面推行购租结合，理性适度，满足自住需求的住房梯度消费模式。

（五）住房空间布局

依据城市总体规划，坚持"东移北扩"、"西拓南进"的城市发展战略，拉开城市框架，拓展城市空间，完善重大基础设施，加强城市环境保护和生态环境建设，营造良好的人居环境。

按照整体融合、局部分散的空间分布模式，鼓励和引导各种类型，各个层次，不同群体住房的相对混合布局，促进相互交流和社会和谐。充分考虑居民生活对公共服务设施、公共交通及市政公用设施的需求，合理安排服务半径，创造舒适方便的生活环境。

（六）既有住区更新改善

1. 整体环境宜居改造

整体性改造老城，集成化推进老居住区、城中村、棚户区改造，实现基础设施、功能项目、环境面貌、房屋本体整体升级。拆除沿街低档商服和主要道路两侧破旧厂区，整理老居住区，优化提升小区功能形象。实施美化、绿化、亮化、净化工程。

2. 单体建筑节能改造

改造后实现节能65％的节能标准，规划期末实现既有建筑节能改造率达到50％。

3. 盘活用地，推进保障房建设

把旧城改造与城市存量土地挖潜结合起来，大力推进主城区内闲置土地清理工作，对闲置土地积极予以盘活，收回的国有土地和储备土地要优先安排保障性安居工程建设。

（七）社区环境与住宅质量的提升

1. 高要求建设社区

提升社区服务水平；加强社区环境卫生清洁力度，倡导绿色环保、文明和谐的生活方式；加强社区文化建设，规范文化团体组织，以实现和谐社区为目标，建设社会各阶层混居型社区，注重居住区基础设施和公共服务设施的配套建设，进一步加强社区公共服务体系建设，维护社区安宁的生活秩序，营造优美的社区环境，提升社区质量和品质，加快推进和谐社区的建设。

2. 高标准设计户型

户型设计应体现舒适性、功能性、合理性、私密性、美观性和经济性，应在社交、功能、私人空间上有效分隔。

3. 高质量建设住宅

全面提高居住品质，建设功能完备，配套齐全，方便安全，拥有智能化，现代化的设施条件，全面实现"以人为本"的居住理念；居住区规划设计水平体现不同区域风格特点，处理好人与环境，建筑与环境的关系。

4. 高品质服务社会

到2015年全市所有住宅小区，70％获省级示范项目称号或达到省级（含国家级）标准。新建住宅小区配套建设完成后年平均达标率达到70％。

四、住房建设空间布局与用地规划

在规划范围内，基于城市住房发展目标，结合各类住房的建设规模和空间需求特点，依据城市规划和功能布局要求，进行各类住房的具体空间布局和用地规划，主要内容包括：

（一）确定居住用地供应总量及供应结构

依据城市总体规划和土地利用总体规划的用地安排，基于对住房需求总量、结构的预测和用地开发强度的测算，确定居住用地供应总量及供应结构。

（二）确定住房建设的总体空间布局结构

基于城市总体规划对空间拓展和功能布局的安排，综合考虑用地条件，产业用地布局，基础设施和公共服务配套，人居环境等因素，确定住房建设用地的总体空间布局结构，充分考虑居住和就业空间的平衡，尽量缩短居民通勤时间。避开污染型工业区、地震断裂带等潜在危险因素，确保居民安全。本着优地优用的原则，将人居环境优良，配套设施完善的地区优先用于住宅建设。利用大型居住区对城市基础设施和公共服务配套的影响，引导优化城市空间结构。

（三）确定各类保障性住房的空间布局

结合城市人口和就业岗位分布、公共交通走廊和公共服务设施配套等条件，在多方案比较的基础上确定合理的布局方案，满足中低收入家庭通勤、就学、医疗等方面的基本需求。结合中低收入家庭中从事服务业人口的就业空间特征，在中心城区布置一定规模的保障性住房用地。

（四）明确保障性住房项目的规划选址与建设要求

保障性住房采取"大分散、小集中"的布局模式，倡导与普通商品住房配套建设，并应与城市更新、城中村改造、旧住宅改造等项目相结合，新建与存量利用并重，实现保障性住房布局的空间相对均衡，并有利于促进社会融合。保障性住房还应注重与各类配套公共服务设施和市政交通基础设施同步规划、同步建设和同期投入使用。

（五）确定各类商品住房的空间布局

以市场为导向，按照"突出重点、分类指导，区别对待"的原则，合理安排各类商品住房的空间布局，重点做好中低价位、中小套型普通商品住房用地的供应。充分协调土地经济价值与土地集约节约利用的关系，在符合日照、安全和相关规范要求的前提下，适当提高开发强度，避免过多占用土地资源。

五、年度时序安排

根据住房发展与建设目标，结合城市住房需求和建设能力，合理确定规划期内各年度住房建设和土地供应时序的原则性安排，主要内容包括：

（1）确定各类住房建设年度时序安排；

（2）确定各类住房用地供应年度时序安排；

（3）编制重点建设项目库。

年度时序安排应兼顾规划的引导性和可操作性，对规划期内历年的住房建设和用地供应的要求可以是引导性的。对即将实施的近1～2年，应结合土地、财政等关联资源配置计划，确定各类住房建设和土地供应作出更详细的安排，以提高规划的可操作性。基于关联资源配置计划和外部发展环境变化，适时调整规划中后期年度计划的具体安排。

案例2-10：福州市中心城区"十二五"住房建设年度安排

2011年，新增住宅用地供应394hm²，其中保障性住房用地22hm²，政策性商品住房用地158hm²，商品住房用地214hm²；建设保障性住房54万m²，政策性商品住房460万m²，商品住房518万m²。

2012 年，新增住宅用地供应 411hm²，其中保障性住房用地 22hm²，政策性商品住房用地 167hm²，商品住房用地 222hm²；建设保障性住房 54 万 m²，政策性商品住房 485 万 m²，商品住房 539 万 m²。

2013 年，新增住宅用地供应 248hm²，其中保障性住房用地 12hm²，政策性商品住房用地 110hm²，商品住房用地 126hm²；建设保障性住房 28.8 万 m²，政策性商品住房 320 万 m²，商品住房 305.2 万 m²。

2014 年，新增住宅用地供应 253hm²，其中保障性住房用地 12hm²，政策性商品住房用地 110hm²，商品住房用地 131hm²；建设保障性住房 28.8 万 m²，政策性商品住房 320 万 m²，商品住房 317.2 万 m²。

2015 年，新增住宅用地供应 256hm²，其中保障性住房用地 12hm²，政策性商品住房用地 110hm²，商品住房用地 134hm²；建设保障性住房 28.8 万 m²，政策性商品住房 320 万 m²，商品住房 325.2 万 m²。

案例 2-11：无锡市"十二五"住房建设规划重点项目安排（表 2-6～表 2-8）

无锡市"十二五"住房建设规划保障性住房项目一览表 表 2-6

类别	序号	位置	项目名称	竣工套数（套）	竣工面积（万 m²）	建设计划
经济适用住房	1	北塘区	广石北地块	4500	33.75	2012 年竣工
	2	南长区	潘婆桥地块	1800	13.5	2013 年竣工
	3	崇安区	毛岸地块	6900	51.75	2014 年竣工
	4	南长区	扬名地块	2600	19.5	2015 年竣工
	5	锡山区	兴达泡塑地块	9000	67.5	2015 年竣工
	6	锡山区	东北塘地块	800	6	2015 年竣工
	7		其他新地块	＞7400	＞55.5	
	小 计			＞33000	＞247.5	
廉租住房	每年在经济适用住房项目中配建			2000	10	每年竣工 400 套
公共租赁住房	1	崇安区	崇安区公租房	2600	16.9	2011 年启动 12000 套；2012 年启动 16000 套
	2	南长区	南长区公租房	2000	13	
	3	北塘区	北塘区公租房	2600	16.9	
	4	锡山区	锡山区公租房	7800	50.7	
	5	惠山区	惠山区公租房	5200	33.8	
	6	滨湖区	滨湖区公租房	5200	33.8	
	7	新区	新区公租房	2600	16.9	
	小 计			28000	182	
合 计				63000	439.5	

无锡市"十二五"住房建设规划安置住房项目一览表　　　　表 2-7

区域	用地面积（hm²）	竣工面积（万 m²）	建 设 项 目
崇安区			毛岸、柴巷、黄泥头地块
南长区	204	336	运河新村、工业用布厂、竹园里、威孚南侧地块
北塘区			方巷、外国语学校、五河毛巷、前村、惠东里、刘谭西街、后五巷、东大岸地块
锡山区	648	842	大诚苑、厚桥花苑、云林苑、春雷花苑、毛巾厂、春合苑东、金牛、孟家苑、山韵佳苑、水岸佳苑、廊下花苑、东亭、张泾、八士、鹅湖、香花苑、港下、东湖塘等地块
惠山区	398	534	金惠、长宁、寺头、林陆苑、石塘湾、洛社、前洲、民主刘巷前后、双庙、华祈、杨市、阳山、钱桥、藕乐苑等地块
滨湖区	711	1060	鸿桥北苑、芝兰桥、连大桥浜、北华巷、小潘巷、仙鑫苑、北唐巷、谢巷、邱巷、孙蒋、税校、勤勤、湖山湾、金色渔港、龙山路、桃园、徐巷、仙河苑、军北、方泉苑、漆塘苑、瑞雪佳苑、仙河苑、华盛苑、梁南苑、丰裕苑、大通苑、水乡苑、双茂、凯发苑、贡湖苑、富安、阖闾城、栖云苑、马山等地块
新区	329	397	香楠佳苑、锦硕苑、渔硕苑、丽景佳苑、新光嘉园、春潮园、旺庄、东风家园、齐心、泰伯花园、新韵北路、新梅花园、新安花苑、鸿泰苑等地块
合计	2290	3169	

无锡市"十二五"住房建设规划人才公寓项目一览表　　　　表 2-8

区域	序号	项目名称	竣工套数（套）	建设规模（万 m²）	建设计划
崇安区	1	民族饭店改造	140	1.4	2011 年启动
	2	莫家庄睦邻中心北侧	350	3.5	2011 年启动
南长区	3	姚巷改造	500	5	2011 年新建
北塘区	4	总部商务园配套	510	5.1	2011 年新建
锡山区	5	东亭华发路人才公寓	1500	15	2012 年新建
	6	科创服务中心	1000	10	续建
	7	东区（S-park）科技园			2012 年新建
惠山区	8	惠山天一科技园人才公寓	1700	17	2011 年新建

续表

区域	序号	项目名称	竣工套数（套）	建设规模（万 m^2）	建设计划
滨湖区	9	市级人才公寓	1000	10	2012 年新建
	10	科教产业园二期许舍地区人才公寓	560	5.6	2011 年新建
	11	科教产业园三期科教园南区人才公寓	1440	14.4	2011 年新建
新区	12	太科园青年公社二期	600（二期）（一期已建成 563 套）	6（一期已建成约 6 万 m^2）	续建
合 计			9863	约 100	

六、政策保障措施

落实国家关于调整住房供应结构，稳定住房价格，切实解决城市低收入家庭住房困难以及促进房地产市场健康发展的相关政策文件要求，细化在本市层面落实的具体政策保障措施。结合城市住房建设与管理的实际情况，提出落实规划目标和各项任务的具体措施。明确土地、财税、金融等关联资源配置的政策保障措施，重点明确保障性住房建设的资金来源和筹措方式，确保住房发展目标的实现。

案例 2-12：上海市"十二五"住房发展的政策措施（《上海市住房发展"十二五"规划》）

（一）确保保障性住房和普通商品住房土地供应

1. 优先确保保障性住房建设用地供应

一是根据"十二五"保障性住房的建设目标，在城市总体规划和土地利用总体规划的城市建设用地范围内，依托轨道交通和比较完善的市政和商业服务设施，加快落实规划选址工作，抓紧制定保障性住房用地供应规划和年度计划，并明确各类保障性住房的土地供应比例，确保土地的优先供应。二是根据大型居住社区开发建设需要，在政策许可的范围内，适当调整土地供给方式，参照土地"预审批"的办法，将"十二五"期间大型居住社区建设所需的土地，提前安排落实到位，加快土地储备和前期开发。三是抓紧研究和完善公共租赁住房建设用地出让、租赁、作价入股等有偿使用办法，支持专业运营机构利用国有企业"退二进三"土地、农村存量集体建设用地和其他可利用的零星土地建设公共租赁住房，有效降低公共租赁住房建设成本。

2. 加大中小套型普通商品住房土地供应力度

一方面，根据住房市场运行情况，科学把握土地供应的总量、结构、布局和时序，优先满足中小套型普通商品住房建设用地需要。另一方面，进一步改革完善土地出让评标方法，根据企业资质、诚信记录和规划设计方案等因素进行综合评定，运用市场手段将中小套型住房建设和保障性住房配建比例作为住房用地"招拍挂"条件，增加中小套型住房和保障性住房的有效供应。

（二）运用税收、金融等差别化政策，支持居民自住性和改善性住房消费

积极贯彻国家有关规定，在对现有的信贷和税收政策进行梳理的基础上，结合本市实际，有针对性地对首次购房、第二次购房中的改善性购房和投资投机性购房，制定并实行差别化的信贷、税收政策，认真贯彻执行国家关于个人购买普通住房、非普通住房的税收政策，支持和引导合理的住房消费，抑制投资投机性购房。逐步完善住房税收体制，在合理增加住房保有阶段的税赋的同时，相应减少流通环节税赋。

（三）加强市场监管、维护市场秩序

一是进一步强化商品住房项目跟踪调查制度，切实掌握商品住房项目的建设进度，督促开发企业加快项目建设和上市销售，确保市场的正常供应。二是加大销售现场和合同网上备案的监测力度，进一步规范商品住房销售行为。在试点基础上，加快实施新建商品住房预售和存量住房交易资金监管，切实保护购房人的权益。三是探索建立将企业违法违规信用与其法定代表人、责任人个人信用关联纳入征信系统的制度，进一步加大对房地产企业违法违规行为的查处力度。

（四）加快健全住房保障运作管理机制

进一步完善住房保障运行机制，按照"市、区联手，以区为主"的原则，明确并落实区在房源建设、资金筹措、审核供应和使用管理等方面的责任。一是抓紧完善本市住房保障工作体制、构建坚强有力的组织管理体系。按照"条块结合、协调配合"的原则，加快建立市、区住房保障事务中心和街道（镇乡）住房保障事务工作部门，形成健全的住房保障组织和事务管理网络。二是建立市住房状况信息中心，进一步提高管理能级和信息化管理水平。市、区紧密配合，加快建立全市联网的公共租赁住房服务信息平台，发布房源信息，提供租赁服务，并实施监督管理。三是在明确市、区职责分工的基础上，进一步落实和强化市、区配合、以区为主的住房保障管理机制。四是在保障性住房建设基地动迁、居住社区规划、公交市政、基础设施和商业服务配套等方面，充分发挥所在区的作用，市、区联手，确保大型居住社区建设的顺利推进。

（五）抓紧研究，多渠道落实住房保障资金

一方面，按照国家及本市有关规定，从住房公积金增值收益、土地出让净收益以及市、区（县）两级财政预算安排资金等渠道筹集廉租住房保障资金。另一方面，从本市住房保障体系着手，抓紧研究解决资金保障特别是共有产权保障房（经济适用住房）回购和租赁、公共租赁住房建设和筹措等资金筹集问题。一是抓紧研究制定住房保障资金市与区（县）共同分担办法，进一步健全保障资金使用管理制度。二是探索采用中长期政策性低息贷款、中长期债券、房地产信托投资基金等方式，拓宽保障性租赁住房房源筹集融资渠道。近期，要抓紧研究运用住房公积金、社保和保险资金建立完善公共租赁住房的投融资办法。三是实施有吸引力的优惠政策，支持和引导民间资本投资建设共有产权保障房（经济适用住房）、公共租赁住房等保障性住房，形成政府主导，社会机构、

个人共同参与的投资经营新机制。

（六）加快完善住宅节能和产业现代化监管和激励机制

一是认真贯彻实施建筑节能条例，并认真总结经验，制定适合本市实际的促进住宅节能和产业现代化专项法规，明确具体要求和推进监管机制。二是进一步完善行政和经济鼓励措施。研究土地利用、节能专项资金、公积金贷款和金融、税收等优惠措施，鼓励新建住房实施建筑节能和工业化住宅体系。三是加强新建住房的全过程监管，督促引导开发企业和建设单位严格执行建筑节能和产业现代化的有关规定和要求，提高新建住房特别是保障性住房的建设质量。

（七）进一步完善住宅物业综合管理机制

一是以实施新颁布的《上海市住宅物业管理规定》为契机，加快制定物业管理招投标、物业服务企业资质管理等办法，修订《上海市商品住宅维修基金管理办法》等配套政策，完善物业管理政策法规体系，健全物业行业管理制度。二是进一步完善业主委员会组建和换届改选办法，积极探索业主自我管理、引入专业中介机构参与管理和其他管理人代为管理等模式，建立住宅物业管理矛盾综合协调机制。三是进一步完善市、区（县）、房管办三级管理网络，逐步建立管理信息收集、查询、实时监控、分析反馈的行政管理模式和监管机制，通过加强住宅小区综合管理，提高房屋管理水平和居住环境质量。

（八）加强基础管理和目标责任考核机制

一是进一步完善市、区（县）、街道（镇乡）三级网上办公平台，提高住房保障工作信息化水平；进一步健全信息比对渠道，完善住房保障准入条件的核对系统，提高受理审核的效率。二是加强基层住房保障机构和队伍建设，强化业务培训制度，规范窗口服务，提高工作人员业务能力和服务水平。三是加快建立各级政府住房保障工作目标责任制，建立健全住房保障工作绩效评价和考核机制。将监督检查、目标责任考核结果列入区（县）政府目标责任管理和政绩考核范围。

七、规划实施机制

遵循有利于促进规划实施和管理的原则，提出规划的实施保障机制，主要内容包括：

（1）确定规划实施管理机制：本着提高效率、加强对接协调的原则，提出组织机构、部门协调、市场法制建设等方面的具体要求。

（2）确定规划实施监督和考核奖惩机制：明确规划实施监督的机构、程序、内容和考核奖惩的方法、标准等相关要求。

（3）确定规划公众参与机制：提出公众参与的形式、公众意见反馈和吸纳机制等方面的要求。

（4）确定住房建设年度计划的编制要求：基于规划对年度时序安排的要求，从总体目标、主要内容、项目安排、关联资源配置等方面提出编制住房建设年度计划的具体要求。

（5）确定规划中期评估和动态调整机制：包括评估的方法、评估过程的组织、评估报告的撰写、评估意见的反馈和规划调整等要求。

（6）其他规划实施保障机制：结合城市住房发展的实际情况，提出对加强关联资源配置等方面的实施机制。

案例 2-13：扬州市住房发展的实施保障机制

（一）建立完善规划的实施机制

贯彻落实国家政策，规范管理，确保住房保障和房地产业规划的顺利实施，强化规划的指导作用，规划一经批准，必须严格执行。积极发挥市房地产市场管理领导小组的作用，贯彻落实国家、省各项宏观政策，完善推进住房保障和促进房地产业平稳健康发展的各项政策措施，加强发改、财政、规划、国土、建设、物价、房管等各相关部门在规划实施过程中的衔接配合，把改善居住环境，提高居住水平，满足人民群众不断增长的居住需求纳入工作目标责任制，确保规划顺利实施。

（二）建立完善保障性住房的供应和退出机制

落实保障性住房投资的稳定资金来源和税收优惠的措施，在土地出让收益中明确用于保障性住房建设的资金比例，对涉及保障性住房建设、管理等各个环节的政府收费和税收继续实施优惠政策。完善住房公积金制度，合理安排廉租住房和经济适用住房建设规模，积极建设公共租赁住房。建立健全住房保障房源和资金筹措机制。按照政府主导、社会参与、市场运作的原则，在政府建设适量的保障性住房外通过收购商品住房，回购经济适用住房和二手房等方式，形成以中低价位、中小套型为主的多元化保障性房源筹措机制。通过财政安排、公积金增值收益、社会捐赠等途径多渠道筹集住房保障资金。加强申请住房保障的资格审查，探索制定保障性住房尤其是廉租住房和公共租赁住房的退出机制。

（三）建立完善房地产业发展的引导和创新机制

引导购房人群树立正确的住房消费观念，促进产品的科技创新和品质品位的提升，推动房地产业的可持续发展。充分发挥电视、广播、报刊、互联网等媒体的作用，在保障公众对住房建设规划的知情权、参与权和监督权的同时，针对目前扬州市购房户偏向于选择中大户型住房的消费心理，加强引导，使购房户转向购买中小户型的住房，为规划实施奠定良好的社会基础。同时通过各种引导和鼓励措施，推动开发企业对小区规划和建筑进行设计创新和品质提升，其中重点是鼓励对 90m² 以下中小户型的创新设计。

（四）建立完善房地产政策研究和法规建设机制

在贯彻落实国家相关政策的同时，结合实际对房地产市场的新动态和新问题（如房产税、物业税）开展研究，创新思路，完善相关地方政策，推动房地产管理工作的法制化、规范化。重点完善房地产统计和信息披露制度，建立官方权威的房地产信息发布制度，实时发布商品房开发投资、开竣工面积、销售面积、空置面积等信息，通过信息披露、政策解释和趋势分析，引导理性消费。

第五节 规划成果要求

《导则》对于城市住房发展规划的成果体现形式作出了明确规定，但各地的规划成果在规范性和完整性方面还存在一些问题，部分城市存在说明书与文本合一的情况，基础资料汇编缺失的问题也较为普遍，需要在今后的规划编制工作中逐步改善。

一、成果形式

规划成果由规划文本、图纸与附件组成，其中附件应包括规划说明书、专题研究报告与基础资料汇编。图纸和规划文本可根据实际情况单独成册，各专题研究报告也可合集成册，基础资料汇编可单独编制，也可纳入说明书各章节的现状条件分析中。

成果的形式包括纸质文档和电子文档。纸质文档应采用 A4 幅面竖开本装订，其中规划图纸宜采用 A3 幅面印制并折页装订；电子文档应采用通用的文件格式进行存储，便于后期发布、审核、修改、量算等用途，其中文本、说明书、专题研究报告、基础资料汇编等可采用 WPS、DOC、PDF 等格式，图纸文件应采用 AutoCAD、Arcinfo 等软件支持的矢量文件格式存储；规划研究过程中采用抽样调查、需求预测模型等方法搜集和使用的数据，应采用数据库格式存储，便于后期查询和规划修编使用。

二、规划文本要求

规划文本内容应包括总则、现行住房发展规划实施情况评估、住房发展目标、规划期住房发展的主要任务、住房建设空间布局与用地规划、年度时序安排、政策保障措施、规划实施机制、附则等基本内容。

总则应明确规划编制目的、规划依据、指导思想与规划原则、规划范围和规划期限等，附则应明确规划的解释权限、生效日期等，其他部分参照《导则》规划内容的具体要求进行表述。各城市可依据自身特点和需要进行适度调整和补充。

规划文本应当以条文方式表述规划结论，内容明确简练，具有指导性和可操作性。文本中涉及的重要数据、指标，如在正式条文中难以详细列述的，应以附表等形式编入文本。

三、图纸要求

规划图纸应当包括居住用地现状图、居住用地规划图、保障性住房用地规划图、配套公共服务设施用地规划图、住房建设年度实施规划图等，并可视需要绘制分析图。主要规划图纸比例宜为 1/10000 或 1/5000，规划图纸所表达的内容应当清晰、准确，与规划文本内容相符。图纸的具体名称和表达的内容可根据各城市的实际情况进行调整，应包含但不限于上述图纸的主体内容。

由于我国各地城市间住房发展情况千差万别，规划期内的主要目标、发展重点都存在不同，因此在规划文本和说明书中针对本地特异性问题的研究和对策，应在规划图纸中予以体现。

案例2-14：深圳、九江"十二五"住房发展规划部分图纸（图2-3～图2-9）

图2-3 深圳市住房建设指引图（2011—2015）

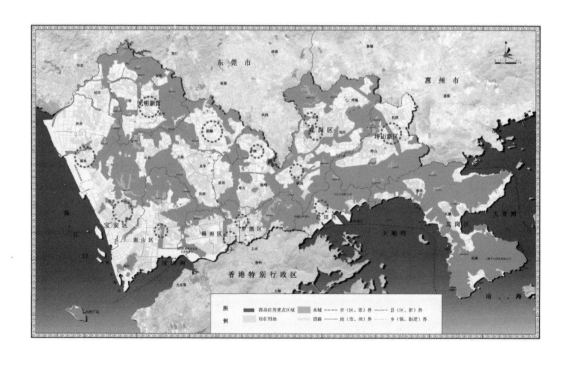

图2-4 深圳市商品住房供应指引图（2011—2015）

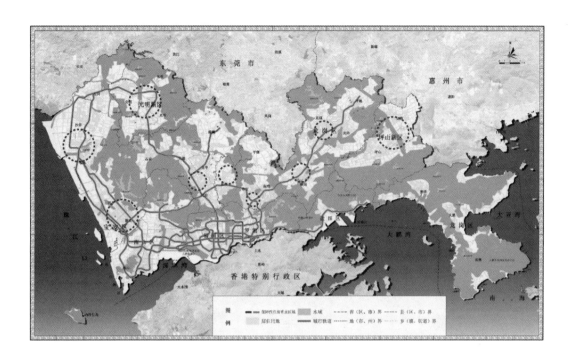

图 2-5 深圳市保障性住房（含安居型商品房）供应指引图（2011—2015）

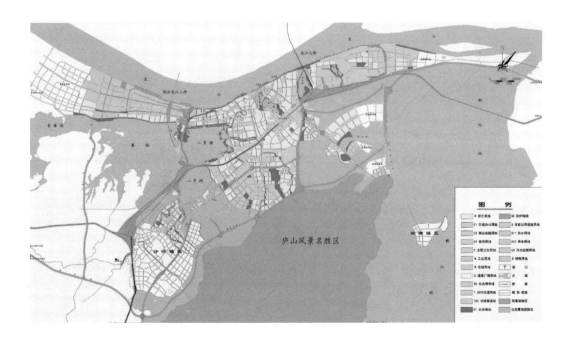

图 2-6 九江市"十二五"住房发展规划——居住用地规划图

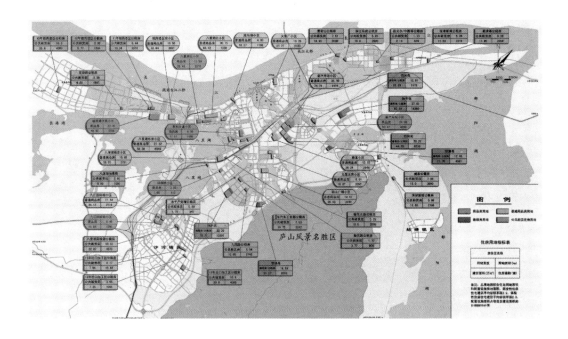

图 2-7　九江市"十二五"住房发展规划——住房建设总量规划图

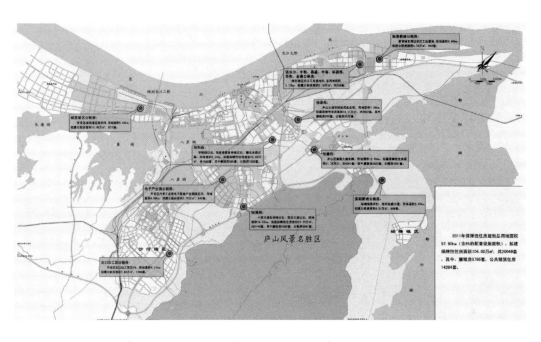

图 2-8　九江市"十二五"住房发展规划——保障性住房 2011 年度规划图

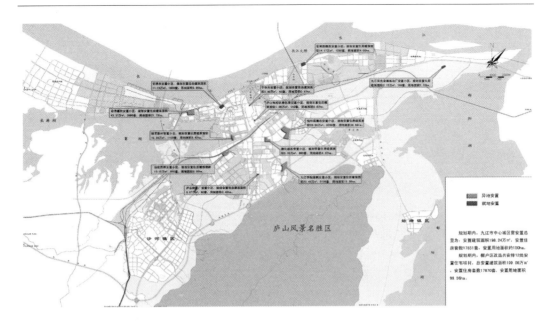

图 2-9 九江市"十二五"住房发展规划——棚户区改造安置住宅规划图

四、附件要求

附件包括规划说明书、专题研究报告和基础资料汇编。

规划说明书应当与文本的条文相对应，对规划文本作出详细说明。在今后的规划编制工作中，应明确将规划文本和说明书单独成册，文本以简洁明了的方式阐述主要规划意图，体现约束力和指引性，方便相关部门使用，说明书重点对文本内容和相关问题进行解释和说明，是进一步了解规划思路和设想的参考文件，两者不能混为一谈。

专题研究应结合城市住房发展的基础和特征，选择规划期内的重点和难点问题开展针对性研究，增强规划的科学性和可操作性。由于专题研究涉及房地产、住房保障、金融、税收、土地等多个领域，相关内容专业性较强，有条件的城市可委托相应领域的权威研究机构开展专题研究。

基础资料汇编应当包括规划涉及的相关基础资料、参考资料及文件。从各地几轮住房发展规划的编制情况看，规划涉及的基础资料、数据和文件散落于规划说明书的各个章节，基础资料汇编工作普遍未得到重视，不利于后续调用和分析相关信息及数据，给未来新一轮规划编制带来不必要的成本。此外，住房领域的政策文件涉及面广，出台频率较高，相关文件反映了各级政府在特定阶段的发展设想和意图，对于理解城市住房发展的政策脉络具有重要意义，也应进行系统梳理，统一纳入基础资料汇编。

第三章　城市住房发展规划编制的重点技术问题（上）

城市住房发展规划编制的重点技术问题主要涉及 4 个部分，包括住房状况调查，住房需求分析，住房空间布局和现行城市住房发展规划实施评估，本章对住房状况调查和住房需求分析两部分的内容进行介绍。

第一节　住房状况调查

一、社会调查方法简介

社会调查是采取客观态度，运用科学方法，有步骤地去考察社会现象，搜索资料，并分析各种因素之间的相互关系，以掌握社会实际情况的过程。社会调查直接反映社会问题，揭露社会矛盾，揭示事物发展的规律，向人们提供经验教训和改进办法，为有关部门提供决策依据，为科学研究和教学部门提供研究资料和社会信息。不同领域社会调查的对象和范围各有侧重，目的和方法也各有不同。一般常用的社会调查方法有全面调查、抽样调查、重点（案例）调查、典型调查。

（一）全面调查

全面调查又称为普遍调查，它是对被研究对象所包括的全部单位无一遗漏地加以调查，以掌握被研究对象的总体状况的过程。全面调查的调查对象范围广，单位多，因而所得资料较为全面可靠，但它需要花费较大的人力、物力、财力，而且调查时间较长，不适合一般调查的要求，常用于国家统计系统和各业务部门为定期取得系统全面的基本统计资料而进行的调查。

（二）抽样调查

抽样调查属于非全面调查的范畴，它的优点是以少量人财物和时间投入获得调查对象的总体特征情况。抽样调查按照科学的原理和计算方法，从若干单位组成的事物总体中，抽取部分样本单位来进行调查、观察，用所得到的调查标志的数据以代表总体，推断总体特征。相比于全面调查，抽样调查以部分来说明或者代表总体，因而所抽取样本是否具有代表性是其关键所在。根据抽选样本方法不同，抽样调查分为随机抽样调查和非随机抽样调查，其中随机抽样调查又分为简单随机、系统随机、类型随机、整群随机和多段随机抽样调查 5 种类型。

1. 简单随机抽样调查

简单随机抽样调查也叫纯随机抽样调查，是一种对总体单位不作任何人为的分组、排列，全凭偶然机会抽取样本而进行的调查，适用于总体单位之间差异较小的情况。

2. 系统随机抽样调查

系统随机抽样调查又称为等距抽样、机械抽样，它从总体中随机抽取第一个样本点，然后按某种固定的顺序和规律依次抽取其余的样本点。比如要对居民用户抽样，可按户口册每隔数户抽一户；工厂为检查产品质量，在连续的生产线上每隔 20min 抽选一个或若干个样品进行检查等。

3. 类型随机抽样调查

类型随机抽样调查也叫分类抽样，先将总体各单位按某个标志分成若干个类型，然后在各类型中按随机原则抽取样本单位，再由各类型（组）的样本单位组成一个样本。经过划类分组后，可按等比例和不等比例两种方法确定各类型组抽样单位数。

4. 整群随机抽样调查

它是将总体所有单位划分成若干群，然后以群为单位从中随机抽取一部分群，对中选群的所有单位进行全面调查。例如对某镇农户进行家庭调查，以自然村庄划分群，抽取若干个自然村庄，对选中村庄的所有农户都进行调查。

5. 多段随机抽样调查

它是把抽样分成几个阶段进行，在不同的抽样阶段，抽样单位与抽样框均不同。多段抽样调查实施步骤是先将总体各单位按照一定标志分成若干级单位群体，然后依照随机原则，先在第一级单位中抽出若干群体作为第一级样本，再在第一级样本中抽出第二级样本，依次类推，还可抽出第三级、第四级样本，最后对随后抽出的样本逐个进行调查。

（三）重点（案例）调查

重点（案例）调查是指在全体调查对象中选择一部分重点单位进行调查，以取得统计数据的一种非全面调查方法。它选择某一社会现象为研究单位，收集与它有关的一切资料，详细地描述和分析它产生与发展的过程，它的内在与外在因素之间的联系，并与类似的案例相比较得出结论。与抽样调查不同，重点调查 & 案例调查取得的数据只能反映总体的基本发展趋势，不能用以推断总体，因而是一种补充性的调查方法，主要是在一些企业集团的调查中运用。如为了掌握"三废"排放情况，就可选择冶金、电力、化工、石油、轻工和纺织等重点行业的工业进行调查。重点调查的优点是花费力量较小，而能及时提供必要的资料，便于各级管理部门掌握基本情况，采取措施。

（四）典型调查

典型调查是根据调查目的和要求，在对调查对象进行了普查、抽样、重点调（案例）调查，并有了初步了解的基础上，有意识地选取少数具有代表性的典型单位进行深入细致的调查研究，借以认识同类事物的发展变化规律及本质的一种非全面调查。典型调查像案例调查一样，能够全面而细致地了解事物的状况，进而揭示出事物的本质。但是典型单位的选择容易受到主观因素的干扰，典型调查定性分析较多，定量分析较少，不能很好地从量的角度说明问题。

二、住房发展现状资料收集

现状资料收集是制定和实施住房发展规划的前提，具有政策性强，涉及面广，统计与分析任务重的特点。通过进行全面的资料收集工作，掌握城市住房建设和居民居住现状，才能使住房发展规划更具科学性和可操作性。

（一）资料收集要求

收集的基础资料应包括统计数据、政府文件、相关调查和研究成果、相关规划与图纸，应为住房、规划、国土、统计、公安、民政等行政主管部门公布或通过调研统计获得的数据，以确保资料的真实性和准确性。

反映现状的数据资料宜采用规划起始年的前1年资料，特殊情况下可采用前2年的资料。

反映发展历程的数据资料不宜少于5年，且最近的年份不宜早于规划起始年的前2年。

3年之内的居民居住状况调查和房地产开发企业调查等调查资料可以应用于现状与发展趋势分析，3年以上的调查资料可作为参考，需要经过补充调查修正后方可使用。

（二）资料收集内容

资料收集单位主要涉及城市政府办公室、政研等综合部分以及发改、规划、房管、国土、统计、建设、社保等行政主管部门。

资料收集内容主要包括：社会经济发展现状与发展规划，各类住房建设现状与规划设想，房地产市场发展现状与趋势，城市人口现状与预测，居民居住与收入状况，城市建设用地现状与城市和土地利用规划，住房发展相关标准规范与政策文件等（表3-1）。

资料收集内容一览表　　　　　　　　　　　　　　　　表3-1

序号	资料分类	主　要　内　容
1	社会经济发展现状与发展规划	城市社会经济发展概况； 城市政府工作报告； 国民经济与社会发展规划及相关专项规划
2	各类住房建设现状与规划设想	现状各类住房存量和建设标准； 已有住房普查资料； 近5年各类保障性住房新开工、施工和竣工面积； 近5年商品住房新开工、施工和竣工面积； 现行住房发展规划、保障性住房规划、房地产相关规划； 各类住房发展建设设想； 城市旧区和城中村更新改造情况与规划设想

序号	资料分类	主　要　内　容
3	房地产市场发展现状与趋势	现状城市房地产业发展概况； 近5年房地产开发企业建设投资总规模； 近5年各类住房销售面积； 近5年各类住房销售价格； 近5年各类住房消费结构； 城市房地产业发展趋势相关研究资料
4	城市人口现状与预测	现状城市人口规模和结构； 现状城市低保家庭数量； 近5年流动人口（外来务工人口）数量； 最近两次人口普查相关数据； 最近两次1‰人口抽样调查相关数据； 规划期末城市常住人口规模和构成预测
5	居民居住与收入状况	最近两次人口普查相关数据； 最近两次1‰人口抽样调查相关数据； 近3年居民居住和收入调查资料与相关研究； 现状人均住房建筑面积、设施配套情况和住房成套率； 现状城市低保家庭居住状况； 现状流动人口（外来务工人口）居住状况； 现状按收入等级分组人均可支配收入状况； 现状按收入等级分组人均住房消费支出状况； 城市改善居民居住条件的设想
6	城市建设用地现状与城市和土地利用规划	现状居住用地分布； 现状公共服务设施和基础设施配套情况； 近5年住宅用地供应情况； 近5年保障性住房建设用地供应情况； 城市总体规划及控制性详细规划； 城市近期建设规划； 土地利用总体规划
7	住房发展相关标准规范与政策文件	国家、省、市住房发展与建设相关标准规范与政策文件

三、居民与房地产开发企业调查

住房发展和住房保障并非单纯的房屋建设问题，而与城市人口结构、居民收入和居住意愿、房地产开发企业发展意愿等问题密切相关，是关系到城市社会经济发展的综合性问题。一般来说，从统计年鉴等数据中难以全面、准确掌握这些情况，较为有效的方式是对居民与房地产开发企业进行抽样调查。为提高住房发展规划编制的科学性，建议具备条件的城市宜对居民居住状况和房地产开发企业进行抽样调查。

（一）居民居住状况与意愿调查

居民居住状况与意愿调查可采取全面调查、抽样调查、典型调查等方法，可根据需要选择电话问卷调查、入户面访问卷调查、典型群体重点访谈等形式。调查范围应与规划范围一致。

调查主要内容包括：居住现状情况、居住需求与意愿、被调查人基本情况（表 3-2）。

居民居住状况与意愿调查内容一览表 表 3-2

序号	调查项目	调查内容
1	居住现状情况	住房类型、建筑面积、户型、房龄； 住房来源（自有、租住、借住、其他）； 自有住房：产权、拥有住房套数、使用情况； 租住住房：月租金、合租人及关系； 在本住房已居住时间； 选择本住房的考虑因素； 对本住房和所在社区的满意度
2	居住需求与意愿	购（租）房计划及目的； 购（租）房区域、面积、户型意向； 购房价格、付款方式、房屋类型意向、主要考虑因素； 租房租金意向、主要考虑因素； 无购房计划的原因； 对现有住房政策的意见和建议
3	被调查人基本情况	被调查人户籍、性别、年龄、教育程度、职业； 被调查人交通出行方式、通勤时间； 被调查人家庭结构、家庭人口、家庭收入

案例 3-1：山西省城乡住房调查实施方案

一、调查内容

（一）城乡住房基本情况调查

主要包括：全省城乡现有住房房源，重点是各类住宅套数、间数和建筑面积；现有保障性住房房源，包括已分配入住、已竣工未入住和在建套数及建筑面积；尚未拆迁改造的建筑面积 3000m² 以上集中连片的城市和国有工矿棚户区住房建筑面积、居民住房套（间）数、居民户数和居住人口。

（二）城乡居民住房状况调查

主要包括：户主姓名、家庭人口、房屋坐落地址、房屋类型、房屋性质、建筑面积、建成年代、产权、套型、成套情况等。

（三）城镇住房保障对象调查

主要包括：城镇住房保障对象姓名、家庭人口和收入情况、现居住地住房情况、申请住房保障类型和审核情况；符合住房保障条件的外来务工人员、新就业职工情况等，具体调查内容参见表 3-3、表 3-4。

山西省城镇居民住房状况抽样（典型）调查表

表 3-3

表　号：ZF301 表
制表机关：山西省住房和城乡建设厅
批准机关：山西省统计局
批准文号：晋统字〔2012〕73 号
有效期至：2013 年 3 月

乙 -1 山西省城镇居民住房状况抽样（典型）调查表 2011 年

《中华人民共和国统计法》第七条规定：国家机关、企业事业单位和其他组织及个体工商户和个人等统计调查对象，必须依照本法和国家有关规定，真实、准确、完整、及时地提供统计调查所需的资料，不得提供不真实或者不完整的统计资料，不得迟报、拒报统计资料。

《中华人民共和国统计法》第九条规定：统计机构和统计人员对在统计工作中知悉的国家秘密、商业秘密和个人信息，应当予以保密。

01	调查小区：	市	县（市、区）	街道办事处（镇）	居委会（社区、村委会）	小区
02	小区编码：	省 市 1 4				
03	小区详细地址：					

基本情况	04	顺序号	05	06		
	07	房屋坐落地址	街道（镇） 街道办事处（镇） 居委会（社区、村委会） 居委会（社区、村委会） 小区 座（幢） 室（ 小区 ）			
	08	房屋建成年代	1. 建国以前　2. 建国以后～2000 年　3. 2000 年之后（含 2000 年）		□	
	09	房屋套型	1. 50m² 以下　2. 50（含）～60m²　3. 60（含）～90m²　4. 90（含）～140m²　5. 140m²（含）以上		□	
住房状况	10	房屋性质	1. 已购公房　2. 承租公房　3. 集资建房　4. 原有私房　5. 商品住房　6. 集体土地上住宅 7. 保障性住房　8. 其他　　　（请填写）		□	
	11	房屋类型	1. 高层　2. 多层　3. 平房　4. 独立式住宅　5. 其他　　　（请填写）		□	
	12	产权情况	1. 有　2. 无		□	
	13	成套情况	1. 成套　2. 非成套		□	
	14	建筑面积	平方米			
			家庭人口	人		

居委会
（社区、村委会）

负责人：（公章）

街道办事处
（镇人民政府）

负责人：（公章）

年　月　日

说明：1. 本表用于抽样调查时，由县（市、区）住房城乡建设（房地产）主管部门及有关街办（镇）主管部门进行入户调查登记。组织被调查中的社区（居委会、村委会）对抽中的住房进行入户调查填报；用于典型调查时，典型调查的街办所对所有的街办（社区、居委会、村委会）报送街道办事处（镇）纸介质报表，报县级住房城乡建设（房地产）。
2. 报送方式：逐级报送，居委会（社区、村委会）报送街道办事处（镇）纸介质报表，街道办事处（镇）主管部门录入电子文本，报县级住房城乡建设（房地产）主管部门审核后报市级住房城乡建设（房地产）主管部门审核后报省住房城乡建设厅电子文本。

表 3-4

山西省城镇居民基本住房调查表

《中华人民共和国统计法》第七条规定：国家机关、企事业单位和其他组织及个体工商户和个人等统计调查对象，必须依照本法和国家有关规定，真实、准确、完整，及时地提供统计调查所需的资料，不得提供不真实或者不完整的统计资料，不得迟报、拒报统计资料。

《中华人民共和国统计法》第九条规定：统计机构和统计人员对在统计工作中知悉的国家秘密、商业秘密和个人信息，应当予以保密。

丙 ○ -1 山西省城镇居民基本住房调查表 2011 年

表　号：ZF901表
制表机关：山西省住房和城乡建设厅
批准机关：山西省统计局
批准文号：晋统字 [2012] 73号
有效期至：2013年3月

01 调查小区：___ 市___ 县（市、区）___ 街道办事处（镇）___ 居委会（社区）___ 小区___ 编号：___

基本情况

02 被调查人姓名

03 被调查单位负责人

04 被调查人按户主职业分组 □
1. 国家机关、企事业单位和有关人员
2. 专业技术人员
3. 办事人员和有关人员
4. 商业服务人员
5. 农、林、牧、渔、水利生产人员
6. 生产、运输、设备操作人员及有关人员
7. 军人
8. 不便分类的其他从业人员

□ 1.1户　2.2人户　3.3人户　4.4户　5.5人及以上户

05 被调查人家庭成员户籍数量
其中：1. 本市非业（ ）人
2. 本市农业（ ）人
3. 外地（ ）人
4. 外籍（ ）人
5. 其他（ ）人
总计（ ）人

住房状况

06 被调查人现居住房屋坐落
街___ 路（ ）巷（ ）小区（ ）号 座（幢）___ 室___

07 各套住房房屋性质
1. 已购公房（ ）套　2. 承租公房（ ）套
3. 集资建房（ ）套　4. 原有私房（ ）套
5. 商品住房（ ）套
6. 商品土地上住房（ ）套
7. 保障性住房（廉租组住房）（ ）套
8. 其他（ ）套
9. 经济适用房（ ）套

08 各套住房产权性质
1. 有房屋产权（ ）套
2. 无房屋产权（ ）套

09 各套住房房屋类型
1. 高层（ ）套
2. 多层普通楼房（ ）套
3. 平房（ ）套
4. 独立式住宅（别墅）（ ）套
5. 其他（ ）套

10 被调查人家庭拥有住房套数（ ）套
被调查人家庭拥有住房总建筑面积（ ）m²
1. 第1套（ ）m²　2. 第2套（ ）m²
3. 第3套（ ）m²　4. 3套以上（ ）户
成套数量（ ）
1. 成套住宅（ ）套
2. 非成套住宅（ ）套

说明：1. 本表由社区居委会组织，采取敞口申报的方式，由符合条件的家庭（人员）申报登记。
2. 报送方式：逐级报送，居委会（社区）报送街道办事处（镇）报送县级住房城乡建设（房地产）主管部门纸介质报表，县级住房城乡建设（房地产）主管部门录入审核后报市级住房城乡建设（房地产）主管部门电子文本，市级住房城乡建设（房地产）主管部门审核后报省住房城乡建设厅电子文本。

续表

住房状况

11　住房数量以及套型
1. 50m² 以下（　）套
2. 50（含）～60m²（　）套
3. 60（含）～90m²（　）套
4. 90（含）～140m²（　）套
5. 140m²（含）以上（　）套

12　成套住宅状况
1. ＿＿厅＿＿室＿＿卫
2. ＿＿厅＿＿室＿＿卫
3. ＿＿厅＿＿室＿＿卫
4. ＿＿厅＿＿室＿＿卫
5. ＿＿厅＿＿室＿＿卫

13　房屋完好程度
1. 完好（　）套
2. 基本完好（　）套
3. 较差（　）套
4. 危房（　）套

14　房屋住房状态
1. 自有产权居住
2. 家庭租住
3. 合伙租住
4. 借住
5. 住集体宿舍（　）套
6. 出租（　）套
7. 闲置（　）套
8. 出借（　）套

15　房屋建成年代
1. 新中国成立前（　）套
2. 20世纪50年代（　）套
3. 20世纪60年代（　）套
4. 20世纪70年代（　）套
5. 20世纪80年代
6. 20世纪90年代（　）套
7. 2000年之后（　）套

收入支出情况（被调查人家庭全部收入支出及构成情况）

16　家庭年总收入构成（元）
家庭总收入（　）元（必须填写）
1. 工薪收入（　）元，工资及补贴收入、其他劳动收入
2. 经营净收入（　）元
3. 财产性收入（　）元（利息、股息与红利、其他投资、出租房屋（　）元）
4. 转移性收入（　）元（养老金或离退休金、社会救济、辞退金、赠养、捐赠提取住房公积金）（　）元

17　家庭年消费性总支出（元）
消费性总支出（　）元，其中住房租金、消费和装修（　）元（必须填写）
1. 电、燃料及其他（　）元
2. 食品（　）元
3. 衣着（　）元
4. 家庭设备用品及服务（　）元
5. 医疗保健（　）元
6. 交通和通信（　）元
7. 教育、文化和娱乐服务（　）元
8. 杂项商品及服务（　）元

住房需求

18　同住人员情况

父母	子女	已婚子女家庭	其他
人口数	人口数	家庭1人口数（　）；家庭超过2人口数（　）	人口数（　）

19　住房需求意向□

父母	子女	已婚子女家庭	其他
1. 购房　2. 二手房　4. 租房	1. 新房　2. 租房　3. 新房　5. 无　6. 其他	20　住房需求原因□	

20　住房需求原因□
1. 改善居住条件　2. 投资　3. 拆迁
4. 外地迁入　5. 其他

21　购（租）房区域意向
1. 老城中心区　2. 老城其他　3. 新城区　4. 新建住宅区　5. 单位住房　6. 外地　7. 其他

续表

	序号	项目	选项
	22	购（组）房面积意向□	1.40m² 以下　2.50m²　3.60m²　4.70m²　5.80m²　6.90m²　7.100m²　8.100~120m²　9.120~140m²　10.140m² 以上
	23	购房价格意向□	1.2000元/m² 以下　2.2000~2500元/m²　3.2500~3000元/m²　4.3000~3500元/m²　5.3500~4000元/m²　6.4000~4500元/m²　7.4500~5000元/m²　8.5000~6000元/m²　9.6000~7000元/m²　10.7000~8000元/m²　11.8000~10000元/m²　12.10000元/m² 以上
	24	购房时间意向□	1.1年内　2.2年内　3.3年内　4.5年内
	25	购房套数意向□	1.1套　2.2套　3.2套以上
住房需求	26	购房付款方式意向□	1.抵押贷款　2.一次性付款　3.分期付款　4.其他
	27	购房后原住房处置意向□	1.出租　2.出售　3.自用
	28	租房租金意向□	1.1元/（m²·月）以下　2.1~2元/（m²·月）　3.2~5元/（m²·月）　4.5~8元/（m²·月）　5.8~10元/（m²·月）　6.10~12元/（m²·月）　7.12~15元/（m²·月）　8.15~20元/（m²·月）　9.20元/（m²·月）以上

调查人（签字）：　　　　联系电话：　　　　调查日期：　　年　　月　　日

1. 调查
2. 说明：本调查表仅为了住房现状和研究和政策表使用，谢谢您的配合。

二、调查的方式方法

山西省城乡住房调查，由省统一组织，以市、县（区、市）为主体，以街道办事处（乡镇）为节点，以社区（行政村）为基本调查单位。通过全省住房房源普查、城乡居民住房状况抽样调查和典型调查、城镇住房保障对象调查等方式，摸清全省城乡住房现状和城镇住房保障对象情况。

（一）城乡住房基本情况调查

采取全省普查的方式，全面掌握城乡现有住房房源基本情况。具体方法是：由县（市、区）负责，街道办事处（乡镇政府）和社区居委会（村委会）具体组织，对所在区域各类住房房源进行全面调查登记。同时，对尚未拆迁改造的建筑面积 $3000m^2$ 以上集中连片的城市和国有工矿棚户区进行调查登记。

（二）城乡居民住房状况调查

采取抽样调查和典型调查的方式，了解掌握全省城乡居民住房现状。具体方法是：抽样调查，以县（市、区）为总体，以调查对象为基本抽样单元，以省统计局普查信息库资料为抽样总体样本框，每个县（市、区）抽选一定数量的城镇家庭（50户）和农村家庭（30户）进行抽样调查；典型调查，各设区城市选择有代表性的1个街道办事处和1个乡镇对城乡居民住房状况进行全面调查登记。

（三）城镇住房保障对象调查

采取广泛宣传、敞口申报、严格审核的方式，摸清符合条件的各类住房保障对象数量及基本情况。具体方法是：由社区居委会将调查表发放至城镇中低收入住房困难家庭及外来务工人员、新就业职工所在单位填报，或采取有关人员申报的方法实施调查。

（四）保障性住房调查

采取住房城乡建设主管部门逐级填报的方式，进一步摸清现有保障性住房房源基本情况。具体方法是：由各市、县（市、区）住房城乡建设（房地产）主管部门按要求如实填报。

（五）城乡居民基本住房状况调查

采取由专门机构组织特定群体填写调查表的方式开展调查。调查实施方案另行制定。

三、调查的组织领导

由省人民政府成立全省城乡住房调查领导小组，负责全省城乡住房调查的领导与协调，协调解决调查中的重大问题，督促、检查、指导全省住房调查工作。组长由省政府副秘书长盛佃清担任，副组长由省住房城乡建设厅、省统计局、省财政厅负责人担任，领导小组成员由省委宣传部、省发展和改革委员会、省教育厅、省公安厅、省监察厅、省民政厅、省人力资源社会保障厅、省地方税务局、省工商行政管理局、省国家税务局、中国证监会山西监管局、中国保监会山西监管局和省政府金融工作办公室等相关部门分管领导担任。

调查领导小组办公室设在省住房城乡建设厅，主要负责全省城乡住房调查工作的组织和实施；制定调查统计报表制度；督促检查和指导各地住房调查工作，并就工作开展情况提出需要领导小组决策的建议方案；督促落实领导小组议定的事项；建立全省城乡住房信息平台；承办领导小组交办的其他事项。

各市、县（市、区）、乡镇人民政府和街道办事处要将城乡住房调查列入重要议事日程，成立由分管领导担任组长的城乡住房调查领导小组，并设立相应的办公室，负责本行政区域内的住房调查工作。

社区和行政村是住房调查统计的基本单位，社区居委会、村委会要设立住房调查办公室，主要负责所在区域入户（小区、院落）调查工作的组织和实施。

（二）房地产开发企业调查

房地产开发企业调查可采用发放调查表调查的方法，具备条件的城市可与重点房地产企业管理人员进行深度访谈。

调查范围应与规划范围一致。调查主要内容包括：在建和拟建项目情况、已开发项目情况、投资意向和市场发展趋势判断、对相关住房政策的意见和建议等（表3-5）。

房地产开发企业调查内容一览表　　　　　　　　　　表3-5

序号	调查项目	调查内容
1	在建和拟建项目情况	在建和拟建房地产开发建设项目区域分布、项目类型、投资规模、土地储备情况、规划许可和建设进度等
2	已开发项目情况	历年来已开发项目的商品住房总量和区域分布，商品住房空置率及类型、套型、分布区域、空置成因等
3	投资意向和市场发展趋势判断	开发投资资金来源；开发投资的住房类型、区位、主导户型意向；开发投资的主要影响因素；对居民住房需求和房地产市场发展趋势的判断
4	对相关住房政策的意见和建议	对住房保障、房地产调控政策的意见和建议

案例3-2：重庆九龙坡区房地产开发企业问卷调查表

一、公司基本情况

1. 企业注册资本金＿＿＿万元；调查季度商品房销售额＿＿＿万元。

2. 企业资质（　　）：A、一级资质 B、二级资质 C、三级资质 D、四级资质 E、暂定资质

3. 截至调查期期末，企业在建项目工程：

（1）规模较上季度（　　）：A、增大 B、不变 C、减小

（2）个数较上季度（　　）：A、增多 B、不变 C、减少

（3）施工进展情况与计划相比（　　）：A、加快 B、不变 C、放缓

4. 企业本季度新开工项目个数和规模与计划相比（　　）：A、增多 B、不变 C、减少

5. 土地购置情况：

（1）本季度库存土地为____万 m²，较上季度增加（或减少）____万 m²。

（2）截至调查期期末，企业本年度土地购置实际进展情况与计划相比（　　）：A、增加 B、不变 C、减少

6. 房地产开发产品结构与上季度相比（　　）：A、不变 B、增加高档房开发 C、增加中低档房开发

7. 房地产开发成本较上季度（　　）：A、大幅增加（10％以上）B、小幅增加（2％～10％）C、基本不变（－2％～2％）D、小幅下降（－10％～－2％）E、大幅下跌（－10％以下）

8. 公司本季度商品房销售进展情况：

（1）与预期相比（　　）：A、加快 B、不变 C、放缓

（2）与去年同期相比（　　）：A、加快 B、不变 C、放缓

9. 公司下一个季度经营计划：

（1）在建项目工程（　　）：A、加快施工进度 B、不变 C、放缓施工进度

（2）准备新开工项目____个。

（3）土地购置（　　）：A、加快购地速度 B、暂停购置土地 C、对外转让土地

二、公司资金面状况

1. 公司本季度是否与银行发生过借贷关系（　　）：A、有 B、无。如果有：

（1）银行贷款是否能满足企业本季度的资金需要（　　）：A、是 B、否

（2）本季度企业贷款是否进行了展期（　　）：A、是 B、否

2. 与上季度相比，公司本季度是否开辟新型的融资渠道（　　）：A、是 B、否。如果是，新型融资渠道是（　　）：A、企业间资金拆借 B、信托融资 C、民间借贷 D、发债或境内上市融资 E、股权融资 F、项目合作 H、境外基金合作融资 G、其他方式

3. 公司本季度的平均融资成本与上季度相比（　　）：A、上涨 B、基本持平 C、下降 D、本季度未进行任何融资活动。其中：（1）银行贷款平均成本____％；（2）民间融资平均成本____％。

4. 请按本季度融资发生额多少对下列融资渠道进行评分（根据占比多少进行评分，各项得分加总之和应等于 10 分，下面第 6 题、第 8 题与本题评分规则相同）：

融资渠道	银行贷款	民间借贷	企业债券融资	委托贷款信托融资	其 他
重要程度 0～10 分					

5. 您感觉公司本季度现金流状况（　　）：A、十分紧张 B、比较紧张 C、松紧适度 D、比较宽松 E、十分宽松（如选 A 或 B，请继续回答第 6、7 题，如选择 D 或 E，请直接回答第 8 题）

6. 如果企业资金紧张，请按照影响程度对以下原因进行评分

原　因	银行贷款减少	民间融资成本太高	销售资金回笼不理想	项目开发投资扩大	土地购置支出增加	其　他
影响程度0～10分						

7. 如果企业资金紧张，请选择主要的应对措施（　　）：A、降低销售价格，加快资金回笼 B、放缓在建项目的施工进展速度 C、减少新开工项目和土地购置 D、利用民间渠道获得资金 E、项目合资 F、出售股权 G、出让土地 H、发行房地产信托产品 K、其他

8. 如果企业资金较为宽松，请按影响程度对以下原因进行评分

原因	获得银行贷款增加	民间渠道融资更加容易	房屋销售速度加快	项目开发投资减少	其　他
影响程度0～10分					

三、对房地产市场的看法

1. 您对当前房地产宏观调控政策的评价（　　）：A、政策适度，保持政策的稳定性 B、政策过度，放松部分政策 C、政策过松，需要采取进一步的调控措施

2. 您感觉本季度银行在房地产信贷投放中：

（1）房地产开发贷款条件（　　）：A、趋严 B、不变 C、放松

（2）个人住房贷款条件（　　）：A、趋严 B、不变 C、放松

3. 您对我市下季度楼市走势的看法：

（1）商品房销售量（　　）：A、大幅增加 B、适当增加 C、基本不变 D、减少

（2）销售价格（　　）：A、快速上涨 B、稳中有涨 C、基本稳定 D、下跌

第二节　住房需求分析

城市住房需求的预测方法可分为总量预测和分类预测两类。

总量预测方法需要结合城市人口规模和人均住房面积的预测结果综合确定，城市人口规模可参照城市近期建设规划的预测结果确定，人均住房面积的预测方法主要包括时间序列分析法、多元线性回归法、联立方程组法等。

分类预测方法是将城市住房总需求按实际情况，有针对性地划分为商品住房、保障性住房、城市更新住房等需求，通过对不同类型住房需求调查、居民收入状况分析和多层次住房需求分析，分类预测城市住房需求。

一、总量预测方法

（一）时间序列分析法

1. 预测对象

时间序列分析方法可用来预测城市人均住房面积、住房需求总量、房地产价格及指数等。规划期末城市住房需求量即是城市人均住房面积预测值与住房规划期末城市常住人口规模的乘积。规划期末城市常住人口规模依据城市规划所确定的常住人口规模，或结合城市常住人口相关预测方法进行预测确定。

2. 预测模型

常用模型主要有自回归模型 $AR(p)$、滑动平均模型 $MA(q)$ 和自回归滑动平均模型 $ARMA(p,q)$ 等。

自回归 $AR(p)$ 模型可表达为：

$$X_t = c + \sum_{i=1}^{p} \varphi_i X_{t-i} + \varepsilon_t, X 为人均住房建筑面积。$$

滑动平均 $MA(q)$ 模型可表达为：

$$X_t = \varepsilon_t + \sum_{i=1}^{q} \theta_i \varepsilon_{t-i}, \varepsilon 为相关影响因素，如人均可支配收入、住房价格等，具体指标$$

可根据城市的实际情况确定。

$ARMA(p,q)$ 模型由自回归模型 $AR(p)$ 与滑动平均模型 $MA(q)$ 为基础混合构成，包含了自 p 回归项和 q 移动平均项，模型可以表示为：

$$X_t = \mu_t + \sum_{i=1}^{p} \phi_i X_{t-i} + \sum_{j=1}^{q} \theta_j \varepsilon_{t-j}, X 为人均住房建筑面积，\varepsilon 为相关影响因素，\varepsilon 指标$$

以及 p、q 的阶数取值可根据城市的实际情况确定。

相关参数可基于各指标的历史数据，使用相应的软件求得，在此基础上可预测未来一定时期的住房需求。

基础资料较为缺乏的城市，也可利用历史数据建立人均住房建筑面积与年份的简单线性模型：

$Y = a + bt$，Y 为人均住房建筑面积，t 为年份。

通过相关软件回归求得参数 a，b 的值，据此预测特定规划年份的人均住房建筑面积。除线性拟合模型外，也可利用 SPSS 等软件，选取适当的曲线方程，对人均住房建筑面积与年份进行曲线拟合预测人均住房建筑面积。

3. 数据要求

搜集较长年限的城市房地产价格及指数、住房需求总量、人均住房面积等数据。

4. 常用分析软件

EViews、Stata、SPSS、SAS、Matlab 等。

5. 适用城市

时间序列分析方法适用于人均住房建筑面积、房地产价格及指数等指标有较长时间序列数据，且数据在不同年份异常波动较小的城市。

（二）多元线性回归方法

1. 预测对象

运用多元线性回方法，预测城市人均住房面积。规划期末城市住房需求量即是城市人均住房面积预测值与住房规划期末城市常住人口规模的乘积。规划期末城市常住人口规模依据城市规划所确定的常住人口规模，或结合城市常住人口相关预测方法进行预测确定。

2. 预测方法

以城市人均住房建筑面积为因变量，以城市住房价格、人均可支配收入等影响城市人均住房建筑面积的因子为自变量，基于最小二乘法，构建多元回归模型。

多元线性回归模型的基本形式为：

$$Y_i = \beta_0 + \beta_1 X_{1i} + \beta_2 X_{2i} + \cdots + \beta_k X_{ki} + \mu_i \quad i = 1, 2, \cdots, n$$

其中 Y_i 为人均住房建筑面积，$X_{pi}(p=1,2\cdots k)$ 为解释变量，如城市住房价格、人均可支配收入等，$\beta_j (j=1,2,\cdots,k)$ 为回归系数。

解释变量的数目可依据基础资料和城市的实际情况确定。回归系数可基于历史数据，使用相关软件求得，据此结合城市社会经济五年规划、相关专业规划和研究确定人均可支配收入、住房平均价格等解释变量在规划期的取值，可求得规划期人均住房建筑面积。

3. 数据要求

采集历年城市人均住房面积和城市住房价格、人均可支配收入等影响城市人均住房面积的因子数据。为克服因数据的时序相关而引起的估计结果的偏误，可将城市人均住房的一阶或多阶滞后变量引入自变量之中。

4. 常用分析软件

SPSS、Excel、Stata、EViews、SAS、Matlab 等。

5. 适用城市

多元线性回归方法适用于城市人均住房建筑面积、城市住房价格、人均可支配收入等指标有较长时间序列数据，且城市人均住房建筑面积与相关影响因子关系较为稳定的城市。

案例 3-3：哈尔滨市住房需求预测

在《哈尔滨市住房建设规划（2008—2012）》中，哈尔滨市采用多元线性回归法建立数学模型对规划期内的住房开发总量进行预测：

假设 P 与自变量 X_1，X_2，X_3，$\cdots X_m$ 之间成线性关系，可用表达式表示 $P = B_0 + B_1 X_1 + B_2 X_2 + B_3 X_3 + \cdots + B_m X_m$。

以历年的住房开发总量作为因变量，历年的 GDP、房地产开发投资、商品房价格、经济适用房价格、人均可支配收入、人均居住面积等指标作为自变量，建立多元回归模型，经 R 检验和 T 检验之后，确定线性关系成立的最优方程，用 $Y = -2.98 - 0.52X_1 - 5.67X_2 - 0.28X_3 - 3.55X_4 + 6.57X_5 + 63.42X_6$ 表示，同时基于相关规划对上述 6 个自变量指标的在规划期内的预测值，对未来的整体开发总量进行预测。

通过上述分析得出近 5 年的住房开发总量约 2600 万 m^2。

（三）联立方程组法

1. 预测对象

联立方程组法可用于预测城市人均住房面积。规划期末城市住房需求量即是城市人均住房面积预测值与住房规划期末城市常住人口规模的乘积。规划期末城市常住人口规模依据城市规划所确定的常住人口规模，或结合城市常住人口相关预测方法进行预测确定。

2. 预测方法

以城市人均住房面积为因变量，以人均可支配收入、住房价格、建筑成本等因子为自变量，构建城市住房需求方程和住房供给方程，建立两个方程中变量之间的关系，应用联立方程组模型估计相关因子系数，进而预测城市人均住房面积。

住房需求与供给方程如下：

需求：
$$q_t = b_0 + b_1 y_t + b_2 p_t + u_{1t} \tag{3-1}$$

供给：
$$q_t = c_0 + c_1 p_t + c_2 c_t + u_{2t} \tag{3-2}$$

式中，q_t 表示人均住房建筑面积，y_t 表示实际人均可支配收入，p_t 表示平均住房价格，c_t 为实际建筑成本。

对式（3-1）、式（3-2）联立方程组求解，得到 p_t、q_t 的表达式：

$$p_t = d_0 + d_1 y_t + d_2 c_t + v_{1t} \tag{3-3}$$

$$q_t = r_0 + r_1 y_t + r_2 c_t + v_{2t} \tag{3-4}$$

基于变量的历史数据，使用软件可求得式（3-3）、式（3-4）的参数值，为消除未引入某些固定变量而引起的估计结果偏误，可使用各变量的一阶差分进行参数估计，利用城市社会经济五年规划、相关专业规划和研究对未来特定年份的人均可支配收入、建筑成本的估测值，据此依据方程可求得人均住房建筑面积。

3. 数据要求

采集某一城市历年城市人均住房面积、人均可支配收入、住房价格和建筑成本等因子数据。

4. 常用分析软件

Stata、EViews、SAS、Matlab。

5. 适用城市

联立方程组分析方法适用于城市人均住房面积、人均可支配收入、住房价格和建筑成本等指标有较长时间序列数据的城市，该方法对计量分析人员的专业基础和计量分析软件应用能力要求较高。

二、分类预测方法

将城市住房需求划分为不同类型，分类进行预测，进而确定城市住房需求总量，主要方法包括根据收入水平划分住房需求层次并构建需求模型，以及根据家庭住房状况划分住房需求层次并构建需求模型。

（一）根据收入水平划分住房需求层次并构建住房面积需求模型

1. 预测对象

通过住房需求调查、居民收入状况分析和多层次住房需求分析，预测城市住房需求。将城市住房需求分为商品住房需求和保障性住房需求及城市更新住房需求。其中商品住房需求和保障性住房需求主要与居民收入水平、住房状况相关，可根据不同居民收入层次和住房状况进行分类预测，城市更新住房需求与城市危旧房状况、城市更新资金及城市更新计划相关。

2. 预测方法

收入水平调查与预测。依据保障性住房对收入标准的要求，划分不同收入等级居民的收入区间、人口比重及其平均收入水平。根据不同收入等级居民平均收入水平的变化趋势和政府关于居民收入增长的目标，确定规划期末中低及以下收入居民的平均收入水平（I_1）及其常住人口规模（POp_1），中等及以上收入居民的平均收入水平（I_2）及其常住人口规模（POp_2）。

合理确定房价收入比。根据现状房价收入比和未来住房发展目标诉求，合理确定中等及以上收入城市居民利用其可支配收入购买商品住房的年限（N）。

商品住房需求 q_1。商品住房面积预测公式为：$q_1 = N \times I_2 \times POp_2 / p_t$，其中 p_t 为住房单位面积价格。

保障性住房需求 q_2。根据政府财力、土地供应和住房开工建设能力，确定规划期内中低及以下收入居民的人均保障住房面积 s_1。保障性住房面积预测公式为：$q_2 = POp_1 \times s_1$。为精确测算保障性住房需求，各地可根据基础资料翔实程度和实际情况，划分最低收入、低收入和中等偏下收入，结合相应的保障性住房准入标准，按照上述方法测算廉租住房、经济适用住房和公共租赁住房等保障性住房需求，综合确定保障性住房的需求规模。

住房拆迁改造需求 q_3。根据政府财力，拆迁安置难度及进度，土地供应和住房开工建设能力，确定规划期内因住房拆迁改造面积 q_3。

现状住房总面积为 q_0。

城市住房总需求面积，预测公式为：$Q = q_1 + q_2 + q_3 - q_0$。

3. 数据要求

采取问卷调查、入户访问等方法，深入开展居民收入调查和住房调查，并对统计数据进行深度分析，根据居民收入水平的差异进行分类，确定低收入、中低收入、中高收入和高收入家庭的特征，分析不同收入状况家庭收入的历史变化，掌握不同收入状况家庭未来的收入变化及其人口变化趋势；同时对住房现状特征进行分类，掌握无房户、未达标户和达标户住房的特征，分析当前住房面积、人口、家庭户数量和结构变动、收入、职业、住房区位等因子对住房需求的影响，进而为确定城市住房需求提供数据支撑。

4. 常用分析软件

Excel、SPSS 等。

5. 适用城市

适用于住房现状与需求调查、居民收入调查统计较为深入的城市。

案例 3-4：无锡市住房需求预测

无锡市在《无锡市"十二五"住房建设规划》中，将住房需求分为保障性住房需求、政策性住房需求和商品住房需求三类进行分类分析。其中，保障性住房需求分为城镇居民和新就业人员、外来务工人员两类住房保障需求。政策性住房需求分为安置住房和人才公寓两类住房需求。

一、保障性住房需求分析

（一）城镇居民住房保障需求

预计到"十二五"期末，具有无锡市市区常住户口、家庭人均住房建设面积在 $20m^2$ 以下、家庭人均月可支配收入在 2300 元以下的城市中等偏下收入住房困谈家庭，都将纳入住房保障范围。

按照"十二五"期末 10％ 的保障覆盖面，无锡市区约有 7.8 万户需要保障。扣除已保障家庭，还需对约 4.4 万户家庭进行住房保障。结合实际情况，预期其中通过实物配租保障 2000 户，通过租金补贴保障 6800 户，通过公共租赁住房保障 3000 户，其余约 3.3 万户通过经济适用住房保障。

（二）新就业人员、外来务工人员住房保障需求

结合无锡实行积极地人才政策，预期"十二五"期间每年来锡的新就业人员将达到 2 万。按照 40％ 的新就业人员选择公共租赁住房计算，即每年 8000 套间，5 年累计 4 万套间，按户均 1.6 套间计算，共能解决 2.5 万户新就业人员住房困难问题。

"十二五"期间，在无锡市居住满一定年限，有稳定劳动关系，在本市无私有房产，未租住公房的外来务工人员将纳入住房保障范围，通过公共租赁住房方式，由用人单位进行轮候保障。

二、政策性住房需求分析

（一）安置住房需求

安置住房保障因城市化推进和城市建设而拆迁安置家庭的住房需求。结合"十二五"政府稳步推进城市发展建设，平稳有序发展房地产市场的规划设想，根据各区拆迁安置情况统计，"十二五"期间安置住房建设量约为每年 600 万 m^2。

（二）人才公寓计划

为进一步实施"人才强市"战略，加快推进"人才特区"建设，无锡市正通过建设人才公寓的方式，大力实施人才安居工程。"十二五"期间共计划累计筹集约 1 万套 100 万 m^2。

三、商品住房需求分析

从住房政策影响的历史经验来看，根据近 5 年的商品房销售形势，商品房需求受国家宏观调控的影响比较大，扣除国家政策的影响，市区每年商品房需求应为 500 万 m^2

左右。

（二）根据家庭住房状况划分住房需求层次并构建住房面积需求模型

1. 预测对象

通过住房需求调查、居民收入状况分析和多层次住房需求分析，预测城市住房需求。将城市住房需求分为商品住房需求和保障性住房需求及城市更新住房需求。其中商品住房需求和保障性住房需求主要与居民收入水平、住房状况相关，可根据不同居民收入层次和住房状况进行分类预测，城市更新住房需求与城市危旧房状况、城市更新资金及城市更新计划相关。

2. 预测方法

根据家庭住房状况与特征，将规划期内的住房需求分为 4 个层次：

现状常住人口的保障性住房需求 q_1。原无房户和住房面积未达标户的常住人口规模 POp_1，通过建设保障性住房，使原无房户和未达标户的住房状况达到规划的人均住房水平 s_1，据此测算保障性住房需求 $q_1 = POp_1 \times s_1$。

现状常住人口的改善性住房需求 q_2。是指住房面积已达标的家庭，因规划期内有收入能力购置面积更大的住房而引发的住房需求。假设城市住房面积已达标的常住人口规模 POp_2，有能力并且愿意改善住房的人口比例 a，改善后人均住房建筑面积 S_2，据此测算改善型住房需求 $q_2 = POp_2 \times s_2$。

住房拆迁改造需求 q_3。根据政府财力、拆迁安置难度及进度、土地供应和住房开工建设能力，确定规划期内因住房拆迁改造面积 q_3。

新增常住人口住房需求 q_4。规划期内常住人口规模 POp_1 与现状常住人口规模 POp_0 之差即为新增常住人口，新增常住人口的人均住房水平 s_3，则，$q_4 = (POp_1 - POp_0) \times s_3$。其中，$s_3$ 一般不低于 s_2，不高于规划期末城市人均住房建筑面积水平 $\overline{S_1}$，即 $s_2 \leqslant s_3 \leqslant \overline{S_1}$。

基于上述数据测算城市住房总需求面积 $Q = q_1 + q_2 + q_3 + q_4$。

有条件的城市，可将新增常住人口住房需求细分为保障性住房需求和商品住房需求，进行详细测算，为确定保障性住房需求的总规模提供依据。

3. 数据要求

采取问卷调查、入户访问等方法，深入开展居民收入调查和住房调查，并对统计数据进行深度分析，根据居民收入水平的差异进行分类，确定低收入、中低收入、中高收入和高收入家庭的特征，分析不同收入状况家庭收入的历史变化，掌握不同收入状况家庭未来的收入变化及其人口变化趋势；同时对住房现状特征进行分类，掌握无房户、未达标户和达标户住房的特征，分析当前住房面积、人口、家庭户数量和结构变动、收入、职业、住房区位等因子对住房需求的影响，进而为确定城市住房需求提供数据支撑。

4. 常用分析软件

Excel、SPSS 等。

5. 适用城市

适用于住房现状与需求调查较为深入、人口发展变化数据较为翔实的城市。

案例 3-5：厦门市住房需求预测

厦门市在其 2006 年编制的《厦门市住房建设规划研究》中，将新增住房需求分为 4 类：城市化推进带来的需求，城市居民居住条件改善带来的需求，外来人口涌入带来的需求，以及城市建设带来的拆迁安置需求，其中城市化的推进和外来人口带来住房需求可以归结为城市人口增长带来的需求，因此分三大类对住房需求进行分析，测算未来住房需求的总增量。

一、人口增长带来的住房增长

通过对厦门市现状城市住房状况的分析测算，2005 年厦门市城市居民人均住房面积约为 $20m^2$。参考国际城市现代化指标系统，结合厦门市实际情况，规划到 2010 年人均住房面积提高到 $25m^2$，由此测算新增人口带来的住房需求为：新增人口数量×人均住房面积，约 1436.1 万 m^2。

二、居住条件改善带来的住房增长

随着城市的不断发展，原有的一些老住房由于年代久远，标准偏低，或者面积太小，已经不能满足人们的居住需求，这就导致因改善居住条件而带来的大量住房需求。当人均住房面积从现状的 $20m^2$ 改善至 $25m^2$ 时，这部分住房增量为：现状城市人口×（25−20），即 $125×5＝625$ 万 m^2。

三、城市建设拆迁带来的住房增长

其余的住房需求来自城市建设带来的拆迁安置，这部分需求总量比较小，从 1996 年到 2005 年，厦门市共计建设拆迁安置房 206 万 m^2，每年 20 万 m^2 左右。综合考虑改造范围的不断扩大，假设安置房规模呈逐年上升。取 2006 年为 20 万 m^2，2007 年为 40 万 m^2，2008 年为 50 万 m^2，2009 年为 60 万 m^2。2010 年改造规模有所降低取值 60 万 m^2。

四、住房总增长预测

将上述 3 项建设量加总，可以得到厦门市需求量为 2291.05 万 m^2。

三、相关支撑预测方法

（一）住房需求的收入弹性模型

采用双对数回归计量模型，构建住房需求的收入弹性模型和住房需求动态模型，构建模型如下：

$$\ln Q = \alpha \ln Y + C + \varepsilon$$

式中　Q——市场化住房需求，用人均每月的住房支出量表示；

　　　Y——居民的实际收入水平，用人均每月的现金收入表示；

　　　C——相对价格和制度因素决定，在横截面分析中被假定为是个常量；

　　　ε——随机误差项。

（二）住房支付能力分析方法

住房按揭贷款以等额本息还款法最为普遍，也是大部分银行推荐的长期贷款还款方式。等额本息还款法是把按揭贷款的本金总额与利息总额相加，然后平均分摊到还款期限的每个月中，每个月的还款额是固定的，但每月还款额中的本金比重逐月递增，利息比重逐月递减。结合居民收入水平和城市房价水平，合理确定等额本息还款年限，可以确定城市商品住房需求量，此类方法需要掌握分阶层的居民收入水平数据。

（三）房价收入比分析方法

房价收入比用于衡量特定城市的居民购房压力，对于住房建设目标的合理性也具有一定的校核作用。

城市房价收入比可用家庭年收入的中位数与一套房屋的中位数价格之比来计算，即房价收入比＝住宅套价的中值/家庭年收入的中值。

城市财政支出结构、经济发展、人口结构、城市建设、城市辅助设施等因素影响城市房价收入比。

第四章　城市住房发展规划编制的
重点技术问题（下）

本章重点介绍住房空间布局和现行城市住房发展规划实施评估两方面的内容，住房空间布局部分对商品住房、保障性住房的布局原则、布局策略和主要技术方法进行介绍，现行城市住房发展规划实施评估部分重点介绍评估的原则、要点和技术方法。

第一节　住房空间布局

商品住房应与城市功能定位、产业结构、就业结构和交通基础设施相协调，增强空间布局的合理性，类型的多样性，选择的灵活性，推动职住平衡发展。鼓励和引导各种类型、各个层次、各类群体商品住房的相对混合布局，避免社会排斥和隔离，促进和谐社区建设。

保障性住房在城市尺度上尽量分散建设，使中低收入群体能够更加公平地享有城市空间资源。城区外围集中建设地区，优先安排在交通便利，基础设施齐全，公共设施完备，就业便利的区域，保障对象生产生活需求。城区中心地区空间资源有限，可结合城市旧区更新、城中村改造等项目联动规划建设，减少空间需求。在居住区尺度上，尽量做到保障房与商品房的混合布局，促进社会融合。

一、商品住房空间布局策略

（一）结合城市功能结构合理布局住房，促进职住平衡

普遍认为居住与工作在空间上的分离是交通拥堵的主要原因之一。美国 1989 年对 42 个最大的郊区就业中心的调研分析证明，职住不平衡程度与周围高速公路的拥堵状况有着正相关的关系，与非机动车通勤出行比例有着反相关的关系。我国一些城市近年来对"职住平衡"与通勤交通的关系也进行了实证研究。上海市 2010 年对职住平衡与通勤时耗的相关性进行了研究，通过对上海外环线 12 个行政辖区居民的居住、就业以及通勤情况的调查，测度各行政区的职住平衡水平，并分析职住平衡度与各区平均通勤时耗的因果关系。结果表明：如果采用实际职住比率这一测度指标，两者的相关性非常显著。

"职住平衡"理念最早来源于霍华德田园城市中居住与就业相互临近、平衡发展的思想，其基本内涵指在某一给定的地域范围内就业人口数量与就业岗位的数量大体相当，大部分居民可以就近工作，从而减少通勤出行的距离、时耗与机动车的使用率，达到减少交通拥堵的目的。近些年大中城市对交通拥堵治理讨论的升温使得"职住平衡"

这一传统的规划理念再次成为关注的热点。

促进职住平衡首先需要转变发展思路。在规划中要考虑综合功能，由功能分区向功能混合转变，将各种城市功能混合布局，减少居民日常出行范围。

其次，从规划技术上引导住房空间布局与产业发展相协调，尽可能做到有多少就业岗位配置多少居住空间，满足人们就近求职、就近就业的需求。引入职住平衡概算检验方法：根据产业用地概算需要的居住用地，进而根据居住用地的供需情况，探讨相应的规划措施取向，或调整规划。如果在现有规划的失衡基础上，选择区内职住平衡，规划措施的取向主要在于加强整个区域内的交通联系；如果在现有规划基础上，认为已经很难实现区内职住平衡，必须借助于区外平衡，那么，规划措施的取向将侧重于处理各片区与外部的联系，还可能需要借助于同其他行政区协调功能和用地布局。

（二）住房空间布局与自然生态环境相协调

自然的山体、水河流等自然要素是城市生态景观的重要组成部分，是城市重要的公共资源，必须加以保护。若要真正保护好城市的优美环境及独特的风貌格局，在住房空间布局时，应当遵循环境优先原则，对敏感区域住房建设范围、强度加以严格控制。通过深入分析住房建设对城市环境和景观资源的影响，如山体、水体、植被等环境与资源，以及交通、市政等设施，科学确定住房建设用地的供给规模和开发强度，使城市环境及景观资源的保护与住房开发建设并行不悖。

住房空间布局还要考虑居住环境和安全的要求。一是考虑城市环境污染，住宅用地应选择在适宜健康居住的地区。居住用地具有适合建设的工程地质和水文地质的条件，远离污染源，有效控制水污染、大气污染、噪声、电磁辐射等的影响。二是考虑城市灾害，居住用地选择应能有利于防止灾害的发生或减少其危害程度。居住用地应尽量避免布置在沼泽地区，不稳定的填土堆石地段，地质构造复杂的地区（如断层、风化岩层，裂缝等）以及其他地震时有崩塌陷落危险的地区。结合公共绿化用地、学校等公共建筑的室外场地，考虑适当的安全疏散用地，便于居民避难和搭建临时避震棚屋。

（三）强化居住区公共服务设施配套建设

住房建设不仅仅是满足居者有其所，同时也要给人们日常工作、生活提供便利的条件，尤其要提供便利的公共交通、教育、医疗等设施。为了使城市的生活、生产、服务活动更安全、舒适、高效，必须加强居住区公共设施规划布局。

居住区公共服务设施类型、面积和布局应严格按照《城市居住区规划设计规范》（GB 50180—93）执行。一般要求人口规模为3000人左右的住宅群，应配套建设居民服务站、小商店、文化室、儿童游乐场等居住组团级公共服务设施。人口规模在1万人左右的住宅群，应配套建设托儿所、幼儿园、小学、中学、卫生所、储蓄所、邮电所、运动场、副食品店、综合商店、自行车棚、居委会、公共厕所、垃圾站等居住小区级公共服务设施。人口规模在4～5万人左右，应配套建设医院、门诊部、银行、邮电支局、电影院、科技文化馆、运动场、超市、街道办事处、派出所、商业管理机构等居住区级公共服务设施。

集中配置的配套服务设施，可设置在居住区中心。居住区中心应安排在位置适中、交通便利、人流相对集中的地方，宜结合交通枢纽或居住区主要道路设置，同时在小区各组团内对居民日常生活少量必需品设分散的商业网点，便于居民就近购物。

（四）加强中低价位、中小套型商品住房供应，强化空间落位

住房是一个家庭最大的资产，住房支出占据家庭支出的最大份额。不同收入家庭的住房可支付能力不尽相同，对住房档次的需求也相应不同。合理的住房供应结构应是"金字塔"形，其底部是满足广大居民基本居住需求的中低价位、中小套型住宅，中部是满足中产阶层需求的中档住房，最顶端是少数人消费的高档住房。这种结构与居民住房可支付能力相适应，也有利于广大居民逐步树立住房合理消费和梯度消费的观念。随着户均人口小型化的逐步发展，以及中小型住宅建设的质量、水平和居住舒适度的不断提高，中小套型住宅将成为大多数居民特别是首次置业居民购房的首选。

为引导居民住房梯度消费，国务院办公厅曾于2006年转发建设部等部门《关于调整住房供应结构稳定住房价格意见的通知》。文中强调"重点发展中低价位、中小套型普通商品住房，增加住房有效供应。城市新审批、新开工的住房建设，套型建筑面积90m² 以下住房面积所在比重，必须达到开发建设总面积的70％以上"。

加强中低价位、中小套型商品住房供应，首先在年度土地供应计划中明确用于中低价位、中小套型普通商品住用地。依法收回土地使用权的居住用地，应当主要用于安排90m² 以下的住房建设。其次，引导合理的住房建设与消费，大力发展省地型住房，原则上住宅小区建筑容积率控制在1.0以上，单套建筑面积控制在120m² 以下。第三，在房价较高、上涨较快的城市，加大中低价位、中小套型商品住房用地的供应规模，满足中低收入家庭的自住需求。

二、保障性住房空间策略

（一）促进保障性住房与普通商品住房配套建设

1. 加强对保障性住房分散配建的刚性要求

从国家政策要求上来看，《廉租住房保障办法》（原建设部令第162号）、《经济适用住房管理办法》（建住房〔2007〕258号）、《关于加快发展公共租赁住房的指导意见》（建保〔2010〕87号）、《国务院关于印发国家基本公共服务体系"十二五"规划的通知》（国发〔2012〕29号）等一系列政策文件中都提出保障性住房应实行分散配建和集中建设相结合的方式，但却未明确强制性的配建要求，因而在实际操作中约束性不强。从国际经验来看，欧美等发达国家为避免社会隔离，很多都采取了公共住房与市场住房强制配套建设的方式。

从我国的情况来看，已有部分省市开始采取强制性要求在商品住房项目中配套建设保障性住房。湖南省提出所有挂牌出让的商品住房用地项目，按照项目总建筑面积的5％配套建设保障性住房。北京市要求普通商品住宅用地中配建保障性住房比例一般不低于30％。在这些已有实践的基础上，宜应积极总结经验，引导各地加强对保障性住房的分散配建，在保障性住房供需矛盾突出、已有保障性住房布局不合理的城市应强制

性要求在普通商品住房中配建一定比例的保障性住房。

案例 4-1：关于加强保障性安居工程建设的意见（湘政发〔2011〕11 号）

加大商品房项目建设中配建保障性住房的力度。"十二五"时期，凡挂牌出让的商品住房用地项目，按照项目总建筑面积的 5％配建保障性住房，其中，配建廉租住房不小于 2％，公共租赁住房不小于 3％。配建以项目配建为主，对住房保障规划未要求配建或不宜配建的区域，报经当地房地产（住房保障）部门批准后，可实行异地配建。异地配建可由房地产开发公司自行组织，也可按应配建项目当地的工程造价，由开发商出资，房地产（住房保障）部门统一组织建设。对未按规定实施配建或配建进度迟缓的，不予办理商品房预售许可证和房屋所有权初始登记，并将其行为记入企业信用档案。

案例 4-2：关于贯彻国务院办公厅保障性安居工程建设和管理指导意见的实施意见（京政办发〔2012〕2 号）

保障性住房建设坚持"大分散、小集中"布局模式，集中建设与配建相结合，适度加强配建比例，普通商品住宅用地中配建保障性住房比例一般不低于 30％；轨道交通沿线、站点周边以及商业、产业聚集区周边商品住房用地中配建保障性住房比例还应适当提高，配建的保障性住房以公共租赁住房为主。

2. 合理确定保障性住房混合建设的对象和比例

保障性住房混合建设的目的是促进居住融合。居住融合，不仅仅是不同阶层人群在单纯物质空间上的混合居住，同时要在不同阶层群体间建立广泛的社会交往和社会联系，形成群体间的社会整合，避免居住隔离及其引发的社会隔离。

对于住房混合建设模式的实际操作，一般认为主要的问题之一正是在于低收入阶层居民与其他收入阶层居民由于社会经济地位、生活方式方面存在差异，而存在着相互之间的心理排斥。居住融合能否实现，还取决于不同社会群体之间差异的程度，混合居住的群体在经济收入和社会地位上不宜有过大差距，否则不但无助于阶层间的交流，相反却使贫、富阶层生活水平差距形成鲜明对比，易造成贫困阶层的心理失衡。

研究表明，高收入家庭收入水平不超过低收入家庭的 4 倍时，居民之间的冲突和紧张的关系容易得到缓解[1]。如美国混合人群的收入是平均水平的 50％～200％，纽约州使用"70-20-10"法则，即混合社区中住户收入构成为 70％一般收入，20％低收入和 10％高收入。根据 2010 年我国城镇居民家庭按收入等级分组的统计数据[2]，以最低收入户人均可支配收入为基数 1 计算，低收入户、中等偏下户、中等收入户、

---

[1] 单文慧：不同收入阶层混合居住模式——价值评判与实施策略［J］. 城市规划，2001（2）。
[2] 国家统计局官方网站：http：//www. stats. gov. cn/tjsj/ndsj/2011/indexch. htm。

中等偏上户、高收入户和最高收入户的人均可支配收入，分别为 1.56、2.14、2.90、3.90、5.22、8.65。可以看出，如果以上述研究的结论作为标准，目前除高收入户和最高收入户外的中、低收入家庭之间，收入差距处于 4 倍以内，具备混合居住的条件。

在保障性住房的混合建设中应注重混居阶层的收入差距，以减少矛盾，并以中等收入阶层作为混合的主体。同时，对应保障性住房针对的不同群体类型和收入阶层，也应在不同档次的小区中实施混合建设（表 4-1）。

适宜的保障性住房混合建设参考商品房类型　　　　表 4-1

保障性住房类型	保障对象	适宜混合的商品房类型
廉租住房	低收入群体	中低档商品住宅
公共租赁住房	中等偏下收入住房困难家庭、新就业无房职工和在城镇稳定就业的外来务工人员	中、中高档商品住房
经济适用住房	低收入群体	中档商品住房
限价商品住房	中等偏下收入群体	中、中高档商品住房

为保持社区的积极引导作用和良好的社区环境，同时缓和阶层混合居住的矛盾，保障性住房在社区内的混合比例应控制在合理范围之内。综合案例比较和学者研究，一般情况下，低收入住宅在混合区的比例大约为 15～20％较为适宜（表 4-2）。

国内外部分城市、区域保障性住房混合建设比例　　　　表 4-2

城市	配建要求
美国住房和城市发展部	同一邻里中公共住宅和商品住宅的比例视当地市场情况而定，一般公共住房比例在 20％～60％之间
美国马里兰州蒙哥马利郡	住宅单元的开发项目都要包括 15％的中等价格住宅单元
纽约	商品房小区中 20％比例用于公共住房建设
德国慕尼黑	房地产商兴建的住区中必须有 20％建设福利住房
伦敦	新住宅建设项目配建 50％低收入居民住房
法国	住宅建造规划中，至少 20％的面积卖给社会福利房管理公司
北京	商品住宅用地均需配保障性住房，比例不低于 30％，轨道周边配建比例适度提高
深圳	在部分商品住用地出让时，可配套建设占住房总建筑面积 10％～15％的公共租赁住房，建成后产权归政府
湖南	商品住房用地项目，按照项目总建筑面积的 5％配建保障性住房，其中，配建廉租住房不小于 2％，公共租赁住房不小于 3％

此外，不同的混合模式和混合比例，将对应着不同的社会目标，因此不同地区、不同等级规模的城市应因地制宜采用适当的混合模式和合理的混合比例，一般保障需求大、外来人口多的中心城市应适度增加保障性住房的混合比例（表 4-3）。

保障性住房混合建设模式

表 4-3

模　　式	描　　述	特　　点
中收入混合模式	商品房＋少量中等偏低收入保障性住房	市场投资吸引力大，适用于房地产开发活跃地区；就业机会多、文化氛围好
平均混合模式	商品房＋各阶层收入保障性住房	市场投资吸引力一般；社区文化共识性较强
低收入混合模式	少量商品房＋低收入群体保障性住房	市场投资吸引力较差，适用于城市边缘过渡地区

由于物业管理费承受能力和要求服务标准的不同，保障性住房与邻近混合的商品住房不宜在小区内部完全打散混合。保障性住房与普通商品房住区适宜在邻里层面（居住区层面）混合，以小区为单位独立建设，独立管理，但与普通商品住宅小区毗邻而居，共享大社区的基础设施和学校等公共配套设施。

同时，在社区环境方面，保障性住房和相邻普通商品住房应统一建设，保证在建筑外观和建设质量上不存在差别。这可以避免因社区局部空间环境品质的下降而失去对中等收入群体的吸引力，也不会使低收入群体因住房的明显差别而产生自卑感，有利于减少不同群体间的心理距离。

3. 合理确定单个保障房项目的适宜规模

相关研究普遍认为，为避免形成新的低收入群体大规模聚集区，同时在有限建设规模的情况下增加保障房的空间分散性，规划中应控制单独保障性住房项目的建设规模，尽量避免保障房连片发展的情况。

综合考虑设施配套合理性、物业服务管理以及社区社会关系构建，集中建设的保障房社区适宜控制在居住组团规模，不应超过居住小区规模，适宜容纳人口在 3000～10000 人左右，以户均 50m²，容积率 1.5 计算，集中社区的用地约在 5～15hm² 左右。

（二）在中心城区维持适当比例的保障性住房供给

中心城区因地价高，土地稀缺性明显，难以进行大规模的公共住房新建。为平衡保障性住房的空间布局，满足特殊保障对象❶的需求，应维持保障性住房在城市中心城区的适当分布比例。当前，我国拥有巨大规模的存量住宅，其中相当一部分位于中心城区的房屋由于规划建设年代久远，户型面积较小，可以充分发挥对保障性住房的替代作用。特别在一些中小城市，房价不高，并不需要大规模新建保障性住房，实行存量住房改造置换的方式可以更有效地配置市场资源。

1. 推动城市更新项目与保障性住房建设的结合

我国大量的老旧住区建设标准滞后，已亟待改造更新。同时，许多容纳低收入群体

---

❶　部分住房保障对象，如残障人士，在中心城区工作的服务业从业人员，旧城区原住民等，由于对公共服务设施、通勤时间、既有社会联系网络等的特殊需求，需要尽量靠近城市中心地区居住，住房保障应考虑这部分人群的需求。

和外来务工人员的城中村也急需彻底改善和利用，以更好地融入城市的完整空间板块。这部分住房普遍具有区位优、规模小、空间分散的特征，与保障性住房空间布局要求相适宜。

因此，在城市老旧住宅区和危旧房、城中村、棚户区等存量住房改造过程中，应充分考虑结合商品房新建、住户回迁，同步配套建设部分保障性住房，促进空间资源的公平分配。从发达国家的经验来看，政府有责任在城市的不同地区提供包括保障性住房在内的多样化、多标准的住宅，特别是在城市中心地区。在城市内部保持一定的保障性住房存量，一方面可以满足低收入群体的需要，另一方面也可增强政府对住宅市场的调节作用。

由于城区拆迁成本较高，这一模式可能存在一定的经济运行压力，需结合税费优惠、容积率奖励等模式吸引市场开发。同时，为配合改造配建模式，政府也应积极发挥土地储备制度的作用，对中心城区保障住房周围划拨土地及闲置土地进行统一收购（包括收购、收回、置换），以便未来改造时进行统一规划建设。

目前已有部分城市开始进行这方面的探索，如武汉洪山区结合马湖村、南湖村等城中村改造利用村民自主的富余房源提供公共租赁住房，北京市唐家岭改造中开展集体建设用地建设公共租赁住房试点等。

2. 有效发挥存量直管公房的保障作用

直管公房是政府房屋管理部门直接管理的公房，是以前解决居民住房问题的主要途径。随着我国住房制度改革和公房出售的推进，现在直管公房数量已大为减少。虽然数量不多，但直管公房作为城市政府直接控制的房源，在目前保障性住房供不应求的情况下，是保障性住房筹集的有效途径之一。

为使直管公房更好地发挥作用，建议在直管公房管理中采取以下措施：①直管公房不宜全部出售，应确保公房存量水平，以满足居住弱势群体的住房需求；②严格直管公房租住资格审查，严禁直管公房转租；③提高直管公房租金，根据申请租住家庭的收入水平不同采取多档租金价格方式和房屋面积标准，可考虑参考国际通行的住房支出不超过家庭收入的 25～30％的比例来确定分档租金标准，这既可以体现有针对性的租金补贴特点，又可以增加公房出租收益用来修缮与改善住房与基础设施；④加大对直管公房的维护、维修、改善和改建，提高公房成套率和设施水平，使其能够满足现代生活的基本需要。

3. 收储社会房源补充保障性住房供给

收储社会零散租赁房源，既有利于改善新建保障房过长的供应等候时间，也能减小收购建成项目的资金压力。同时，社会租赁房源的优越地理位置，也能弥补当前新建保障房多规划在偏远区域而带来的交通不便、配套不完善等短板。收储方式的适用面较广泛，不仅适用于公房，也同样适用于社会普通租赁房源；既可完全收购房源产权，也可签约房源定向租赁。其中后者主要针对社会性租赁房源，通过政府补贴租赁差价，可以较好地利用社会闲置房源以作保障房之需。

目前，全国已有多地试行收储房源政策，以优化保障房的空间分布及其与普通社区的混合。南京市政府 2008 年从房地产二、三级市场直接购买 4000 套住房作为保障房，西安于 2012 年开始面向城六区收储 5000 套社会闲置房及 5000 套城改安置房；常州市为防止人为制造贫民区，于 2009—2010 年期间在市场上筹集 8000 余套公共租屋用于保障房；贵阳也于 2011 年启动了社会房源收储工作。

（三）加强集中建设的保障性住房项目的合理选址

1. 保障性住房选址应充分考虑就业岗位分布

从城市就业岗位分布来说，一般制造业就业岗位多分布在城市外围的工业园区，而服务业岗位多集中于各级城市中心。城市外围的开发区和工业园区，就业岗位集中，且多为外来务工人员，应采取政府直接提供，政府引导民营资本建设管理，用工单位建设等多种途径，增加面向产业工人的低租金住房的供给，并纳入公共租赁住房进行统一管理。

2. 保障性住房选址应保持与城市各级中心的适宜距离

为避免保障性住房布局过于偏远，保证低收入群体对城市优质公共资源的公平使用，对于保障性住房选址和城市中心的距离应纳入考量范围。由于城市尺度不同，空间结构不同（单中心、多中心），交通模式不同，适宜的距离不应仅仅是绝对意义上的空间距离控制。在土地价值对实际空间距离有所限制的情况下，交通时间可以极大程度上改变居民对空间距离的感受，提升实际可达性。因此，合理交通时间应成为划定适宜距离的重要因素。

参考对各大城市平均通勤时间的调查，居民单程通勤时间均在 0.4h 以上，平均通勤时间达到 0.5h。考虑低收入人群住房在空间上相对更为偏远，同时城市职住平衡条件将逐步改善，宜控制保障性住房居民日常单程通勤时间在 30～45min 内。（各级城市可根据自身交通与城市尺度的情况进行合理调整，大城市控制通勤时间需适度延长，中小城市及组团多中心城市控制时间应适度缩短）。在一定的通勤时间下，不同交通方式对应的实际空间距离有所不同，对应在城市空间上应形成轴向型非均衡距离控制圈层。30～45min 时间对应到相应交通模式上应为：地铁沿线 17～26km，公交沿线 9～13.5km。折减换乘、等待和步行点到点时间，保障性住房空间选址与城市主要中心（就业集中地区）的空间距离宜为地铁沿线 15～20km，公交沿线 8～12km。

3. 保障性住房应结合公共交通走廊和公共服务设施布局合理选址

中低收入群体对城市公共交通和公益性公共服务设施依赖性很强，因此集中建设的保障性住房，要优先安排在交通便利，基础设施齐全，公共事业完备的区域。

根据经验判断，一般步行舒适距离为 300～500m，可接受的距离为 800～1000m。从步行出行的适宜距离考虑，结合国内部分城市提出的保障性住房选址标准，保障性住房与公共交通和公共服务设施距离以 500m 内为宜，不宜超过 1000m。

长距离、大运量、快捷定时的轨道交通能够大幅缩短低收入阶层的通勤空间距离，是保障性住房布局参考的重要因素。但同时，轨道站点周边也对城市中高收入阶层具有较强的吸引力，往往是土地供应的黄金地段，地价和房价较高，这和低收入群体的需求存在一定矛盾，也决定了保障性住房难以占据轨道站点的核心区位，而应在距离轨道交通合理的空间距离内进行布局。相关研究认为，地铁对房地产的增幅效应随距离增加而衰减，一般超过站点300m以后降幅度较快❶。同时，参考各地已经试行的规定，可基本判断，在轨道站点外围500~1000m范围内（步行10~15min）布局保障性住房较为适宜（表4-4）。在条件有限的情况下，保障性住房选址也可扩大到站点外围一定区域，但应配备接驳巴士。相关分析认为，居民能承受的巴士站与地铁站的距离最大为3km，巴士运行10min左右。❷

部分城市保障性住房选址与轨道站点距离要求　　　　　　　表4-4

地　区	文　件　名　称	与公交的配合方式
广西	《广西壮族自治区保障性住房建设标准》	公交站点500m半径范围内；或地铁800m半径覆盖范围内
深圳	《深圳市保障性住房建设标准（试行）》	公交车站点500m半径范围内；或地铁800m半径覆盖范围内
广州	《广州市保障性住房土地储备规划（2011—2015）》	一级区位：轨道交通站点周边1km内；二级区位：轨道交通站点周边3km内（接驳巴士行驶10min）

（四）住区规划设计，完善社区的公共服务设施配套

1. 加强社区管理用房与居民公益性服务设施建设

保障性住房的居住对象主要为低收入群体和中等偏下收入群体，最低生活保障对象、失业者、孤寡老人、残疾人等弱势群体相对集中，对公益性服务设施依赖性强，同时在社区管理方面具有一定特殊性和难度。为确保保障性住房建成后的有效管理和服务，最大限度提升低收入住房困难家庭的生活环境，应预留一定的管理和公共服务空间。在保障性住房小区规划与设计中，应统筹考虑社区居民委员会工作用房和卫生、警务、文化、体育、养老等服务设施的建设需求。城市规划行政主管部门要按照规定的配套建设指标对建设工程规划设计方案进行审查，对不符合规定配置标准和要求的不予批准。积极推动社区综合服务设施建设，提倡"一室多用"，提高使用效益。

2. 预留部分商业经营性设施用房

目前在保障性住房社区的运营管理中，普遍存在的一个问题是后期管理、维护和持续运行所需资金缺口较大。保障性住房供应对象主要是低收入住房困难家庭，部分特殊困难家庭租金、物业费收取存在一定的困难，收缴费用不足以支撑运营；同时，由于保障性住房专项补贴资金不能用于维护和管理，一些欠发达地区城市财力不足，尚未建立起明确的财政补贴机制，资金缺口较大，造成日常管理和监督、公共服务、房屋维修维

❶ 郭菂，李进，王正. 南京市保障性住房空间布局特征及优化策略研究［J］. 现代城市研究，2011（3）。
❷ 陈燕萍. 适合公交服务的居住区布局形态［J］. 城市规划，2002（8）。转引自杨靖等. 保障性住房的选址策略研究［J］. 城市规划，2009（12）。

护等经费困难。针对这一问题，部分城市采取加强经营性用房等配套设施建设，通过出租获取收益弥补资金缺口，取得了不错的成效。在香港，同样面临公屋租金不足以支付房屋管理与维修的开支，房委会主要采取以公屋附属的商业设施和非住宅设施租金和居屋出售盈余来补贴公屋管理的方式。从国内外已有经验来看，保障性住房社区可规划建设一定比例的配套商业设施，统一管理经营，其出租、出售商业设施的收益专项用于保障性住房的运营管理。

（五）加强城市规划的引导和综合协调作用

在对各组成要素空间上的统筹安排过程中，通过城市规划可以化解不同空间政策指导下对空间资源分配和目标实施过程中的制约。发挥城市规划空间资源配置作用，加强对保障性住房建设的规划调控。

对于新建保障性住房选址，应通过城市规划确定旨在满足中低收入人群住房需求的保障性住房居住用地布局与标准，从源头上避免保障性住房边缘化的趋势。应在城市总体规划或分区规划层面，确定保障性住房空间区位、规模、公益性设施配套指标等强制性指标以及就业水平等引导性指标；在详细规划层面，确定户型比、设施配套标准等强制性指标以及混合居住水平等引导性指标。有条件的城市应积极探索将保障性住房空间布局纳入城市规划的强制性内容体系。对于已建成的，选址偏远，公共交通和公共服务设施配套不齐全的保障性住房发展地区，应在近期建设规划中，提出相应的交通设施、服务设施发展补偿替代方案，尽快改善保障性住房社区的居住环境。进一步加强对保障性住房布局的规划技术方法和评估方法的研究，加强规划的科学性，更好地发挥规划引导作用。

三、集中建设的保障性住房用地布局优选方法

（一）层次分析法简介

层次分析法是美国匹兹堡大学教授萨蒂于 20 世纪 70 年代提出的，是一种定性分析与定量分析相结合的多目标决策方法。此法把决策问题按照总目标、各层次目标、评价标准，直至具体的备选方案的顺序分解为不同的层次结构，然后利用求判断矩阵特征向量的方法，求得每一层次的各元素对上一层次元素的优先权重，最后再用加权和的方法递阶归并，并得出各备选方案对总目标的量度，它表明了各备选方案在某一特定的评价批准或者子目标下优越程度的相对量度，以及各子目标对上一层目标（或总目标）而言重要程度的相对量度❶。

应用层次分析法主要有 4 个步骤：第一步，对构成决策问题的各种要素建立多层次递接结构模型；第二步，对同一层次的二要素以上一级的要素为准则进行两两比较，并根据评定尺度确定其相对重要程度，最后据此建立判断矩阵；第三步，通过一定计算，确定各要素的相对重要度；第四步，通过综合重要度的计算，对所有的替代方案进行优先排序，从而最终为决策人选择最优方案提供科学的决策依据。

目前，层次分析法在我国已得到较广泛的应用，特别是在经济管理方面。部分城

---

❶　徐震．保障性住房选点布局方法研究［D］．上海：同济大学建筑与城市规划学院，2009。

市，如天津、杭州、廊坊等，在保障性住房空间布局的新增用地选择中也开始采用这样的方法，以增强选址的科学性。

（二）层次分析法在保障性住房用地布局优选中的使用

1. 确定评价地块

根据《关于做好住房保障规划编制工作的通知》（建保〔2010〕91号），要"依据城市总体规划、土地利用总体规划、住房建设规划要求，结合城市基础设施配套状况和发展趋势，做好各类保障性住房项目的空间布局"。因此新增保障性住房用地应在城市总体规划确定的居住用地中确定。

应根据城市总体规划确定的居住用地布局，与现状居住用地分布进行比对，通过GIS空间叠加分析，确定新增居住用地的地块，作为评价备选地块。

2. 建立层次模型

根据集中建设的保障性住房布局应优先考虑交通便利、公共事业完备、基础设施齐全、就业方便的区域，以综合结果最优为目标，建立层次模型。

（1）确定层次结构

对保障性备选地块进行系统分析时，综合保障性住房空间布局策略和国内已有实践探索，对相关影响因素分类，按上下隶属关系排列起来，划分层次结构，应包括6方面因素18个因子（表4-5），分别为：

保障性住房地块选择的层次结构 表4-5

目标层	因素层	因子层	权重值
综合结果最优	交通通达条件	距轨道交通站点距离	
		距公交站点距离	
		距城市主干路距离	
	公共服务设施条件	距商服中心距离	
		距文体娱乐设施距离	
		距中小学距离	
		距医疗诊所距离	
	基础设施条件	给排水设施条件	
		电力设施条件	
		燃气设施条件	
		供暖设施条件	
		电信设施条件	
	就业条件	距产业园区距离	
		距服务业就业中心距离	
	环境条件	距公园绿地距离	
		周边环境状况	
	土地和建设条件	土地收储、整理情况	
		政策引导	

1）交通通达条件，包括距轨道交通站点距离、距公交站点距离、距城市主干路距离等 3 个因子；

2）公共服务设施条件，包括距商服中心距离、距文体娱乐网点距离、距中小学距离、距医疗诊所距离等 4 个因子；

3）基础设施条件，包括给排水设施条件、电力设施条件、燃气设施条件、供暖设施条件、电信设施条件等 5 个因子；

4）就业条件，包括距产业园区距离和距服务业就业中心距离等 2 个因子；

5）环境条件，包括距公园绿地距离和周边环境状况等 2 个因子；

6）土地和建设条件，包括土地收储和整理情况和政策引导等 2 个因子。

（2）确定指标权重

在已确定层次结构的基础上，确定各指标的权重。一般可采取专家打分法，即发放问卷，请 5～10 位相关领域专家进行打分，汇总计算确定因素层和因子层各指标权重。

案例 4-3：廊坊市经济适用住房建设地块选择评价指标体系权重表（表 4-6）

廊坊市经济适用住房建设地块选择评价指标体系权重表 表 4-6

因素层	因素单排序	因子层	因子单排序	因子对目标层影响作用的总排序
土地经济效益	0.20	基准地价	0.49	0.10
		拆迁成本	0.51	0.10
交通通达性	0.21	道路便捷度	0.62	0.13
		公交便捷度	0.38	0.08
环境优劣度	0.22	周边环境状况	0.52	0.12
		距公共绿地距离	0.48	0.11
公共服务设施	0.18	距商服中心距离	0.25	0.05
		距文体娱乐网点距离	0.26	0.05
		距中小学距离	0.24	0.05
		距医疗诊所距离	0.25	0.05
基础设施	0.19	通给排水便捷度	0.26	0.05
		通电讯便捷度	0.25	0.05
		通电力便捷度	0.26	0.05
		通燃气便捷度	0.23	0.04

资料来源：廊坊市住房建设规划（2008—2012）。

案例4-4：天津市住房建设规划（2011—2015）（表4-7）

天津市住房建设规划　　　　　　　　　　表 4-7

评价因子类别	评价因子	权重值
公共服务设施	综合公建设施	0.082
	城市级医疗设施	0.051
	教育设施	0.075
	高等院校	0.042
道路及交通枢纽	轨道站点	0.083
	铁路、轻轨站	0.041
	快速路网	0.085
产业布局	都市型产业	0.042
	其他产业	0.102
城市开放空间	大型公园	0.124
	河流	0.098
其　他	土地价格	0.150
	政策引导	0.240

资料来源：天津市住房建设规划（2011—2015）

案例4-5：保障性住房选址潜力评价指标与权重（表4-8）

保障性住房选址潜力评价指标与权重　　　　　　　　表 4-8

目标层（A）	控制层（B）	因子层（C）	指标说明与量化方法	权重
土地区位（A₁）	土地价值 E_1	土地价值 C_1	根据住宅用地和商业用地基准地价水平确定的基准地价水平分级进行极差标准化	0.080
	商业繁华度 E_2	商服中心等级 C_1	根据商业用地基准地价水平确定的基准地价水平分级进行极差标准化	0.080
		商业聚集度 C_3	$$I = \sum_{i=1}^{k} \frac{W_i s_i \times S_x}{d_i^2} \qquad (a)$$ s_i 为对评价地块有影响的商业或者市场用地的面积；W_1 为该地块的权重（城市商业中心 5，城市副中心商业 4，区域中心商业 3，其他商业 2，市场权重都为 1）为评价地块的面积 s_i；d_i 为商业或者市场用地地块与评价地块的重心距离	0.076
		市场聚集度 C_4	采用公式（a）计算	0.078
	交通通达度 E_3	道路网密度 C_5	地块 2km 范围内道路长度与区域面积比值计算	0.079
		道路通达度 C_6	$I = [100 - 100^{(1-r_i)}]/100$，$I$ 为道路通达度指标，r_i 为道路相对影响半径，计算公式为 $r_i = d/d_i$，其中 d_i 为缓冲距离，d 为影响距离（$d = g/2l$），g 为区域总面积；l 为全区主干道路总长度	0.041

续表

目标层（A）	控制层（B）	因子层（C）	指标说明与量化方法	权重
社会条件（A_2）	社会构成 E_4	人口分布 C_7	根据各区域人口，计算人口密度，分为 5 个等级，分级赋值	0.075
	城市基础设施 E_8	服务设施完备度 C_6	$$I = \sum_{i=1}^{n} W_i P_i \qquad (b)$$ I 表示评价地块服务设施完备率，W_i 评价因子权得，P_i 评价因子等级	0.075
		公共文体设施完备度 C_9	采用公式（b）计算	0.075
		市政基础设施完备度 C_{10}	采用公式（b）计算	0.075
	就业情况 E_6	产业分布 C_{11}	采用公式（b）计算	0.073
环境优劣度（A_3）	环境质量 E_7	景观度 C_{12}	$$I = \sum_{i=1}^{n} \frac{W_i}{d_i^2} \qquad (c)$$ n 为 2km 半径范围内，各级绿地水体的数量；W_i 为等级，d_i 为与绿地水体的距离	0.062
		污染程度 C_{13}	根据污染产业分布采用公式（a）计算	0.069
	自然条件 E_8	地形坡度 C_{14}	采用极差标准化和分级赋值的方法，利用 Aiogis 中的 Slope 工具计算各栅格的坡度	0.062
		高程系数 C_{15}	以各栅格高程总和除以栅格总数作为该地块的平均高程作极差标准化	0.080

资料来源：汪冬宁，金晓斌，王静，周寅康，保障性住宅用地选址与评价方法研究—以南京都市区为例［J］.城市规划，2012（3）。

（3）地块评价赋值和优选

对各项因子的评价内容结合城市规模和发展现状，确定具体评价内容和分值（表4-6），借助 GIS 软件，采用多因素加权求和法，对备选地块进行赋值打分评价。

在地块评价的基础上，结合集中新建保障性住房用地需求预测、土地和工程建设成本、适宜地块规模等因素，综合确定各类保障性住房的选址布局和建设时序（表4-9）。

保障性住房地块选择的具体评价内容和建议分值　　　　表 4-9

因素层	因子层	内容	建议分值
交通通达条件	距轨道交通站点距离	≤500m	100
		500～1000m	80
		1000～2000m	50
		≥2000m	20
	距公交站点距离	≤100m	100
		100～500m	50
		≥500m	20
	距城市主干路距离	≤500m	100
		500～1000m	50
		≥1000m	20

因 素 层	因 子 层	内 容	建议分值
公共服务设施条件	距商服中心距离	≤500m	100
		500～1000m	80
		1000～3000m	50
		≥3000m	20
	距文体娱乐设施距离	≤500m	100
		500～1000m	80
		1000～3000m	50
		≥3000m	20
	距中小学距离	≤500m	100
		500～1000m	80
		1000～2000m	50
		≥2000m	20
	距医疗诊所距离	≤500m	100
		500～1000m	80
		1000～2000m	50
		≥2000m	20
基础设施条件	给排水设施条件	设施已通	100
		未通，距最近已通地块距离≤1000m	50
		未通，距最近已通地块距离≥1000m	20
	电力设施条件	设施已通	100
		未通，距最近已通地块距离≤1000m	50
		未通，距最近已通地块距离≥1000m	20
	燃气设施条件	设施已通	100
		未通，距最近已通地块距离≤1000m	50
		未通，距最近已通地块距离≥1000m	20
	供暖设施条件	设施已通	100
		未通，距最近已通地块距离≤1000m	50
		未通，距最近已通地块距离≥1000m	20
	电信设施条件	设施已通	100
		未通，距最近已通地块距离≤1000m	50
		未通，距最近已通地块距离≥1000m	20
就业条件	距产业园区距离	≤1000m	100
		1000～3000m	80
		3000～5000m	50
		≥5000m	20

续表

因 素 层	因 子 层	内 容	建议分值
就业条件	距服务业就业中心距离	≤1000m	100
		1000～3000m	80
		3000～5000m	50
		≥5000m	20
环境条件	距公园绿地距离	≤500m	100
		500～1000m	80
		1000～3000m	50
		≥3000m	20
	周边环境状况（距污染工业、垃圾处理厂、污水处理厂等影响环境的设施的距离）	≥3000m	100
		1000～3000m	80
		500～1000m	50
		≤500m	20
土地和建设条件	土地收储、整理情况	已收储、整理	100
		未收储、整理	50
	政策引导	重点发展区域	100
		非重点发展区域	50

案例4-6：廊坊市经济适用住房建设地块评价得分和各类住房布局（图4-1）

图4-1 廊坊市住房建设规则（一）

资料来源：廊坊市住房建设规划（2008—2012）

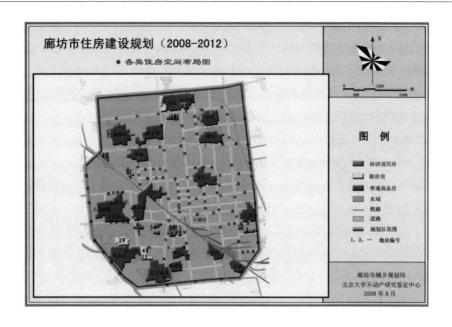

图 4-1　廊坊市住房建设规则（二）

资料来源：廊坊市住房建设规划（2008—2012）

第二节　现行城市住房发展规划实施评估

一、规划实施评估经验借鉴

目前住房城乡建设部尚未在住房领域出台过有关规划评估相关规定。在城市规划领域，住房城乡建设部和部分省级住房城乡建设主管部门曾发布过有关城市规划审查和实施评估的管理规程、技术规定等政策文件，考虑到住房发展规划与城市规划在上级主管部门、规划编制主管部门、工作过程和具体实施协调等方面存在一定的相似性，因此对城市规划等相关领域已有的规划审查和管理办法进行总结，分析其要点和主要经验，为住房发展规划实施评估提供借鉴。

2009 年 4 月 16 日，住房城乡建设部发布了《城市总体规划实施评估办法（试行）》（以下称《办法》），旨在加强城市总体规划实施评估工作。《办法》明确了城市人民政府是城市总体规划实施评估工作的组织机关，按照"政府组织，部门合作，公众参与"的原则，建立相应的评估工作机制和管理程序。具体评估工作可委托规划编制单位或者组织专家组承担。城市总体规划的审批机关可以根据实际需要，决定对其审批的城市总体规划实施情况进行评估。《办法》提出城市总体规划实施情况评估工作原则上应当每 2 年进行 1 次，并可根据实际需要，采取切实有效的形式，了解公众对规划实施的意见和建议。

关于具体评估方法，《办法》强调要采取定性与定量相结合的方法，将已批准的总体规划与城市现状情况进行对照，客观评估规划实施的效果。实施评估报告应上报本级人民代表大会常务委员会和原审批机关备案。《办法》还明确了评估报告成果的形式和内容构成，包括城市总体规划实施的基本情况，存在的问题，下一步实施的建议等，同时要求规划评估成果应当向社会公告。

《办法》提出城市总体规划实施评估报告的内容应包括：

（1）城市发展方向和空间布局是否与规划一致；

（2）规划阶段性目标的落实情况；

（3）各项强制性内容的执行情况；

（4）规划委员会制度、信息公开制度、公众参与制度等决策机制的建立和运行情况；

（5）土地、交通、产业、环保、人口、财政、投资等相关政策对规划实施的影响；

（6）依据城市总体规划的要求，制定各项专业规划、近期建设规划及控制性详细规划的情况；

（7）相关的建议。

规划实施评估的目的是发现并解决实施过程中出现的问题，并依据具体的问题判断是否采取相关措施予以解决，或者是否需要修改规划，以提高规划的指导性和实施成效，因此《办法》提出城市人民政府应当根据城市总体规划实施情况，对规划实施中存在的偏差和问题，进行专题研究，提出完善规划实施机制与政策保障措施的建议。对于需要修改总体规划的，《办法》也提出了具体的程序。

《办法》还对总体规划实施评估管理工作的组织、评估工作不到位的处理程序提出了明确的规定。

总体而言，《城市总体规划实施评估办法（试行）》值得借鉴的内容可总结为以下几点：

（1）"政府组织，部门合作，公众参与"的总体原则。政府组织有利于统筹协调，提高工作效率，及时调整关联资源配置；部门合作有利于及时发现在具体实施过程中出现的新情况与新问题，形成工作合力；规划实施涉及广大人民群众的切身利益，因此公众参与对于帮助发现规划的不足，科学评估规划实施对群众日常生活的影响具有积极意义。

（2）定期评估机制。建立规划实施的定期评估机制，有助于加强规划的刚性约束，通过常态化的评估工作及时发现问题，弥补既有工作的不足。

（3）评估结果与规划成果修改的联动机制。评估的目的是使规划更有针对性，解决新问题，因此应及时反馈评估结果，根据需要决定是否修改规划。

（4）定性与定量相结合的评估方法。规划的重点是落实政府多层次、多角度目标，这其中既有刚性发展目标，也有柔性的指导意见，规划的具体落实途径也相应地有所区分。在具体的实施评估过程中，要充分利用定量工具的精确性，对规划涉及的关键刚性指标实施成效进行评价，同时也要注意规划本身的引导性以及外部环境带来的不确定性，通过定性评价弥补定量评价的不足。

二、现行住房发展规划实施情况评估的原则和要点

（一）评估原则

评估现行住房发展规划实施情况，主要目的是督促和指导城市政府充分落实规划目标和上级安排的任务，同时结合社会经济发展的实际，发现规划实施过程中出现的新情况、新问题，便于及时调整和完善规划。因此住房发展规划的实施评估应坚持定性与定量相结合，规范性与适应性相结合的原则：

定性与定量相结合主要是考虑到住房发展规划涉及面广，政策性与技术性并重的特点，因此在实施评估中既要对重点政策措施的实施情况进行定性评价，也要对关键指标的执行情况进行定量评价，以便形成系统的指导意见和明确的改进要求。

规范性和适应性相结合是指评估工作应兼顾任务督促和问题识别两方面的目的。规范性评估主要针对规划设定的目标、计划和关联资源配置要求，考察具体执行情况和实施成效；适应性评估的重点是结合城市社会经济发展的实际情况，通过对新情况、新问题的识别，分析既有规划设定的目标、措施与实际情况存在偏差的方面，寻找具体成因，为调整规划、计划，提高规划实施成效提供依据。

（二）评估要点

进行住房发展规划实施情况评估，要将依法批准的住房发展规划与现状实施情况进行对照，采取定性和定量相结合的方法，全面总结住房发展规划各项内容的执行情况，客观评估规划实施的效果，重点针对规划计划实施过程中的任务总量、空间布局、约束性指标、社会经济效益等重点内容，基于评价指标体系进行科学评价。在对重点内容进行评价的基础上，结合土地、财政、金融、公共服务、基础设施等关联资源和城市社会经济发展环境的新趋势和新变化，评估既有规划设定的目标、计划和措施与实际落实的情况，最后综合得出现行城市住房发展规划和评价结论。

1. 建设总量评估

依据国家、省市对住房发展和保障标准的总体要求，结合规划总体目标和年度计划，评价现状及规划期历年住房建设总量，各类保障性住房的结构比例的落实情况，及其与不同住房需求群体的适应性。

2. 空间布局评估

基于交通便捷度、公共设施便利度、通勤时间合理性、社会融合度等指标（建议稿见表4-7），对规划期内住房空间布局落实情况进行评价。由于上述指标综合性强，各地情况差异较大，难以用统一标准进行衡量，因此对于具体评价工作，建议评估单位邀请熟悉本地情况的专家作为第三方进行打分，评估单位对专家打分进行整理汇总，获得住房空间布局实施情况得分（表4-10）。

空间布局评价指标体系　　　　表4-10

指标名称	标准分数	备　注
交通便捷度	30	衡量因素：距离地铁站点距离、公交线路数、主要交通走廊布置情况

指标名称	标准分数	备 注
公共设施便利度	30	衡量因素：教育、医疗、商业设施配置及容量
通勤时间合理性	30	结合城市通勤调查数据，衡量规划期内新建住房通勤时间合理性
社会融合度	10	从商品房中保障房配建比例，保障性住房用地规模，不同类型保障性住房混建等因素衡量社会融合度

3. 约束性指标社会经济效益评估

从社会效益、经济效益、品质和性能效益等角度，建立住房发展规划实施情况的社会经济效益评价指标体系（建议稿见表4-11），据此评估规划约束性指标的实施效果。对于具体指标的得分，基于定性与定量相结合的原则，对于数据翔实、测算方法明确的指标，可直接测算数值，对于量化测算存在困难的指标，可采用专家打分法。

住房发展规划的社会经济效益评价指标体系 表 4-11

指标分类	指标名称说明	标准分数
社会效益（40）	居住水平达标情况	10
	住房建设的总体就业贡献	10
	保障性住房对中低住房困难家庭的覆盖率	10
	棚户区改造比例	10
经济效益（20）	住房投资增长率	8
	住宅销售额年均增速	6
	住房建设对各行业总带动效应	6
品质和性能效益（40）	新建住宅认证部品使用率	8
	新建住宅性能认定比例	8
	新建住宅中节能建筑比例	6
	存量住宅中节能改造比例	6
	新建住宅生态技术应用率	6
	产业化住宅施工面积比例	6

4. 规划的适应性评估

规划的适应性评估重点是分析既有规划设定的相关目标、计划和实施措施在新的发展环境下是否能充分反映住房发展的实际需求，以及关联资源配置的要求是否仍然可以按计划得到落实。通过对人口城镇化、居住水平、收入水平和结构、城市建设和空间拓展等方面发展趋势的分析，判断住房发展目标和水平的合理性；通过对规划实施以来土地、财政、金融等关联性资源的落实情况和存在问题的分析，综合判断规划目标的合理性和关联资源配置存在的主要问题。基于规划适应性评估，为是否需要修编规划、调整计划提供依据。

案例 4-7：大庆市住房建设规划（2011—2015）实施评估

在《大庆市住房建设规划（2011—2015）》中，大庆市对"十一五"时期城市住房建设规划实施情况进行了系统评估，并对存在问题进行了原因剖析。

一、现行住房建设规划实施情况

（一）规划目标落实情况

大庆市上版住房建设规划目标确定 2008～2010 年建设住房建筑面积为 1260hm²，实际完成建设量为 1478hm²，规划政策性住房建筑面积 60hm²，实际完成经济适用住房建筑面积 82hm²，完成了规划既定目标，达到了指导住房建设的目的。

（二）住房发展政策的实施情况

"十一五"期间，加大检查监管力度，开展商品房开发现场巡检工作；开展全市房地产估价机构、经纪机构年检工作，建立健全房地产估价机构信用档案；加强商品房销售和中介市场管理，依法严格实施商品房预售许可，实行网上预售，网上签订合同，联机备案制度，规范房地产销售环节；加强市场监测分析，及时有效的实施宏观调控，引导居民住房理性消费，促进市场健康发展。

（三）实施保障机制的建立与运行情况

"十一五"以来，大庆市房产主管部门通过加强商品房预售监管、建立健全房地产估价机构信用档案、加强房产测绘机构的管理、加快保障性住房建设等方面建立规章制度、管理法规，确保房地产市场的稳定健康发展；严格廉租住房保障对象和经济适用住房供应对象认定，健全三级核准机制。完善经济适用住房申请、审核、公示制度。实行廉租住房准入、复核、退出动态管理。相关规划、土地、建设、财政等部门紧密配合，保障了当前住房建设规划的有效实施。

（四）住房建设年度计划的制定与执行情况

现行大庆市住房建设规划确定目标：

2008 年：市区房地产开发住宅建筑面积 480hm²；

2009 年：市区房地产开发住宅建筑面积 400hm²；

2010 年：市区房地产开发住宅建筑面积 380hm²。

大庆市年度工程建设统计公报：

2008 年：市区房地产开发住宅建筑面积 440.20hm²；

2009 年：市区房地产开发住宅建筑面积 417.88hm²；

2010 年：市区房地产开发住宅建筑面积 653.66hm²。

土地管理部门按照住房建设用地与棚户区改造结合，以挖潜城区内存量土地为基础，按照新增住房用地供应与存量闲置挖潜相结合的原则，完成用地供应任务，保障了年度住房建设任务。

二、现行住房建设规划的实施成效与存在问题

现行住房建设规划基本达到了"总量控制、区域平衡、项目落实"的总体要求，建立了住房建设预报预审制度；实行了年度住房建设总量总体控制，结构套型比例设置总

体平衡。但仍然存在以下问题：

（1）商品房有效供应不足，中低价位、中小户型比例相对较少。

（2）经济适用住房建设区域分布不合理，供应对象相对单一。

（3）城市组团间发展不够均衡，基础设施不够完善。

（4）城市管理的长效机制还不到位，住房保障管理机构不健全。

（5）中低收入家庭住房问题凸显，住房保障政策体系还需进一步完善。

第五章　住房发展规划编制的国际经验

以日本、英国、美国为代表的发达国家住房市场起步早，住房政策体系发展较为成熟，在编制住房发展规划方面积累了丰富的经验。本章以多年来英国、日本和美国住房发展规划成果和相关研究文献为基础上，分析其规划体系、研究框架、规划内容、实施管理的特征和相应的影响因素，并初步总结上述国家住房发展规划的编制经验。

第一节　层次分明的规划体系

英、美、日等国均构建国家—区域—地方的多层次住房发展规划编制体系，各层次规划针对相应问题进行分析和研究，提出有针对性的策略，确保上位规划思想和政策得到落实，同时明确各级政府在住房发展问题上的权责，并建立合理的住房资源投入分配机制，使住房发展规划的实施更为便利。

一、英国的国家—区域—地方的分层体系

英国国家层面的住房发展规划文件被称为住房绿皮书（The Housing Green Paper），最初由环境交通和区域部（Department of the Environment，Transport and the Regions）及社会保障部（Department of Social Security）于 2000 年联合颁布。绿皮书是自 20 世纪 70 年代中期以来英国住房发展的一次综合检讨，它提出了住房领域所涉及的一系列问题的现代化改革导向，重点在于改善住房质量和扩大住房选择。

《建设面向未来可持续社区——社区计划》（2003 年）中首次引入区域住房战略，区域住房战略是非法定文件，不需获得中央部门的批准。英格兰 10 个区域于 2005 年完成各自的住房发展战略文件。2006 年之前区域住房委员会（Regional Housing Boards）负责住房战略的编制，之后任务移交给区议会（Regional Assemblies），在伦敦则改由市长负责。区议会和伦敦市长将决定下次修编的日程并与家庭和社区机构（Home and Communities Agency，HCA）进行密切合作。

地方政府白皮书（The Local Government White Paper）要求地方政府对住房发展提出更具战略性的建议，从而确保高品质住房的供给与合理布局，以及形成充满活力、混合包容的社区。住房绿皮书要求地方政府在解决所有居民的住房需求时发挥更大作用，并鼓励地方政府通过利用各种住房和土地规划的权力建立其住房供给和管理者的角色，确保提供新的和可承受的住房，同时充分利用现有的存量住房，以满足居民的需要。

二、日本的国家（区域）—都道府县—区市村町的分层体系

1966—2005 年，日本共编制了 8 个国家层面的住房建设五年规划（规划文本中同时表述了 10 个区域五年住房建设计划）并得以实施，每个县级政府和市级政府在国家（区域）规划的基础上也分别编制了自己的五年规划（图 5-1）。

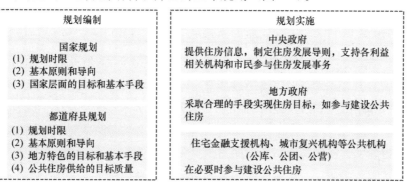

图 5-1　日本住房发展规划编制实施体系

新时期的《住房基本法案》明确规定"为了确保住房发展的基本政策以及其他确保居住生活稳定的相关政策能够全面、有计划地得到实施，中央政府部门❶必须依据政策理念的要求，制定促进国民居住生活稳定发展的国家层面的基本规划（简称《全国规划》）"。"都道府县应该依据全国规划及各自管辖区域的具体特点，制定地方层面的基本规划（简称《都道府县计划》），确保各自管辖区居民居住生活水平能够得到稳定发展"。法律措施使住房发展规划自身形成了从中央到地方严格的等级体系，有利于上层次规划目标和政策意图在规划编制中全面贯彻。从东京都地方制定的新住房发展规划来看，其开篇即明确了都住房发展规划在承上（全国规划）和启下（区市村町规划）中的位置："住房基本规划的对象为整个东京都。新政策的实施，离不开东京都民众及东京都企事业单位的大力支持，并且住房基本规划也是区市町村等机构根据本地实际情况制定地方住房基本规划的依据。"

三、美国的联邦—州—地方的分层体系

在联邦层面，住房与城市发展部（HUD）编制通常以五年为周期的战略规划（strategic plan），对本部门未来五年的工作目标、工作重点提出计划，其中住房与社区发展是规划的主体内容。

在州、县和地方政府层面，一般由住房和社区发展部门（Department of HousingAnd Community Development，DHCD）编制综合规划（Consolidated Plan），也有部分地域毗邻的政府联合起来编制、提交规划文件。综合规划既是规划文件，也是向 HUD 申请拨款的文件，涵盖了社区发展综合补助（CDBG）、紧急庇护拨款（ESG）、HOME 投资合作拨款及为艾滋病人提供住房的计划（HOPWA）等几方面的拨款。

---

❶　国家层面的住房政策和规划由国土与交通省（Ministry of Land，Infrastructure and Transport，MLIT）房产局负责组织编制。

20世纪80年代之后，地方和州政府以及各种非营利机构，成为了住房政策和计划的主要推动者和执行者。联邦政府通过"授权代理"政策鼓励了这种角色的转换，并使其在美国住房政策的制定上不再具有主导作用。具体来说，对于高度集中的全国性项目，例如公共住房给予各州和地方政府更多用于自主发展自己的住房计划的分类财政补贴或拨款。由于HUD要求接受补贴或拨款的地方政府必须提供综合规划，使得综合规划成为美国住房发展与政策制定中最系统、最重要的规划。

第二节　各有侧重的规划内容

基于国家、区域、地方各级政府在住房发展事务上的责权以及掌握的资源不同，各层次住房发展规划的目的与作用也有所差异，因而相应形成了各有侧重的规划内容。

一、侧重宏观政策导向的国家层面住房发展规划

从英国现行的住房绿皮书来看，它提出了政府在未来若干年的住房愿景，并将英格兰的住房政策和住房补贴机制统一考虑，主要内容包括：21世纪的住房战略，目前的住房问题，地方政府的住房发展职能，鼓励可持续的住房私有，促进私有住房的健康发展，改革社会住房，提高社会住房质量，供给可承受住房，增加社会住房的选择，更公平的可承受住房租金系统（表5-1）。

2007年版英国住房战略宏观目标与政策　　　　表5-1

战　略　目　标	政　策　措　施
增加住房供给，满足不断增长的住房需求	1. 在有需求的地方提供住房； 2. 加快实施速度——继续进行规划改革； 3. 公共部门的土地使用； 4. 住房和土地的回收利用
建设满足居民要求的住房	1. 充足优质的基础设施； 2. 设计合理的住房和环境场所； 3. 低碳绿色住房
建造更多用于销售或出租的可承受住房	1. 覆盖更广、更多的社会住房； 2. 初次购房的优惠政策； 3. 改进贷款市场的运作方式

更重要的是，英国中央政府针对不同地区在城市和乡村中住房问题的特殊性进行了研究，并据此分别提出有针对性的规划指引（表5-2）。

英国各地区住房问题差异　　　　表5-2

英国中、北部城市当局	英国中、北部乡村当局
难以租到公共住房； 存量住房质量较差； 公共/私人部门协作撬动更新基金； 社区瓦解/社会隔离	复杂的住房市场； 失业； 交通问题

续表

英国南部城市当局	英国南部乡村当局
满足需求的土地、资源短缺； 改进房地产管理； 社会住房质量差； 应对反社会行为及犯罪	资源减少而需求增加； 土地稀缺而地价很高； 绿带（greenbelt）限制； 乡村社区瓦解、贫穷、社会隔离； 老龄化； 交通问题
苏格兰城市当局	苏格兰乡村当局
存量住房质量较差； 城市更新的需求； 某些地区社会住房过剩； 社区看护	农村人口衰减； 投资缺乏； 社区看护； 交通问题
威尔士城市当局	威尔士乡村当局
私人住房质量差； 社会隔离	城市更新的需求； 农村人口衰减； 某些地区住房过剩； 存量住房质量较差； 交通问题

而美国联邦住房战略规划更注重针对经济社会发展中住房宏观目标的制定。以2010—2015财政年度的战略规划❶为例，文本分为3个部分：第一部分首先分析了近50年住房与城市发展事业的外部环境变化，然后描述了规划的目的、任务、战略目标和预期的成就；第二部分提出了战略目标的具体内容，包括完善住房市场，满足可支付租赁住宅需求，利用住房改善居民生活，建设包容、可持续、无歧视的社区，改进HUD工作方式等内容；第三部分对规划实施提出了详细的举措，包括如何设定目标和跟踪执行绩效、落实HUD项目、配置关联资源等。

案例5-1：2010～2015年HUD战略规划框架

部长的话

一、引言

背景：对于建设新型住宅景观的需求

新的现状：美国住房部在第一个50年中的转变

规划目的：为美国住房部设立下一个50年的规划方向

使命与远景陈述：美国住房部对国家的承诺

---

❶ 2010—2015年HUD战略规划的全文详见美国住房与城市发展部（HUD）网站：http：//portal. hud. gov/hudportal/HUD？src＝/program _ offices/cfo/stratplan。

战略目标概述：面对 21 世纪的挑战，实现我们的目标

评价体系：美国住房部对于居民和住宅规划的影响

二、战略目标

如何阅读：对于 2010—2015 财年战略目标的总体介绍

目标 1：重振住房市场，促进经济发展和保护消费者

目标 2：满足对于优质且可支付租金的出租房需求

目标 3：将住房打造成改善生活品质的平台

目标 4：建立无歧视性、包容性和可持续性的社区

目标 5：改变住房部的工作方式

三、实施方案

规划实施：目标设定与实施效果

解决方案：美国住房部项目的实施情况

投资分配：根据目标调整预算和人力资源

四、附录

附录 A：2010—2015 财年美国住房部战略规划方案改进

附录 B：结果评估以及其他战略措施

附录 C：外部因素

附录 D：美国住房部的历史

附录 E：美国住房部的组织结构图

附录 F：美国住房部项目实施细节

附录 G：成果评估

附录 H：注释

二、承上启下的区域层面住房发展规划

英国的区域住房战略依据国家宏观政策确定各区域关键的住房政策事项和次区域的主要任务，并确保与区域经济和空间发展战略相协调，成为住房投资决策基本依据。尽管每个区域住房战略的内容不尽相同，但基本都包含目前整个区域各种产权类型住房状况的确切数据和分析；为区域制定的远景目标及近期和中长期的行动策略；与区域空间和经济战略相协调的次区域住房市场运作模式（表 5-3）。

表 5-3 英国区域住房发展规划的目标与政策

（以伦敦 2007 年版住房发展规划为例）

增加住房供给	1. 年均建设 30500 套住房的总量目标，其中可承受住房应占 50% 以上； 2. 42% 的新建社会住房至少三间卧室，中间住房大户型比例应逐年增加； 3. 鼓励公共部门、非营利性机构和私人开发商在公共土地上合作开发； 4. 优先低收入群体和住房条件恶劣的家庭的中间住房补贴计划； 5. 鼓励各区利用其权力处理空置住房，降低空置率

续表

提高住房质量	1. 新住宅开发应与地方文脉、基础设施相协调的高强度开发； 2. 接受公共补贴的住房计划符合政府可持续住房规范，确保到 2016 年所有住房的 SAP 值①均高于 40； 3. 全面实施体面住房计划，并制定包括碳排放、能源效率、水利用、内部隔声、无障碍设计等的新社会住房体面环境标准
改善居民生活	1. 提供临时住宿设施，鼓励使用私人设施安排无家可归的住宿； 2. 提高可承受住房居民的交通机动性，确保其 2009 年前都参与首都交通计划； 3. 支持更多个性化和邻里屋面的就业支授服务； 4. 建立适用的管理私人租用住房和最低标准，鼓励住户积极参与邻里的管理

注：①SAP 是衡量能源效率的指标，数值在 0～120 之间，越低表明家庭使用的暖气的效率越差。

从日本的情况来看，通过自上而下的编制体系，国家的住房建设目标得以层层分解，落实成为区域的规划任务。以第七个五年住房建设规划（1996—2000 年）为例，全国规划对各区域的住宅建设量提出了明确要求（表 5-4）：

日本各地区（区域）的住宅建设量　　　　　表 5-4

北海道地区	35 万户	近畿地区	120 万户
东北地区	59 万户	中国地区	41 万户
关东地区	277 万户	四国地区	21 万户
东海地区	80 万户	九州地区	75 万户
北陆地区	15 万户	冲绳地区	7 万户

之后，各区域将住房建设数量目标继续分解、分派给各系辖下的都道府县（表 5-5）。

日本各地区利用公共资金的住宅建设量（单位：千户）　　　表 5-5

	公营住宅（含改造住宅）	面向老年人的优良租赁住宅等	特定优良租赁住宅	通过住宅金融公库融资建造的住宅	住宅·都市整备公团建造的住宅	公共资助的民间住宅	其他住宅	小计	调整户数	合计
北海道地区	16	1	6	159	1	1	18	202		
东北地区	14	1	9	203	1	2	25	255		
关东地区	63	6	94	754	59	35	127	1138		
东海地区	17	1	20	303	6	12	32	391		
北陆地区	3	1	2	54	0	2	7	69		
近畿地区	41	3	45	338	32	46	58	563	200	
中国地区	11	1	10	149	1	3	17	192		
四国地区	7	1	3	71	0	3	12	97		
九州地区	28	2	15	294	5	15	23	382		
冲绳地区	2	1	1	—	0	1	31	36		
合计	202	18	205	2325	105	120	350	3325	200	3525

三、解决具体问题的地方层面住房发展规划

地方的住房发展规划则针对具体问题制定可操作的技术措施，并落实各项措施所需的人力、物力等资源，其内容更加具体和细致。如，英国的地方住房战略包含远景目标、组织领导、规划和实施等内容，重点在评估和计划当地居民目前和未来的住房需求，如何最有效地利用现有存量住房，以及通过居民参与确保有效的住房和邻里管理；通过推动住房战略行动提供更好的服务设施（包括卫生、教育、社会服务），并建设安全的环境，方便的交通设施，塑造社区归属感和供给所有的人都能负担得起的体面住房。美国地方的综合规划则包含3个部分的内容：①五年战略性综合规划，主要阐述在五年中需要予以优先关注的住房需求；②年度行动计划，是对五年规划的年度落实，每年都需要向 HUD 提交，通常要提出希望由 HUD 申请到的拨款规模；③综合年度成效及评估报告（CAPER），也是需要每年提交的文件，主要是对过往一年实施情况的评估与总结。

案例5-2：美国佛罗里达州奥兰多市 2009 年行动计划的总体框架
一、概要
（包括取得的成果和表现，具体有 CDBG、HOME、ESG、HOPWA 的项目表格）
二、成果和目标
（CDBG、HOME、ESG、HOPWA）
三、公民参与
（CDBG、HOME、ESG、HOPWA，RFP&HRC 会议，DRAFT 年度计划报告，公众评价）
四、资源配置
（联邦资源和非联邦资源）
五、活动
（无家可归者，特殊需求，可支付性出租房，非居住区社区发展，其他）
六、I. D. I. S. 活动表格
（按照 HUD 的要求列出关键数据）
七、地理分布
八、可支付性出租房的居住目标
（建设与维护活动，可支付性出租房的复原和新建，可持续性社区建设）
九、公共住房
十、无家可归者与特殊需求
十一、其他
（解决低水平服务，建设与维护可支付性出租房，公共住房与居民积极性，评估和减少铅含量过高的危害，减少贫困户数量）
十二、项目的特殊需求
十三、监测

十四、认证

十五、联邦援助申请

十六、附件

（主要表格、数据和基本情况等）

第三节　严谨扎实的基础性研究

注重对现状情况与存在问题的分析和专题研究，应对问题确立规划导向是各国编制住房发展规划的重要环节。具体表现在：探索出科学的住房现状调研方法，并定期进行住房普查，建立住房信息系统，在翔实资料的基础上，准确把握现状问题和发展趋势，从而提出兼具前瞻性和可操作性的发展目标与实施措施。

一、翔实的现状分析：以英国为例

英国从国家到地方层面长期以来建立了统一明确的各种住房相关的术语体系，核心指标和基础概念标准体系，规范、系统的基础数据和资料收集体系，为住房信息系统建设和基础研究提供平台，在掌握了成熟有效的现状研究方法的前提下，积累了大量翔实的主、客观数据。从 2007 年住房状况分析报告来看，数据分析涵盖了住房数量、质量和居民生活三大方面几十项内容（图 5-2）。

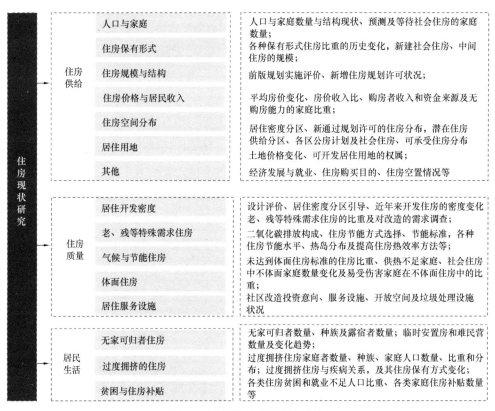

图 5-2　英国住房现状研究内容

二、对重点问题的专项研究：以日本为例

日本在住房发展规划编制前，先就住房现状特征以及重点问题作专题研究❶，并以之作为规划编制的基础，使规划编制人员对于住房市场发展，低收入住房短缺，住房质量改善，居住生活环境等方面的问题均有充分的了解，因而在住房发展战略目标的制定上可以有的放矢。

以第八个住房建设规划（2001—2005）为例，该规划进行了如下基础性研究：

（1）存量住宅现状：包括住宅总量、空置率、各类所有权住宅比重、单套住宅平均规模，以及居住水准的达成情况等存量住房发展的变动趋势。

（2）住宅经济：分析历年各类新开工建设住宅户数和户均建筑面积的发展动向，分析住宅建设的投资额及其与各产业部门的生产诱发系数的相关性，测算家庭住宅消费可承受性的状况。

（3）与住宅发展相关的政策课题：研究住宅用地、房地产市场发展、住宅品质保证、建筑基准性能、二手住房质量保证、民间住宅市场交易、公共住宅金融、住宅税制、公共租赁住宅管理、老年租赁住宅等相关政策和制度等。

（4）住宅质量改进课题：为应对环境和资源问题，研究提高住宅抗震性，应对地球变暖，建筑废弃物及致病住宅等问题。

（5）老年人居住环境改善的课题：围绕老龄化状况，分析老年人住宅的现状情况、住宅未达到最低居住水准的老年人家庭比率，无障碍化的推进情况，老年人在住宅内的事故发生状况等，提出实现老年人能够安心生活的居住环境对策和相关措施。

（6）推进城市中心区居住功能完善并提升地域活力的课题：研究并提出大城市地域中住宅和住宅用地供应的基本方针，城市建成区的整体改善，实现各种功能均衡复合的相关措施。

（7）改善住宅市场环境的课题：研究提出改善住宅市场环境的行动计划。

第四节　科学规范的规划编制过程

科学规范的规划编制过程是规划成果合法、合理，同时又有可操作性的基本保证，日本、英国、美国在住房发展规划法规构建、规划技术路线和研究框架、规划编制程序上积累了成功经验。

一、日本的住房发展规划法规

在日本经济快速增长时期，城市住房短缺状况严重。一方面因为大批人口涌入城市，另一方面传统的大家庭逐渐分化瓦解为核心家庭。政府认为有必要在中央政府、地方政府以及市民合作基础上编制综合性长期住房建设规划以便有力地推动住房建设。并

---

❶ 从 1968 年开始，日本政府每五年开展一次全国住房调查，摸清存量住宅规模以及国民居住状况，为确定下一阶段的住宅建设规模提供依据。

因此颁布了 1966 年住房建设规划法案（Housing Construction Planning Act），该法案要求为住房标准以及新建住房规模确立五年发展目标（新建住房规模包括私有部门在住房建设五年规划中建造的住房）。同年。日本开始编制包括促进和管理私有部门、中央、地方政府部门住房建设的综合性住房建设五年规划（Housing Construction Five-year Programs）。

随着社会经济和住房状况的变化，日本于 2006 年通过住房基本法案（Basic Actfor Housing），它取代了重在住房数量建设的住房建设规划法案，其内容更关注如何加速改善日本居住生活环境的政策措施，并确立了 4 个基本概念：①通过供给、建造、改善和管理高质量住房及配套设施来提高当前和今后日本居民的居住生活标准；②塑造令居民引以为荣的优质居住环境；③保护和提升购房自住人群的利益；④关注有特殊住房需求人群的住房提供（图 5-3）。住房基本法案确立了实施这四项原则的基本措施，也确定了各利益相关群体对于实现居住生活标准应承担的义务及如何协调合作。此外，法案规定中央政府应该在国家层面制定住房基本规划，县级政府应该依据国家规划编制各自的地方层面住房发展规划。

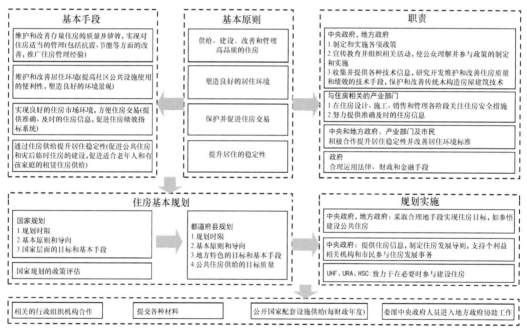

图 5-3　日本 2006 年住房发展规划基本法案框架

二、英国的住房发展规划研究框架：以伦敦为例

英国在编制住房发展规划方面形成严密的逻辑框架，在系统全面的专题基础报告和翔实的现状数据分析的基础上，提出住房发展总体战略目标和各方面的分目标，并通过具体的规划技术工具、财政工具等手段加以落实（图 5-4～图 5-6）。

三、美国地方住房发展规划编制过程

美国地方政府的住房发展规划过程可以分为 3 个阶段：①咨询和研究阶段；②目

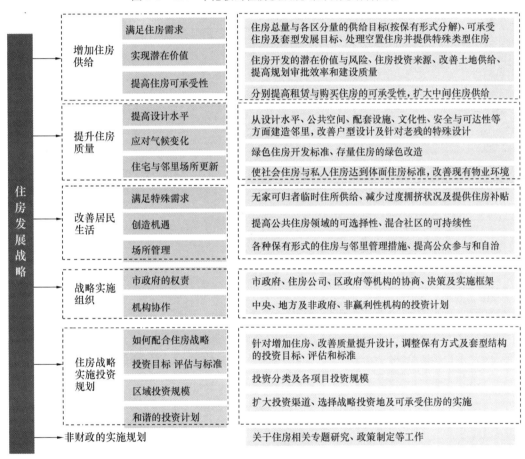

图 5-4　2007 年伦敦的住房发展规划的研究编制框架

图 5-5　2007 年版英国住房发展战略研究内容

标、政策、策略及计划表达阶段；③项目选择和执行阶段。

（一）咨询和研究阶段

这个阶段的工作集中于确定关键的参与者及机构，明确主要问题，并研究可用的资源。

（1）确定将要承担规划及履行职责的机构：地方住房发展规划的编制和执行涉及大量的机构和实体，包括地方政府住房管理部门，社区开发及经济发展部门，规划、区划

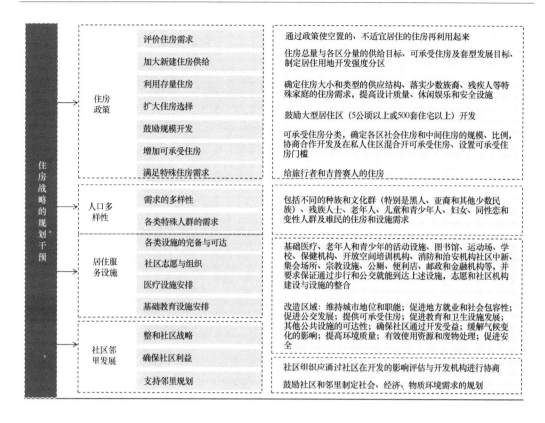

图 5-6　2008 年版伦敦规划中住房部分相关措施

及建设部门，市长、县行政长官或地方政府管理者，地方重建管理部门，低收入住房管理部门，地方非营利组织和以社区为基础的各种组织，邻里利益组织，以及发展商、地方房地产及银行业的代表。规划编制的前期，重点是分析这些实体和机构能做什么及不能做什么，他们各自的运营规则，以及他们控制了什么资源。通常在地方政府层面，由住房及社区发展部门负责规划编制，关键的基础研究则需要相关部门的配合。

（2）市民参与及咨询过程：住房发展规划广泛利用社区及非政府的知识和资源。通过召开座谈会等方式，研讨及修订规划工作文件，使市民、社区团体及地方组织都能够参与住房发展规划。通过获取不同方面的信息，帮助确定及安排需求的优先度，分析可能的目标和策略，进而设计及执行计划。

（3）确定可用的住房资源：一个规划的最终完成取决于它所配置的资源。在美国各层次的住房发展规划中，对于关联资源配置的分析都是重要的内容，通常从联邦资源与非联邦资源，公共部门资源与私人部门资源等不同的角度进行分析，为项目与行动计划的设计提供依据。

（4）评价地方住房市场：由于大多数的住房产品来自私有市场，因此对市场动态的理解，就成为确定住房需求及设计满足需求的现实策略的基础。此外，规划还需要对地方住房市场是否运行良好等基本问题作出判断。

（5）评估地方住房需求：需求评估通常调查 4 个类型的住房现状及潜在的需求：①

存量住房缺乏物质条件或具备结构条件的程度；②现状居民遭受过度住房开支负担（以每个月的住房开支超过家庭月收入的 30％ 来确定）或居住条件过度拥挤（以每个房间超过 1.5 人来确定）的程度；③现状特殊需求人口的住房相关服务需求，例如无家可归者、艾滋病人、多人口家庭，收入低及极低收入的家庭，以及身体或精神有障碍的人的住房需求；④对未来住房需求的预测，通常以收入组群或使用期限进行分类。所有州的规划、金融部门及很多市、县的规划部门都编制地方人口及家庭规划，可以使用多种方法并采用这些规划来估计未来的住房需求。

需求评估和分析对于地方政府按期定额获得联邦政府的拨款至关重要，相关的分析内容每年以所谓的公平住房发展规划（Fair Housing Plan）的形式提交给 HUD，也有的地方直接以"公平住房的障碍"为名提交相关的报告，重点是分析住房公平领域面临的主要障碍（即 AI 分析，Analysis of Impediments）和为克服障碍准备采取的行动。

分析报告是否贴合地方实际，是否对主要问题提出了解决措施对于地方顺利获得 HUD 拨款至关重要，部分地区由于 AI 分析论据不充分，对应的措施缺乏针对性等问题被 HUD 扣留拨款。例如 2011 财政年度，纽约州韦斯特切斯特（Westchester）县被 HUD 扣留了超过 700 万美元用于社区发展综合补助（CDBG）、紧急庇护（ESG）、HOME 投资合作及为艾滋病人提供住房计划（HOPWA）的拨款❶。

（二）明确表达目标、政策、策略及计划

1. 制定现实目标

在美国的住房发展规划中，规划目的通常都伴以一个或多个目标。目的及目标的确定过程通常是多方参与的结果，包括市民、服务提供者及当选官员等。

2. 制定政策、策略及计划

在美国的住房发展规划中，政策、策略及计划是与目的和目标关联的，并且相互间也存在协调的关系。例如在某城市的规划中已经有了一个鼓励经济适用租赁住房产品的目的，在这种情况下，一个适当的政策通常是要求公寓开发商为低收入及中等收入家庭留出 20％ 的单位；一个可能的策略通常是为可支付住宅项目提供额外的城市土地；而一个配套的计划很可能是提供 BMIR（低于市场利息）建设融资。

（三）制定行动计划

行动计划是每年要进行的计划及实体项目列表，并加上资源及组织协调方面的承诺。制定一项行动计划包括三项任务：①安排项目和进度的优先级；②决定项目和计划的资助方式，资金可获得性，以及筹资方式；③为特定组织、机构或部门指派管理及执行责任，并设定执行进度及时间节点。项目和计划可以依据不同的衡量标准来分配优先级，例如需求情，地方的支持度，资金可用性或过去相似项目的成功案例。

---

❶　主要问题包括：①HUD 要求该县出台提高收入保护相关资源配置的计划，该计划最终被否决了；②HUD 要求该县加强对包容性规划具体操作的管理，要求明确对于执行欠佳的城市采取进一步措施的具体步骤，上述要求没有被充分满足。

就综合规划而言，行动计划就是为执行五年综合规划所编制的年度行动计划（Annual Action Plan）。作为对五年综合规划的年度落实，行动计划会向 HUD 提出当年希望获得的拨款金额，以及各类项目的详细拨款金额规模。通常在行动计划中会对往年的执行情况进行评估，分析存在的主要困难和出现的新情况，作为年度行动计划制定的考虑因素。

年度行动计划的核心内容是对各项拨款的具体使用计划，包括 CDBG、HOME、ESG 和 HOPWA 拨款的具体使用结构。例如佛罗里达州奥兰多市 2009 年行动计划中对申请的 CDBG 拨款详细构成进行了说明，该市 2009 年申请的 2258521 美元 CDBG 拨款中，计划 28％用于旧住宅修缮，20％用于公共设施建设，15％用于公共服务，17％用于经济发展，20％用于规划和管理（图 5-7）。

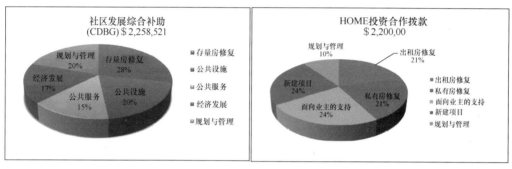

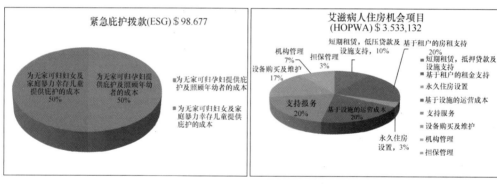

图 5-7　2009 年佛罗里达州奥兰多市各项拨款的具体使用计划

注：奥兰多市年度行动计划详见：http：//www.cityoforlando.net/housing/pdf/2008％20HCD％20Annual％20Action％20Plan.pdf.

对于 CDBG、HOME、ESG 和 HOPWA 拨款等关键内容，年度行动计划通常需要对这几个部分的年度目标和具体产出进行详细阐述。年度计划通常还会对公众参与的开展进行详细的策划，包括各类拨款项目拟定过程的公众参与计划，相关公告和会议计划，年度计划草案的公示方式，如何收集公众评论等。另外，关联资源的配置也是年度行动计划的重要内容，这部分通常会对联邦资源与非联邦资源的关系，非联邦资源的详细情况及配置要求，使用拨款杠杆的详细计划等进行详细阐述。此外，计划开展的活动、空间布局、数据处理、可支付住宅目标、公共住房发展计划、无家可归者及特殊人群应对方案、项目特殊需求、年度计划监管也是年度计划中通常需要提供的内容，最后，年度计划一般会包括向联邦申请支持的内容，以明确相关的需求。

第五节　清晰的目标与指标体系

一、有针对性的规划目标制定

（一）日本的住房发展规划目标变迁

基于住宅建设计划法的住宅建设五年计划，制定了从第一期开始到现行的第八期总共 8 期。对于各计划的内容的概述，可以用以下大致 2 个时期来区分：即为了解决相对于家庭数量的增加而表现出来的住宅数量不足的住宅难题，包括第一期计划的目标"一家一宅"和第二期计划的目标"一人一室"。

1973 年后，全部都道府县的住宅数量的增长都超过了家庭数量的增加，在 1976 年开始的第三期计划中，提出确保全部家庭达到"最低居住水准"，以及平均的家庭确保达到"平均居住水准"。在达成住宅存量的质的提升基础上，第四期中，提出确保良好的居住环境的目标，即制定了新的"居住环境水准"。第五期计划设定了实现居住舒适性的引导居住水准，并一直保持到现在。第八期计划采用了 21 世纪新的住宅政策方向。首先，力图形成优质、长期的住宅存量，市场中住宅能够顺畅流通；其次，重视应对少子高龄社会，以及都市居住或地域活性化的需求，重新构筑了中长期政策的内容和先、后顺序（表 5-6）。

日本第一期至第八期的住宅建设五年计划的目标比较　　　　　表 5-6

	基 本 问 题	计 划 目 标
一期 （1966—1970）	应对伴随高度成长而带来的人口向大城市集中所导致的住宅需求	"一家一宅"
二期 （1971—1975）	应对伴随婴儿潮家庭的形成而带来的住宅需求	具备"一人一室"规模的住宅的建设
三期 （1976—1980）	在住宅存量充实的背景下，从长期视角出发，提升居住水准	确保全体国民都能达到"最低居住水准"。确保平均水平的家庭能达到"平均居住水准"
四期 （1981—1985）	以大都市地域为重点持续提升居住水准。应对战后婴儿潮家庭取得房产的需要	设定"居住环境水准"
五期 （1986—1990）	在面向 21 世纪，安定、舒适的居住生活的基础上，形成优质的住宅存量	到 2000 年为止，使半数的家庭能够达到"引导居住水准"
六期 （1991—1995）	解决大都市地域的住宅问题，以及应对高龄化社会	到 2000 年全国半数的家庭、然后尽可能早地，确保全部都市圈中半数的家庭达到"引导居住水准"
七期 （1996—2000）	优质住宅和居住环境需求； 各种为实现长寿社会而进行的环境整备； 有助于增加地域活力的住宅和居住环境	继续执行居住环境水准方面，力图切实改善居住环境

续表

基　本　问　题	计　划　目　标
八期 （2001—2005）	优质住宅和居住环境需求； 各种各样支持少子高龄社会的居住环境的整备； 有助于增加地域活力的住宅和居住环境； 推进方便消费者进入的住宅市场的环境	确保到 2015 年，全国 2/3 的家庭，以及大都市圈的半数的家庭达"引导居住水准"； 到 2015 年，设置无障碍设施的住宅存量，占全部住宅存量的 20%，新建两成面向居住者个人的无障碍住宅

资料来源：根据各期《住房建设 5 年计划》整理翻译。

社会经济和存量住房状况的变化，导致日本政府于 2006 年通过了《住房基本规划》，其内容更关注如何加速改善日本居住生活环境的政策措施，而且更加明显强调市场的主导作用❶。新法案确立了住房发展的 4 个基本原则，分别是：①通过供给、建造、改善和管理高质量住房和配套设施来提高当前和今后日本居民的居住生活标准；②塑造令居民引以为荣的优质居住环境；③保护和提升购房自住人群的利益；④关注有特殊住房需求人群的住房供给。根据以上基本方针，规划设定了包括形成良好的存量住房质量，塑造优质的居住环境，创建满足人们多元需求的住房市场环境，确保特殊人群住房需求等四项主要的规划目标，并分别制定了相应政策手段（表 5-7）。

日本 2006 年《住房基本规划》的目标与措施　　　　　　　　　　表 5-7

目　　标	基　本　手　段
创造可供后代使用的高质量住房	1. 促进抗震改造、合理利用建筑规范； 2. 推动普适性设计； 3. 改善环境绩效和节能； 4. 通过维修、改造提高住房的耐久性； 5. 促进公寓的维修并更新旧公寓
创造高质量的居住环境	1. 通过统一的市政设施建设提升高密度居住环境； 2. 抗震、防洪及防泥石流的手段； 3. 宜人的城市形态、景观和绿化； 4. 促进内城生活，支持新城建设
建立满足多样化需求的住房市场	1. 推广住房绩效指标、住房争端解决机制，同时提升市场环境； 2. 长期固定低息贷款的住房金融； 3. 合理税收租金住房交易； 4. 私人租赁住房，支持有孩家庭； 5. 发展木构造住房技术
提高居住的稳定性	1. 公正准确地为低收入家庭供给公共住房； 2. 整合公共租赁住房； 3. 为老人和残疾人提供私人租赁住房的信息； 4. 整合公共住房和福利设施，为老人供给租赁住房

资料来源：根据 2006 年《住房基本规划》整理翻译。

---

❶　见 Housing Bureau of the Ministry of Land. Infrastructure and Transport. ［R］. Tokyo：Jutaku Seisaku Kaikaku Yoko（Outline of Housing Policy Reform），2004.

（二）美国应对危机调整规划导向

联邦层面的战略规划重点在于对全国住房发展提出总体目标和发展导向，因此战略目标是规划的重点内容，以 2010—2015 年 HUD 战略规划为例，主要提出了以下战略目标：

1. 强化市场，重振经济，保护消费者

在 HUD 的战略规划中第一个战略目标就是重振住房市场，促进经济发展和保护消费者。在过去的几年里美国的住房市场经历了包括急落的房产价值，公平性丧失，止赎权的增加以及金融系统的巨大变迁，这些都影响着美国住房市场以及其参与者。HUD 在提出的战略规划中重点强调了对于市场的振兴以及建立一个更加完善而可持续性的信贷体系的必要性。具体的方案包括根除止赎危机；在消费者购买、贷款或者租房时进行保护和指导；创造财政可支持的住房机会；创建一个有责任的可持续性的住房信贷体系。

2. 满足对出租型可支付住房的需求

由于一些区域内出租房数量的严重不足和在已有的出租房市场内的消费者较差的支付能力，美国的住房市场现在面临着很大的问题。在这种条件下如何建立更广泛分布的租金可支付性的出租房就成为了 HUD 要研究的一个重要课题。在这种大背景下，为了减少无家可归的个人和家庭数量，维持社会的稳定，HUD 战略规划的第二个目标是：满足对于优质且可支付租金的出租房需求。具体包括：消除无家可归的情况，大幅度地减少面临严峻居住需求的家庭和个人的数量；在需求市场大的地方提供足够数量的租金可承担的出租房；保证出租房的可支付性并且改善有联邦政府援助的以及个人未得到援助的出租房质量；扩大家庭可以选择的可承担的出租房的覆盖区域，使其在更广阔的社区中存在。

3. 将住房作为改善生活质量的平台

HUD 的第三个战略目标是将居住区打造成为改善生活品质的平台。战略针对的对象主要由两个主体组成，分别是一些有特殊居住环境需求的弱势群体，包括老年人、残疾人、曾有犯罪记录的人、流浪者、艾滋病病人等，以及另外一些居住在环境较差社区内的居民。具体需要改善的方面包括：①教育与早期的学习和发展；②居民的健康状况；③社区的经济安全性以及个人的经济水平；④对弱势群体（包括老年人、残疾人、无家可归者和有成为无家可归者风险的个人以及家庭）的帮助并维持其住房的稳定性；⑤社区的公共安全。

4. 建设包容、可持续、无歧视的社区

社区环境的改善不仅仅体现在社区的经济可持续性上，还体现在居民生活的可持续性上。通过建立无歧视的包容性和可持续性社区，将个人、社会、经济和居住环境作为要素进行整体的改善。主要的规划对象是在次贷危机中受到较大打击的社区，为了维持其发展的可持续性具体提出了以下几点战略实施方案：刺激经济发展，创造就业岗位，同时强化和保护社区资产；促进高效节能的建筑和具有区位优势的社区发展，使其更加健康，可负担性强并富多样性；建设开放、多样性和公平性的社区；提升灾难预测、复原和重建能力；培养地方、州、区域公共和个人组织能力。

5. 改进 HUD 工作方式

HUD 的第五个战略目标即为改变 HUD 的工作方式。为了更好地适应现在的住房市场对于透明度以及服务质量提升的要求，HUD 会致力于长久的改革和发展。具体的改革包括：培养能力——建设由积极的、有技能的工作人员组成的灵活高效的学习组织；结果导向——建设一个被授权的组织，以用户为中心，以区域为基础，对于雇员和利益相关者的反馈进行及时响应；规避官僚主义——建立灵活现代的规则和系统，提升响应能力及工作的公开性和透明性；文化变迁——建立一个健康、开放、灵活的工作环境，更好地反映 HUD 的工作理念。

二、形成细致且可量化的指标体系：以日本为例

日本住房发展规划最大的特点是从国家到地方层面的规划中均针对住房发展目标制定了明确的量化指标体系，易于在实施中进行评估，且规划评估贯穿于规划实施全过程，同时政府持续对规划的落实效果，不断变化的住房市场状况及居住需求进行调研，对原规划目标中的偏差进行反馈和调整。

（一）《住房基本规划（全国规划）》的指标体系

国家层面的住房发展规划从改善住房质量，塑造优质的居住环境，创建良好的住房市场环境，保障特殊人群住房需求等几方面制定了指标体系，包括：符合新的抗震标准住房比例，集合住宅公共场所的普适性设计，节能住房和住房改造的规模，公寓维修基金数量，高密度居住区环境质量新建住房开工率，存量住房单元分配状况，住房寿命，有未成年子女家庭理想居住面积标准达标率，最低面积标准住房比例，老年人无障碍设计住房的比例等（表 5-8）。

日本 2006 年《住房基本规划（全国规划）》中的各类发展标准　　　　表 5-8

住房效能标准 （Housing Performance Standard）	创造满足居民和社会对住房功能和 外观要求的高质量住房的导则
1. 基本功能 ①住房单元的结构和设施标准。②公寓的公共设施 2. 生活空间绩效 ①抗震性能。②防火。③安全。④耐久性。⑤维护。⑥保温隔热。⑦室内空气环境。⑧日照。⑨隔声。⑩老年人使用考虑。⑪其他 3. 室外空间绩效 ①环境绩效（节能，使用地方建筑材料，建设中减少废弃物）。②与周边环境协调	

居住环境标准 （Living Environment Standard）	确保居住环境符合 所在区域的特点的导则
1. 安全 ①抗震性能、防火的安全措施。②自然灾害的安全措施。③日常治安 2. 环境优美 ①绿色。②城市空间和视线 3. 可持续性 ①高质量社区和城市地区的维护。②考虑环境承载力 4. 日常服务设施的可达性 ①老年人和儿童日常服务设施的可达性。②普适性	

续表

住房面积标准 （Living Floor Area Standard）		根据家庭成员数量（m²）			
		1 人	2 人	3 人	4 人
最低居住面积标准	建立在健康且文明的生活方式之上 （所有家庭均应达到）	25	30	40	50
理想居住面积标准	为实现多样化的生活 方式和富裕的生活质量 城市公寓住房	40	55	75	95
	郊区独立式住房	55	75	100	125

资料来源：根据《住房基本规划（全国规划）》整理翻译。

（二）地方层面住房发展规划的指标体系：以东京为例

地方层面的住房发展指标体系则进一步细化，并对上位规划的指标体系进行了一定的调整，东京都主要从"改善存量住房以及形成良好的居住环境"，"整备住房市场环境"及"确保东京都民众住房安全"等几方面制定了近 20 条量化指标，这些指标基本涵盖了当前东京住房问题的各个方面（表 5-9～表 5-12）。

东京的与改善存量住房以及形成良好的居住环境有关的政策指标　　　　表 5-9

住房的抗震率		76.3%（2005 年度末）	90%（2015 年度末）
木造住宅密集地的不燃率		48%（2003 年度）	60%（2015 年度）
共同住房的公用部分的无障碍程度		12%（2003 年）	25%（2015 年）
25 年以上长期修缮计划设立修缮公积金的 分期出售的公寓的比率		17%（2003 年）	50%（2015 年）
住房的能源节约程度	按照新一代节约能源标准建设的住房的 比率	14%（2005 年度）	65%（2015 年度）
	讲究一定的节约能源策略的存量住房的 比率	11%（2003 年）	40%（2015 年）
市中心的住房建设户数		23 万户（2006～2010 年度之和）	

东京的与整备住房市场环境相关的政策指标　　　　表 5-10

新建住房的住房性能实施率		24%（2005 年度）	50%（2010 年度）
理想居住面积 标准达标率	全体居民	38.6%（2003 年）	50%（2010 年）
	有未成年子女家庭	28.2%（2003 年）	50%（2015 年）
二手房交易比例		9%（2003 年）	25%（2015 年）
翻修实施率		年 1.5%（1999—2003 年平均）	年 3%（2015 年）
住房平均使用年限		约 30 年（2003 年）	约 40 年（2015 年）
使用多摩地区建材产品的住房		年 0.96 万 m³（2004 年度）	年 3 万 m³（2015 年度）

与确保东京都民众住房安全有关的政策指标　　　　表 5-11

尚未达到最低居住面积标准的比例		8.8%（2003 年）	基本消除（5% 左右）（2010 年）
接受高龄人士等特殊人群 的租赁住房的注册户数		约 15000 户 （累计到 2006 年末）	100000 户 （累计至 2015 年度末）
高龄人士居住住房 的无障碍化程度	一定程度的无障碍	31%（2003 年）	75%（2015 年）
	无障碍程度很高	8%（2003 年）	25%（2015 年）

东京公营住房的供给目标	表 5-12
公营住房的供给目标	11.3 万户（2006～2015 年，共 10 年）

资料来源：根据 2007 年《东京都住房基本规划》整理翻译。

第六节 互动衔接的实施反馈机制

规划得以有效的实施需要合理配置资源，明确相关利益主体的参与和权责分工，同时，应对不断变化的社会经济环境，需要建立实施过程中的规划动态评估和调整程序，确保目标的达成。

一、分工有序的实施管理

从英国的情况看，住房绿皮书明确指出战略的实施组织，仅靠中央政府的力量远远不够，还需要各层面私人、公共部门及非政府组织的强力支持，中央政府必须向地方当局及其合作组织放权，让其针对当地特殊住房情况采取相应措施（表 5-13）。

	现行住房绿皮书实施管理的层级分工 表 5-13
中央、区域政府作用	1. 中央政府负责制定明确的政策和战略方向，并负责分配资金，以确保方案的实施； 2. 区域住房战略鼓励地方之间合作，协调住房市场，并确保支持基础设施在各个区域之间相互协调，保证中央政府的政策因地制宜地实施
地方政府的角色	1. 地方领导解决其辖区内的住房需求问题，通过与当地居民的协商，确保住房策略，平衡新供房需求与现有社区间的关系； 2. 地方政府及其战略合作伙伴必须与社区接洽，保障社区参与住房事务； 3. 地方实施机构帮助规划、管理，促进住房增长和基础设施建设
民间机构参与	1. 私营建设企业在供给社会住房和共有产权住房方面发挥重要作用（包括与住房协会竞争）； 2. 住房协会及各类社会房东在混合型社区开发方面的作用； 3. 新型的房屋中介作为地方政府专业咨询和协助开发团队

区域住房战略的实施也界定了大伦敦政府和地方政府在住房发展中的责任和权力，并保证各政府机构和社会团体在战略实施过程中的有效协作（表 5-14）。

	伦敦住房战略实施的责权界定 表 5-14
战略实施计划	1. 伦敦政府：负责编制法定住房战略伦敦和战略住房投资计划，决定可承受住房的布局等； 2. 住宅公司：负责制订实施年度可承受住房投资计划及其他住房战略投资计划； 3. 各区政府：负责制定并实施符合大伦敦住房战略及相关战略措施要求的地方规划政策和住房战略； 4. 公众参与：官方、志愿和私营部门的住房利益相关者组成的市长住房论坛，负责咨询、评估协助编制

续表

战略投资计划	1. 大伦敦政府：负责协调各部门间的协作，并就共同的投资目标、项目和标准达成共识； 2. 住房公司：负责管理住房协会实施国家可承受住房政策； 3. 英国协作组织：负责城市更新； 4. 伦敦开发局：负责伦敦经济发展战略； 5. 泰晤士门户开发公司：负责东伦敦泰晤士门户地区经济和社会发展； 6. 中央政府办公室：负责贯彻中央政府住房发展政策； 7. 伦敦交通局等：首都交通战略和交通服务管理

　　日本的住房发展规划同样指出，规划的编制也不仅是政府的责任，市场、非政府机构、市民团体都应积极参与到规划编制中，规划的具体措施在多方参与协商中出台，保证了措施的可实施性，也使各类措施能真正反映社会各类人群的住房需求和利益。如2006年《住房基本规划（全国规划）》要求：地方政府积极与国家及地方公共团体、住房金融公库（2007年改为"住房金融支援机构"）、都市更新局、地方住房供给公社、房地产商、居民、保健医疗服务机构、福利服务机构，以及各地区的居民团体等住房建设相关各主体进行合作（表5-15）。2007年《东京都住房基本规划》要求："在全都范围内与住房相关政策制定机构进行紧密合作，强化与东京都的相关团体、与区市町村进行职能分工及合作，与东京都居民、房地产从业者、非营利性机构等进行合作互动，并组织跨行政辖区的区域住房发展合作联席会议。"

日本2006年《住房基本规划（全国规划）》多方协作的工作内容　　　　表5-15

中央和地方政府	1. 宣传教育并组织相关活动，使公众理解并参与政策的制定和实施； 2. 收集并提供各种技术信息，研究开发维护和改善住房质量和绩效的技术手段，保护和改善传统木构造房屋建筑技术； 3. 积极合作提升居住稳定性并改善居住环境标准； 4. 合理运用法律、财政和金融手段； 5. 采取合理的手段实现住房目标，如参与建设公共住房； 6. 制定和实施各项政策
相关产业部门	1. 在住房设计、施工、销售和管理各阶段关注住房安全措施； 2. 努力提供准确及时的住房信息； 3. 住房金融公库（2007年后成为住房金融支援机构）、都市再生机构、地方住房供给公社致力于在必要时参与建设住房

二、约束性强的实施反馈机制：以美国为例

（一）规划实施及关联资源配置

　　美国的住房战略规划，在实施层面，其目标中每一个子目标提出的规划策略都被对应到HUD各部门所管理的项目（目前合计有54个项目），涉及社区规划及发展办公室、公平住房及均等机会办公室、房屋管理办公室、健康住房及风险控制办公室、公共及印第安住房办公室和规划工具及签名倡议办公室等多个部门。每一个财年，HUD 都会对依据具体项目的预算对子目标的策略提出具体的要求。HUD 通过编制管理行动计划（MAP）对具体项目进行跟踪和监控，每一个项目都要列出具体标准和时间节点，HUD 据此对下属部门、项目受惠方和特定地区进行实施成效监控。

HUD 实施战略规划的能力严重依赖于财政与人力资源的分配。HUD 通过持续评估项目、咨询相关团体和总结成效等方式，努力实现资源的有效配置。

以 2010 财年为例，财政方面，社区规划与发展办公室在 3 个目标方面的预算都在 10～100 亿美元，房屋管理局在 2 个目标方面的预算都在 10～100 亿美元，公共及印第安住房办公室在 2 个目标方面的预算高达 100～250 亿美元（图 5-8）。人力资源方面，房屋管理局在目标一和目标二方面的投入都是 1000～1600 名全职雇员（图 5-9）。

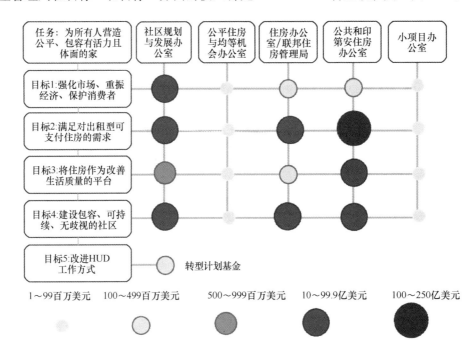

图 5-8　美国 2010 财年 HUD 落实战略规划的财政资金配置

（二）执行行动计划及后续监控、评估

由于联邦政府掌握拨款分配的主动权，尽管相关拨款只是地方政府住房支出的一部分，HUD 仍然可以借由拨款杠杆实现其调节地方住房发展的目标。因此，地方政府与 HUD 建立了良好的沟通机制，地方政府提交希望申请到的拨款数额，HUD 通过汇总各地的申请最终给出审批后的金额。对于规划中分析不合理，规划措施不得力的地方，HUD 也会提出相应的整改措施，地方政府依据 HUD 的修改意见调整相关的计划，并完善规划文本后再次提交。地方与联邦政府的互动协调，有利于提出合理的规划目标、设定具有针对性的规划措施。

在严格按照年度行动计划执行规划的基础上，地方政府每年需要向 HUD 汇报上一

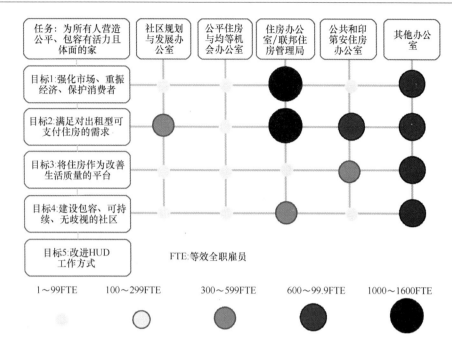

图 5-9　美国 2010 财年 HUD 落实战略规划的人力资源配置

年度的进展，形成一个综合规划年度表现及评估报告（CAPER）的文件❶，供 HUD 及时跟踪当地住房发展规划的执行效果和出现的新情况、新问题，这份需要每年提交的 CAPER 文件也是综合规划体系的一部分。由于综合规划涉及 CDBGs、紧急庇护准予、HOME 准予及为艾滋病人提供住房的计划准予等四大类联邦拨款，各地的 CAPER 文件也相应地有所区别，地方政府通常按照不同类别的拨款，提交相应的 CAPER 文件。

　　HUD 使用 CAPER 文件以及集成化支出及信息系统（IDIS, Integrated Disbursement & Information System）来获取拨款活动的关键信息，包括项目主管方、住房选址、房屋单位数（户数）以及受益人（包含种族信息）等。同时，综合规划管理过程工具（CPMP）还提供了将各类综合规划拨款相关的 CAPER 报告整合的工具。HUD 自身也结合各地上报的 CAPER 文件对各类拨款项目开展情况进行评估，形成总体的 CAPER 文件。

　　总体来说，日、美、英各国基于政体和住房发展理念的差异，在住房发展规划编制和实施方面各有不同，如日本的住房发展规划在相关法律保障下得以编制和实施，并且有较长的持续性和连贯性，从其名称来看更接近传统意义上的规划（计划）；而英国和美国的住房发展规划基本上以住房发展战略或绿皮书的形式颁布，政策意味更强。但上述各国在住房发展规划体系和组织，规划主体内容和基础研究，规划实施和评估机制等方面采取了许多类似的思路和做法，并积累了较为成熟的经验。而我国在编制住房发展

---

　　❶　一份典型的地方政府 CAPER 文件主要包括对综合规划主要目标实施情况的评估、促进住房公平和住房可支付性的具体措施、相关杠杆资源的配置情况、公众评价、政府自我评价等，在 CAPER 文件中通常还会将当年的行动计划执行情况与上年执行情况进行对比，以反映执行情况的变化趋势。

发展规划方面积累不足，对规划体系、内容和作用等还缺乏清晰、明确的共识。因此，对各国住房发展规划编制的总结和梳理，将有助于我们更好地吸收国际先进经验，避免其他国家在相似发展阶段住房发展中的错误，在较短的时期内建立我国住房发展规划体系，完善规划基础研究内容，从而促进我国住房事业的快速、健康发展。

附录一 城市住房发展规划编制导则

编 制 单 位：中国城市规划设计研究院
主要起草人：卢华翔 焦怡雪 祝佳杰 李 力 张祎娴
主要审查人：王静霞 吕 萍 唐忠义 浦 湛 钟庭军
　　　　　　邱 宏 李玉泽 刘 平 吴东华

城市住房发展规划编制导则

制定和实施住房发展规划，是国务院作出的重要部署，是贯彻落实各项住房政策的重要载体，是指导城市住房建设和发展的基本依据，对强化政府住房保障职责，引导市场合理预期，促进房地产市场健康平稳发展，实现广大群众住有所居目标具有重要意义。为加强对城市住房发展规划编制工作的指导，规范规划编制的技术方法和成果表达，提高规划编制的质量和水平，依据国家相关法律、法规、标准规范和政策文件，特制定《城市住房发展规划编制导则》（以下简称"本导则"）。

1 总则

1.1 规划定位

城市住房发展规划是全国城镇住房发展规划和省级城镇住房发展规划在城市层面的落实，应作为城市国民经济和社会发展规划的专项规划，独立进行编制。

1.2 规划指导思想与规划原则

1.2.1 规划指导思想

以科学发展观为指导，以保障和改善民生为重点，认真落实国家和省级城镇住房发展规划的相关要求，积极发挥城市住房发展规划的引导和调节作用，着力强化政府住房保障，加强房地产市场调控，推进住房建设消费模式转型，促进住房事业科学发展，努力实现广大群众住有所居目标。

1.2.2 规划原则

（1）强化住房发展的社会功能和政府住房保障职责。把解决群众的基本居住问题作为住房发展的首要目标，更加突出住房的居住属性和改善保障民生的社会功能，促进住房资源均衡配置，满足城镇居民基本居住需求和合理住房改善需求；强化政府住房保障职责，重点改善城镇中低收入住房困难家庭、进城务工人员和新就业职工的居住条件。

（2）坚持住房发展与城市经济社会发展相适应。结合城市自身特点和总体发展目标，统筹处理好近期与长远、保障与市场、需求与供给、住房建设与设施配套、规划刚性与弹性的关系，体现规划的科学性和可操作性。

（3）坚持与相关规划进行充分衔接和协调。城市住房发展规划应以国家和省级城镇住房发展规划、城市国民经济与社会发展规划、城市总体规划、土地利用总体规划为依据，与城市近期建设规划和其他专项规划相衔接，重点突出对土地、财税、金融等关联资源配置和调控的引导，确保住房发展目标的实现。

（4）坚持突出重点、分步实施。落实各项住房政策要求，明确规划期内住房发展建设的主要任务和重点工程，制定年度实施计划，有效引导市场预期，实现住房发展建设稳步有序推进。

（5）坚持政府组织、专家领衔、部门合作、公众参与、科学决策。

1.3　规划期限与规划范围

1.3.1　城市住房发展规划的规划期限一般为 5 年，应与国民经济与社会发展规划的规划期限相一致。城市住房发展规划还应对城市中长期（一般为 10 年）的住房发展进行展望。

1.3.2　城市住房发展规划的规划范围应与同期限的城市近期建设规划空间范围相一致。

1.4　导则适用范围

本导则适用于城市（包括直辖市、计划单列市、省会城市、地级市、县级市和县城）的住房发展规划编制。

2　规划制定程序与工作要求

2.1　规划制定程序

住房发展规划的制定一般按下列程序进行：确定任务，前期调研与资料收集，专题研究，规划编制与咨询论证，规划审查，规划批准与组织实施。

2.2　工作要求

2.2.1　确定任务。城市人民政府组织编制城市住房发展规划，城市住房主管部门会同规划等主管部门负责具体编制工作，并可以委托相关单位承担编制任务。规划编制经费应纳入政府财政预算。

2.2.2　前期调研与资料收集。规划编制单位应通过多种方式收集编制规划所需的经济社会与住房发展相关资料，包括国民经济与社会发展规划、城市总体规划、土地利用总体规划、城市近期建设规划、历版住房发展规划等相关规划资料；听取相关部门的规划设想和建议；具备条件的城市应对居民居住状况和房地产开发企业进行抽样调查。

2.2.3　专题研究。规划编制单位应分析城市住房发展中存在的主要问题，有针对性地在现行住房发展规划实施情况评估，城市住房发展现状与趋势，城市住房需求预测，城市住房有效供应，城市住房建设目标和发展策略等方面选择重点问题开展专题研究。

2.2.4 规划编制与咨询论证。规划编制单位应根据规划技术要求编制城市住房发展规划。城市住房主管部门应当采取论证会、听证会或其他方式征求专家和公众的意见，规划编制单位应充分考虑专家和公众的意见进行修改完善并编制规划成果。

2.2.5 规划审查。城市住房主管部门会同规划等主管部门对规划成果进行审查，规划编制单位根据审查意见进行修改、完善后形成规划报批稿。

2.2.6 规划批准与组织实施。城市住房发展规划报经城市人民政府批准后应及时向社会公布，由城市人民政府组织实施。各直辖市、计划单列市和省会（首府）城市的住房发展规划报住房和城乡建设部备案，其他城市的住房发展规划报省、自治区建设主管部门备案。

3 规划内容

3.1 现行城市住房发展规划实施情况评估

3.1.1 进行住房发展规划实施情况评估，要将依法批准的住房发展规划与现状实施情况进行对照，采取定性和定量相结合的方法，全面总结住房发展规划各项内容的执行情况，客观评估规划实施的效果。

3.1.2 主要内容：

（1）评估规划目标的落实情况，包括总量和居住水平目标、住房保障目标、质量与环境目标、关联资源配置目标等；

（2）评估保障性住房规划与建设的执行情况，包括住房保障相关政策和制度建设，各类保障性住房建设规模、建设标准和房源筹集，保障性住房建设项目空间分布、土地供应和资金保障，以及保障性住房的分配、管理和使用情况等；

（3）评估商品住房规划与建设的执行情况，包括各类商品住房建设规模、价格变化、建设项目空间分布、土地供应和市场秩序等情况；

（4）评估既有住房发展政策的实施情况与效果；

（5）评估规划实施管理、实施监督、考核奖惩、公众参与等实施保障机制的建立和运行情况；

（6）评估住房建设年度计划的制定和执行情况；

（7）总结现行住房发展规划的实施成效与存在问题，结合当前形势，提出本轮住房发展规划的编制重点和相关对策建议。

3.2 住房发展目标

3.2.1 立足城市住房和经济社会发展现状及存在问题，结合未来人口和城镇化发展趋势预测，分析判断居民住房需求特征和发展趋势，科学合理预测城市住房需求。依据全国和省级城镇住房发展规划，综合考虑资源环境承载能力和政府公共财力，统筹确定城市住房发展与建设目标。

3.2.2 主要内容：

（1）基于发展现状，在住房需求预测和供给能力分析基础上，合理确定城市住房发展总体目标；

（2）确定住房发展分项目标，包括总量和居住水平目标、住房保障目标、质量与环境目标、关联资源配置目标等；

（3）建立住房发展指标体系，明确约束性指标和预期性指标（建议指标体系详见下表；各城市可在此基础上，结合本地实际情况，设计完善指标体系）：

指标分类	指标名称说明	单位	指标属性
总量和居住水平指标	城镇新建住房总量	万 m²/万套	预期性
	人均住房建筑面积	m²	预期性
	城镇住房成套率	%	预期性
住房保障指标	保障性住房覆盖面	%	约束性
	保障性安居工程建设规模	万 m²/万套	约束性
	住房公积金制度实施覆盖面	%	预期性
质量和环境指标	住宅工程质量验收优良率	%	约束性
	存量住宅节能改造比例	%	预期性
	新建住宅全装修比重	%	预期性
	新建住宅小区物业管理覆盖面	%	预期性
关联资源配置指标	新增城镇住宅用地供应量	万 hm²	预期性
	保障性住房用地供应量	万 hm²	约束性
	保障性住房、棚户区改造和中小套型普通商品住房用地占住房建设用地供应总量比重	%	约束性
	保障性安居工程建设和中低收入家庭租金补贴的财政性资金投入	万元	预期性
	保障性住房及其配套工程建设的信贷资金投入	万元	预期性

（4）提出中长期住房发展目标。

3.3 主要任务

3.3.1 明确规划期内住房发展建设的主要任务和重点工程，包括住房供应体系和供应结构、住房保障、房地产市场发展、住房建设消费模式、住房空间布局、既有住区更新改善、社区环境与住宅质量提升等方面的内容，各城市可根据实际情况补充其他工作任务。

3.3.2 主要内容：

（1）住房供应体系和供应结构：明确住房供应体系，总体供应结构和保障性住房覆盖面，优化存量住房供应等内容；

（2）住房保障：明确住房保障方式，各类保障性住房建设规模、建设标准、房源筹集模式和资金来源，以及保障性住房分配、运营管理和住房公积金管理等内容；

（3）房地产市场发展：明确房地产市场发展重点，各类商品住房建设规模及建设标准，市场秩序监管，房地产服务业发展和住房信息系统建设等内容；

（4）住房建设消费模式：明确发展省地节能环保型住宅，推进住宅产业化发展；利用新房和存量房两个市场，采取买房和租房两种方式，支持自住和改善型需求，引导合理梯度住房消费等内容；

（5）住房空间布局：明确各类住房的选址原则和空间布局模式，以及相应的公共交通和公共服务设施配套建设要求等内容；

（6）既有住区更新改善：明确存量住房宜居改造、节能改造、结合城市更新推进保障性住房建设等内容；

（7）社区环境与住宅质量提升：明确社区环境建设、地域文化特色、社会服务与物业管理、住宅户型设计、住宅工程质量管理等内容，并重点关注老年住房需求，应对老龄化发展趋势。

在上述各方面明确相应的重点工程。

3.4　空间布局与用地规划

3.4.1　在规划范围内，基于城市住房发展目标，结合各类住房的建设规模和空间需求特点，依据城市规划和功能布局要求，进行各类住房的具体空间布局和用地规划。

3.4.2　主要内容：

（1）确定住房建设的总体空间布局结构；

（2）确定各类保障性住房的空间布局；

（3）确定各类商品住房的空间布局；

（4）确定居住用地供应总量及供应结构。

3.4.3　保障性住房规划选址与建设要求：

（1）保障性住房应结合人口和就业岗位分布、公共交通走廊和公共服务设施布局等合理选址，并进行多方案比较；

（2）保障性住房应采取"大分散、小集中"的布局模式，倡导与普通商品住房配套建设，并应与城市更新、城中村改造、旧住宅改造等项目相结合，新建与存量利用并重，实现保障性住房布局的空间相对均衡，并有利于促进社会融合；

（3）保障性住房应注重与各类配套公共服务设施和市政交通基础设施同步规划、同步建设和同期投入使用。

3.5　年度时序安排

3.5.1　根据住房发展与建设目标，结合城市住房需求和建设能力，合理确定规划期内各年度住房建设和土地供应时序的原则性安排。

3.5.2　主要内容：

（1）确定各类住房建设年度时序安排；

（2）确定各类住房用地供应年度时序安排；

（3）编制重点建设项目库。

3.6　政策保障措施

3.6.1　依据国家关于调整住房供应结构，稳定住房价格，切实解决城市低收入家庭住房困难以及促进房地产市场健康发展的相关政策文件，结合城市住房建设与管理的实际情况，明确土地、财税、金融等关联资源配置的政策保障措施，确保住房发展目标的实现。

3.6.2　重点针对保障性住房建设进行投资估算，明确资金来源和筹措方式，以及相应的配套政策措施。

3.7　规划实施机制

3.7.1　遵循有利于促进规划实施和管理的原则，提出规划的实施保障机制。

3.7.2　主要内容：

（1）确定规划实施管理机制；

（2）确定规划实施监督和考核奖惩机制；

（3）确定规划公众参与机制；

（4）确定住房建设年度计划的编制要求；

（5）确定规划中期评估和动态调整机制；

（6）其他规划实施保障机制。

4　技术要点

4.1　现状资料收集

4.1.1　资料收集要求

（1）收集的基础资料应包括统计数据、政府文件、相关调查和研究成果、相关规划与图纸，应为住房、规划、国土、统计、公安、民政等行政主管部门公布或通过调研统计获得的数据，以确保资料的真实性和准确性。

（2）反映现状的数据资料宜采用规划起始年的前1年资料，特殊情况下可采用前2年的资料。

（3）反映发展历程的数据资料不宜少于5年，且最近的年份不宜早于规划起始年的前2年。

（4）3年之内的居民居住状况调查和房地产开发企业调查等调查资料可以应用于现状与发展趋势分析，3年以上的调查资料可作为参考，需要经过补充调查修正后方可使用。

4.1.2　资料收集内容

（1）主要包括：社会经济发展现状与发展规划，各类住房建设现状与规划设想，房地产市场发展现状与趋势，城市人口现状与预测，居民居住与收入状况，城市建设用地现状与城市和土地利用规划，住房发展相关标准规范与政策文件等。

（2）资料收集内容一览表

序号	资料分类	主 要 内 容
1	社会经济发展现状与发展规划	城市社会经济发展概况
		城市政府工作报告
		国民经济与社会发展规划及相关专项规划
2	各类住房建设现状与规划设想	现状各类住房存量和建设标准
		已有住房普查资料
		近5年各类保障性住房新开工、在施工和竣工面积
		近5年商品住房新开工、在施工和竣工面积
		现行住房发展规划/保障性住房规划/房地产相关规划
		各类住房发展建设设想
		城市旧区和城中村更新改造情况与规划设想
3	房地产市场发展现状与趋势	现状城市房地产业发展概况
		近5年房地产开发企业建设投资总规模
		近5年各类住房销售面积
		近5年各类住房销售价格
		近5年各类住房消费结构
		城市房地产业发展趋势相关研究资料
4	城市人口现状与预测	现状城市人口规模和结构
		现状城市低保家庭数量
		近5年流动人口（外来务工人口）数量
		最近两次人口普查相关数据
		最近两次1％人口抽样调查相关数据
		规划期末城市常住人口规模和构成预测
5	居民居住与收入状况	最近两次人口普查相关数据
		最近两次1％人口抽样调查相关数据
		近3年居民居住和收入调查资料与相关研究
		现状人均住房建筑面积、设施配套情况和住房成套率
		现状城市低保家庭居住状况
		现状流动人口（外来务工人口）居住状况
		现状按收入等级分组人均可支配收入状况
		现状按收入等级分组人均住房消费支出状况
		城市改善居民居住条件的设想
6	城市建设用地现状与城市和土地利用规划	现状居住用地分布
		现状公共服务设施和基础设施配套情况
		近5年住宅用地供应情况
		近5年保障性住房建设用地供应情况
		城市总体规划及控制性详细规划
		城市近期建设规划
		土地利用总体规划
7	住房发展相关标准规范与政策文件	国家、省、市住房发展与建设相关标准规范与政策文件

4.2　居民与房地产开发企业调查

4.2.1　居民居住状况与意愿调查

（1）居民居住状况与意愿调查可采取抽样调查方法，可根据需要选择电话问卷调查、入户面访问卷调查、典型群体重点访谈等形式。

（2）调查范围应与规划范围一致。

（3）调查主要内容包括：居住现状情况、居住需求与意愿、被调查人基本情况，具体调查内容详见下表：

序号	调查项目	调查内容
1	居住现状情况	住房类型、建筑面积、户型、房龄 住房来源（自住、租住、借住、其他） 自有住房：产权、拥有住房套数、使用情况 租住住房：月租金、合租人及关系 在本住房已居住时间 选择本住房的考虑因素 对本住房和所在社区的满意度
2	居住需求与意愿	购（租）房计划及目的 购（租）房区域、面积、户型意向 购房价格、付款方式、房屋类型意向、主要考虑因素 租房租金意向、主要考虑因素 无购房计划的原因 对现有住房政策的意见和建议
3	被调查人基本情况	被调查人户籍、性别、年龄、教育程度、职业 被调查人交通出行方式、通勤时间 被调查人家庭结构、家庭人口、家庭收入

4.2.2　房地产开发企业调查

（1）房地产开发企业调查可采用发放调查表调查的方法，具备条件的城市可与重点房地产企业管理人员进行深度访谈。

（2）调查范围应与规划范围一致。

（3）调查主要内容包括：在建和拟建项目情况，已开发项目情况，投资意向和市场发展趋势判断，对相关住房政策的意见和建议等，具体调查内容详见下表：

序号	调查项目	调查内容
1	在建和拟建项目情况	在建和拟建房地产开发建设项目区域分布、项目类型、投资规模、土地储备情况、规划许可和建设进度等
2	已开发项目情况	历年来已开发项目的商品住房总量和区域分布，商品住房空置率及类型、套型、分布区域、空置成因等
3	投资意向和市场发展趋势判断	开发投资资金来源 开发投资的住房类型、区位、主导户型意向 开发投资的主要影响因素 对居民住房需求和房地产市场发展趋势的判断
4	对相关住房政策的意见和建议	对住房保障、房地产调控政策的意见和建议

4.3 住房需求预测

4.3.1 应综合运用住房调查资料、统计数据、相关规划定量指标，建立住房需求预测模型，形成科学的住房需求预测方法。

4.3.2 需求预测中常用的基础数据包括：

（1）人口：包括常住人口总量及结构、家庭户规模、外来人口的规模、人口城镇化水平等。

（2）收入与住房支出：包括城镇居民人均可支配收入、按收入等级分组的城镇居民家庭人均可支配收入和住房消费性支出等。

（3）住房规模和居住水平：包括住房的总量和结构，历年各类住房建设和供销规模，人均居住面积等。

（4）住房价格：历年各类住房价格及指数。

（5）住房困难家庭情况：包括本市（县）低收入住房困难家庭的划分标准、家庭数量和住房状况等。

4.3.3 需求预测的主要方法：

城市住房需求的预测方法可分为总量预测和分类预测两类：

（1）总量预测方法：需要结合城市人口规模和人均住房建筑面积的预测结果综合确定，城市人口规模可参照城市规划的预测结果确定，人均住房建筑面积的预测方法主要包括时间序列分析法、多元线性回归法、联立方程组法等。

（2）分类预测方法：将城市住房需求分为商品住房需求、保障性住房需求和城市更新住房需求，通过住房需求调查、居民收入状况分析和多层次住房需求分析，分类预测城市住房需求。

4.3.4 总量预测的相关方法：

（1）时间序列分析法

常用模型主要有滑动平均模型（MA）、自回归滑动平均模型（ARMA）及差分自回归滑动平均模型（ARIMA）等（模型说明详见附件）。

常用分析软件有：EViews、Stata、SPSS、SAS、Matlab 等。

时间序列分析方法适用于人均住房建筑面积、房地产价格及指数等指标有较长时间序列数据，并且数据在不同年份异常波动较小的城市。

（2）多元线性回归法

以城市人均住房建筑面积为因变量，以城市住房价格、人均可支配收入等影响城市人均住房建筑面积的因子为自变量，基于最小二乘法，构建简单多元回归模型（模型说明详见附件）。

常用分析软件有：SPSS、Excel、Stata、EViews、SAS、Matlab 等。

多元线性回归方法适用于城市人均住房建筑面积、城市住房价格、人均可支配收入等指标有较长时间序列数据，且城市人均住房建筑面积与相关影响因子关系较为稳定的城市。

（3）联立方程组法

以城市人均住房建筑面积为因变量，以人均可支配收入、住房价格、建筑成本等因子为自变量，构建城市住房需求方程和住房供给方程，建立两个方程中变量之间的关系，应用联立方程组模型估计相关因子系数，进而预测城市人均住房建筑面积（模型说明详见附件）。

常用分析软件有：Stata、EViews、SAS、Matlab 等。

联立方程组分析方法适用于城市人均住房建筑面积、人均可支配收入、住房价格和建筑成本等指标有较长时间序列数据的城市，该方法对计量分析人员的专业基础和计量分析软件应用能力要求较高。

4.3.5　分类预测的相关方法：

将城市住房需求划分为不同类型，分类进行预测，进而确定城市住房需求总量，主要方法包括根据收入水平划分住房需求层次并构建需求模型，以及根据家庭住房状况划分住房需求层次并构建需求模型（模型说明详见附件）。

常用分析软件有：Excel、SPSS 等。

分类需求预测法适用于住房现状与需求调查、居民收入调查统计较为深入的城市。

4.3.6　由于住房基础数据、城市住房政策、社会经济发展水平的差异，不同城市应根据自身情况，选取适当的总量和分类预测分析方法，并相互校核。

5　成果要求

5.1　成果形式

5.1.1　规划成果由规划文本、图纸与附件组成。附件应包括规划说明书、专题研究报告与基础资料汇编。

5.1.2　成果形式包括纸质文档和电子文档。

（1）纸质文档采用 A4 幅面竖开本装订，其中规划图纸宜采用 A3 幅面印制并折页装订。

（2）电子文档采用通用的文件存储格式。其中文本可采用 WPS、DOC、PDF 等格式，图纸文件应采用 AutoCAD、Arcinfo 等软件支持的矢量文件格式存储。

（3）规划如采用抽样调查、需求预测模型等方法，应采用数据库格式存储相关电子文档。

5.2　规划文本

5.2.1　规划文本内容应包括总则、现行住房发展规划实施情况评估、住房发展目标、主要任务、住房建设空间布局与用地规划、年度时序安排、政策保障措施、规划实施机制、附则等基本内容。

5.2.2　总则应明确规划编制目的、规划依据、指导思想与规划原则、规划范围和规划期限等；附则应明确规划的解释权限、生效日期等；其他部分参照本导则规划内容的具体要求。各城市可依据自身特点和需要进行适度调整和补充。

5.2.3　规划文本应当以条文方式表述规划结论，内容明确简练，具有指导性和可操作性。

5.3 图纸

5.3.1 规划图纸应当包括居住用地现状图、居住用地规划图、保障性住房用地规划图、配套公共服务设施用地规划图、住房建设年度实施规划图等，并可视需要绘制分析图。

5.3.2 主要规划图纸比例宜为 1/10000 或 1/5000。

5.3.3 规划图纸所表达的内容应当清晰、准确，与规划文本内容相符。

5.4 附件

5.4.1 附件包括规划说明书、专题研究报告和基础资料汇编。

5.4.2 规划说明书应当与文本的条文相对应，对规划文本作出详细说明。

5.4.3 专题研究报告应结合城市特点，体现针对性，增强规划的科学性和可操作性。

5.4.4 基础资料汇编应当包括规划涉及的相关基础资料、参考资料及文件。基础资料汇编可单独编制，也可纳入说明书现状条件分析中。

附录二　部分城市住房建设规划成果

上海市"十二五"住房发展规划

为推进"十二五"期间本市住房发展，根据《上海市国民经济和社会发展第十二个五年规划纲要》，制定本规划。

一、"十一五"住房发展回顾

"十一五"以来，本市以邓小平理论和"三个代表"重要思想为指导，以科学发展观和构建社会主义和谐社会为主线，坚决贯彻中央的宏观调控政策和市委、市政府的重大决策，紧紧围绕"四个确保"的要求，把住房发展作为推进上海经济发展和改善民生的重点，在加强房地产调控、保持房地产市场健康稳定发展的同时，加快建立健全住房保障体系，努力扩大住房保障覆盖面，积极改善市民的居住条件，较好地完成了"十一五"期间本市确定的住房发展各项目标和任务。

（一）住房市场继续较快发展，市民居住水平不断提高

"十一五"期间，本市积极贯彻落实国家有关房地产市场调控的政策，按照"三个为主"的住房市场发展原则，加强供需双向调节，促进住房市场的健康稳定发展。

1. 住宅建设投资稳步增长

在"保增长、扩内需、调结构、惠民生"政策的推动下，本市逐步加大保障性住房建设力度，住宅建设投资迅速回升。自 2008 年起，全市住宅建设投资平均每年增加15％。到 2010 年，住宅建设投资占全社会固定资产投资比例保持在 20％左右。"十一五"期间，全市住宅投资完成 4667 亿元，比"十五"时期增长 33％。

2. 住房供应结构明显优化

本市在进一步加强市场调控的同时，积极调整住房供应结构，取得了较好成效。一是中小套型住房成交比例明显提高。90 平方米以下中小套型商品住房成交比例由 2005年的 10.3％提高至 2009 年的 27.2％。加上保障性住房，"十一五"期末，90 平方米以下中小套型住房的成交比例已达 60％左右。二是保障性住房供应比例逐步增加。商品住房与保障性住房建设比例由 2006 年的 7：3 调整为 2010 年的 4：6，供应比例由 2006年的 8：2 逐步调整到 2010 年的 6：4。

3. 居民居住条件不断提高

"十一五"期间，全市新建商品住房（含动迁安置房（限价商品房））销售面积为

12474 万平方米,存量住房成交面积为 8209 万平方米,分别比"十五"时期增长 5% 和 3%。居民居住条件继续改善,人均居住面积由 2005 年的 14.9 平方米增加到 2010 年的 16.7 平方米左右;住房成套率由 2005 年的 93% 提高到 2010 年的 96% 左右。

(二)住房保障体系不断完善,居民住房困难逐步改善

"十一五"期间,本市在保持房地产市场稳定发展的同时,把加大保障性住房建设和供应力度,加快解决中低收入家庭住房困难作为改善民生的重点,不断创新思路、创新机制,完善住房保障体系,扩大住房保障覆盖面,着力解决人民群众的住房困难。

1. 不断扩大廉租住房受益面

突出廉租住房这一重点,着力解决最困难居民家庭的住房问题,基本实现符合条件的申请家庭"应保尽保"。在住房困难面积准入标准不变的情况下,先后 5 次调整收入和财产准入标准。政策覆盖面逐步扩大,受益家庭户数大幅增加。到"十一五"期末,新增廉租受益家庭 5.7 万户,累计受益家庭达 7.5 万户,是"十五"期末的 4 倍。同时,不断完善房源筹措机制,多渠道筹措廉租实物配租房源,新增实物配租家庭 1.06 万户。

2. 稳步启动共有产权保障房(经济适用住房)

积极推进共有产权保障房(经济适用住房)制度,加快解决中低收入居民家庭的住房困难。一是从 2007 年下半年起,着手研究制定共有产权保障房(经济适用住房)政策,广泛听取社会各方面意见,不断进行修改完善,2009 年 6 月发布了《上海市经济适用住房管理试行办法》。二是加快推进共有产权保障房(经济适用住房)建设。到 2010 年底,全市开工建设共有产权保障房(经济适用住房)超过 1000 万平方米。同时,狠抓规划落地,确保完成 2008~2012 年开工建设 2000 万平方米、30 万套共有产权保障房(经济适用住房)的规划目标。三是在总结徐汇、闵行两区试点的基础上,进一步放宽准入标准,完善运作机制,2010 年 8 月已在市中心区和部分有条件的郊区全面推开。

3. 大力推进动迁安置房(限价商品房)建设

按照"建设一批,开工一批,储备一批"的要求,全力推进动迁安置房(限价商品房)的建设。先后两批规划建设 31 个有一定规模、交通方便、配套良好、多类型住宅混合的大型居住社区,第一批以保障性住房为主的宝山顾村、闵行浦江、浦东周康航、嘉定江桥、浦东三林、松江泗泾等 8 大基地已相继启动。结合大型居住社区建设,积极发挥市和区两方面积极性,加大动迁安置房(限价商品房)建设和供应力度。全市动迁安置房(限价商品房)开工建设 3250 万平方米,竣工 2960 万平方米,完成"搭桥"供应 2985 万平方米,满足上海世博会和市重大市政工程、重点旧区改造项目的动拆迁需要。

4. 积极探索建立公共租赁住房制度

为增加住房供应总量,调节租赁市场需求,有效缓解部分青年职工、引进人才和来沪务工人员等阶段性居住困难,通过调研和总结相关产业园区、企业单位的经验,市政

府办公厅转发了《关于单位租赁房建设和使用管理的试行意见》，引导单位利用自用土地建设单位租赁房，鼓励集体经济组织利用存量集体建设用地建设市场化租赁房。同时，组织相关部门和科研机构积极探索公共租赁住房的政策思路，着手起草公共租赁住房政策。在广泛征求市人大、市政协和社会公众意见后，经过反复修改，形成了具有上海特点的公共租赁住房制度。2010年9月《本市发展公共租赁住房的实施意见》经市政府批准后实施。

（三）坚持机制创新，加快推进旧区改造

加快推进旧区改造，既是上海重大的民生工作，也是社会公平正义的重要体现，市领导高度重视，将加快旧区改造列入市委年度重大课题，组织开展研究，努力破解旧区改造"瓶颈"，创新旧区改造机制，并选择5大重点旧区改造基地，指导做好拆迁安置工作，推动旧区改造工作上一个新台阶。

1. 积极探索旧区改造新工作机制

"十一五"期间，中心城区拆迁成片二级旧里以下房屋343万平方米，受益居民约12.5万户，并在创新机制、完善政策方面取得了新的突破。一是按照"过程全透明，结果全公开"的要求，分别建立了"事前两次征询"、"数砖头"加套型保底、增加就近安置、律师等第三方提前介入等新机制。二是先后制定了《关于贯彻国务院推进城市和国有工矿棚户区改造会议精神加快本市旧区改造工作的意见》、《关于进一步推进本市旧区改造工作的若干意见》、《关于开展旧区改造事前征询制度试点工作的意见》、《关于调整完善本市城市房屋拆迁补偿安置政策试点工作的意见》等配套文件，为加快推进旧区改造、改善居民居住条件提供政策和制度保障。

2. 不断加大旧住房综合改造力度

坚持"拆、改、留、修"并举的原则，不断加大旧住房综合改造力度，改善居民的居住条件和居住环境。"十一五"期间，全市共完成旧住房成套改造116万平方米，旧住房综合改造9710万平方米。其中，2008年至2010年4月，结合"迎世博600天行动"建筑整治，旧住房综合改造力度进一步加大，期间共完成6210万平方米旧住房综合改造。

（四）加快住宅产业化，逐步提高房屋质量

"十一五"期间，以"节能、节地、节水、节材和环保"（以下简称"四节一环保"）和提高住宅整体质量为目标，从优化户型设计、加强建筑节能减排和推进住宅全装修等方面入手，不断完善住宅产业化推进机制和管理措施。

1. 加大新建住宅节能减排推进力度

在新建住宅全面实施50%节能标准的基础上，积极实施住宅节能65%标准（居住建筑节能设计标准DG/T J08—205—2008）的试点。并通过实施新建住宅建筑节能公示制度和出具《新建住宅质量保证书》、《新建住宅使用说明书》等举措，进一步充实住宅建筑节能、性能认定和信息公示等内容，加大节能减排和新材料、新技术、新工艺的推进力度。

2. 建立住宅产业化推进和监管机制

抓住土地出让源头，将住宅全装修作为土地出让的条件，并通过示范项目，逐步形成节能省地型"四高"优秀小区创建平台。住宅产业化已从"点上示范"进入"面上推行"阶段。"十一五"期间，全市全装修住宅的面积约占新建商品住房总面积的20％，住宅整体质量明显提高。

3. 提高住宅建设配套质量

"十一五"期间，按照"同步规划、同步设计、同步建设、同步交付"的要求，居住区公建配套设施竣工面积达到同期住宅竣工面积的12％左右，为购房居民提供了良好的配套服务设施。同时，还出台了《关于推进本市大型居住社区市政公建配套设施建设和管理的若干意见》，针对居民的"开门七件事"，从创新建设和管理机制着手，明确相关配套政策，积极推进大型居住社区市政、公建配套设施建设。

（五）管理机制日益完善，物业服务水平不断提升

住宅物业管理关系到民生、社会和谐，关系到广大居民居住质量和环境。"十一五"期间，面对物业管理存在的种种难题，积极转换观念，开拓思路，研究制定《上海市住宅小区综合管理三年行动计划（2007—2009年）》，明确了具体的工作目标、主要任务和措施，指导本市住宅物业管理工作取得新进展。

1. 积极探索，建立住宅小区综合管理机制

从健全物业管理法规建设入手，创新制度、运作机制。建立了市、区（县）、街道（乡镇）三级住宅小区综合管理联席会议制度，共同推进住宅小区综合管理工作。逐步加强制度建设，先后制定和建立了维修资金监管、物业行业"四查"和物业管理满意度测评等制度，着力提高住宅物业综合管理水平。

2. 加强指导，提高业主自我管理能力

结合《物权法》实施，相继出台了一系列配套性文件，明确业主委员会成立、维修资金使用、物业服务企业选聘规则和业主委员会日常工作制度，增强业主自我管理能力；通过深化社区物业管理党建联建工作，强化街道、居民区党组织对业主委员会组建、换届和日常运作的指导，形成了物业管理和社区管理紧密配合、相互协调的良好局面。"十一五"期间，全市共组建业主委员会7155个，占符合成立业主大会条件住宅小区的83.62％。

3. 转换管理模式，加大行业行政管理力度

加强物业服务企业资质管理，将物业企业资质和物业管理要求紧密挂钩，提高物业企业的综合服务水平。积极推进物业管理招投标制度，初步形成公平、公开、公正的市场竞争机制。"十一五"期间，全市实施物业管理招投标项目789个，建筑面积达7006万平方米。创建962121物业服务平台，通过服务热线，全天候为居民提供服务，居民的满意度有了明显提高。同时，从标准化、制度化和信息化三个方面着手，积极推进基层建设，提高基层物业行政管理能力，更好地推进属地化管理体制和机制的转化。

"十一五"期间，本市住房发展工作虽取得了明显成效，但依然面临着一些问题。

一方面，受住宅用地供应不足的影响，住房供应短缺的矛盾依然存在，地价和房价上涨过快的趋势还未得到有效抑制，住房租赁市场发展相对滞后，市场供应结构尚需继续优化；另一方面，共有产权保障房（经济适用住房）和公共租赁住房制度还刚启动，住房保障政策和运作机制有待进一步完善，住房保障覆盖面急需进一步扩大，住房保障与住房市场的发展规模还不协调，与着力改善民生，满足人民群众基本住房需求的目标要求还有一定差距。这些，有待于今后加以解决。

二、"十二五"住房发展面临的形势与背景

随着我国经济增长的逐步恢复，世界经济也开始出现了积极变化，但基础还不稳定，发展还不平衡，国际金融危机影响深远，对我国经济发展提出了新的挑战，加快转变经济发展方式和调整经济结构将更加紧迫。"十二五"时期，中央对上海社会经济发展提出了新的目标，要求上海率先转变发展方式，走在科学发展的前列。这个时期，是本市加快"四个中心"建设，经济发展方式转变和产业结构调整的关键时期，也是上海住房发展方式、重点和结构实现新突破的重要阶段。面对国内外复杂的金融、经济发展与通胀控制双重压力，本市必须积极贯彻中央的决策部署，牢固树立"坚持以人为本，服务百姓安居"的住房发展理念，把"十二五"住房发展放到全市发展的大局中进行科学谋划，围绕经济社会发展的新形势、新目标、新要求，紧紧抓住发展机遇，积极应对发展挑战，攻坚克难，改革创新，围绕重点，聚焦突破，加快解决中低收入家庭住房困难，全面提升市民的居住条件和居住环境，开创社会、经济、环境和谐发展的新局面。

为此，要针对住房市场出现的新情况、新问题，坚持以人为本，将保增长与扩内需、调结构、促改革、惠民生相结合。一方面，积极采取双向调控措施，促进房地产市场的健康平稳发展；另一方面，进一步完善住房保障体系，在加快推进廉租住房制度的同时，相继启动共有产权保障房（经济适用住房）和公共租赁住房制度，扩大住房保障覆盖面。

"十二五"期间，本市住房发展将着力抓好以下五方面重点工作：

（一）突出发展重点，全面推进住房保障工作

改善民生是我国发展社会主义市场经济的根本目标，住房是民生之要。要坚决贯彻党的十七届五中全会精神，按照九届市委十三次全会的部署，抓住主题，把握主线，把保障和改善民生作为本市住房发展的重点，加快推进"四位一体"的住房保障举措，进一步明确目标，落实保障责任。在继续扩大廉租住房覆盖面，做到"应保尽保"的同时，进一步加强政策聚焦，不断加大共有产权保障房（经济适用住房）、公共租赁住房和动迁安置房（限价商品房）的建设和供应力度，向中低收入住房困难家庭和青年职工、引进人才、来沪务工人员等群体提供更多实用、实惠的保障性住房，使改革发展的成果更快地惠及民生。

（二）服务百姓安居，进一步加大旧区改造力度

积极发挥世博后续效应，进一步突出旧区改造公益性质，把"以人为本，重在民生"作为旧区改造的根本目的，一方面，充分尊重群众意愿，维护群众合法权益，实施

阳光动迁，切实让群众得到实惠；另一方面，充分发挥政府统筹协调和社会各方参与的作用，进一步完善旧区改造和旧住房综合改造机制。坚持从居住条件最困难、安全隐患最严重、群众要求最迫切的地块入手，科学规划、分步实施，继续加快成片二级旧里以下房屋改造；坚持"拆、改、留、修"并举，保护、保留、修缮和改造相结合，注重保护历史风貌，因地制宜，不断加强旧住房综合改造，着力提高市民的居住条件和居住环境。

（三）加强市场调控，保持住房市场健康稳定发展

采取坚决措施，有效遏制地价、房价过快上涨，促进住房市场的健康稳定发展。进一步深化完善"三个为主"的市场发展原则，严格执行中央一系列调控政策，积极支持居民自住性和改善性住房消费，抑制投资投机性住房需求。通过进一步调整商品住房供应结构，增加中小套型普通商品住房供应；积极盘活存量住房，培育发展住房租赁市场；加大市场监管力度，整顿和规范住房市场秩序等举措，进一步完善住房市场供应和运行机制，积极发挥市场调节作用，让更多市民通过市场有效解决自己的住房需求。

（四）狠抓节能环保，促进住宅产业现代化

紧紧抓住"十二五"住房建设特别是大型居住社区建设发展的有利契机，将上海世博会展示的绿色、环保、低碳等发展理念，提倡的资源节约、环境友好的生产、生活方式，以及其他解决城市发展难题的经验和做法，尽快转化为长效常态机制。充分利用上海的科技优势，积极开发和推广低碳、节能技术，大力推进节能省地型住宅。并依托住宅产业现代化，切实转变住宅建设模式，走出一条质量好、性能高、污染少、能耗低、技术高、集约型的产业发展新路，为广大市民创造良好的生态宜居环境。

（五）加强物业管理，全面提升居住质量和居住环境

建管并举，进一步深化物业管理体制改革，加强居住物业管理，为广大市民安居乐业创造更加良好的环境。认真总结经验，按照住宅小区综合管理的要求，进一步完善业主自我管理机制，提高业主自我管理能力；继续加强物业行业管理和行政监管力度，进一步规范物业行业行政管理行为，提高行政监管效能；充分发挥社区党组织和居民委员会对业主委员会、业主大会和物业服务企业的指导和监督作用，建立健全相应的协调机制，及时协调解决物业服务纠纷，维护各方合法权益；进一步理顺物业服务收费机制，形成"质价相符、按质论价"的价格形成机制，确保物业服务顺利实施，全面提升广大市民对物业管理服务的满意度。

三、"十二五"住房发展的指导方针和总体目标

（一）指导方针

以邓小平理论和"三个代表"重要思想为指导，深入贯彻落实科学发展观，全面贯彻落实党的十七届五中全会精神，紧紧围绕加快建设"四个中心"和加快实现"四个率先"的总体目标，坚持"以人为本、重在民生"的理念，按照"诚信、规范、透明、法治"的要求，进一步深化"以居住为主，以市民消费为主，以普通商品住房为主"的原则，完善"分层次、多渠道、成系统"的住房保障体系和"健康、稳定、持续、有序"

的住房市场体系。按照九届市委十三次全会的部署，切实将推进住房保障、服务百姓安居作为本市住房发展的主线和首要任务，全面推进廉租住房、共有产权保障房（经济适用住房）、公共租赁住房和动迁安置房（限价商品房）为特征的"四位一体"住房保障举措，不断优化住房保障体系，着力解决中低收入住房困难家庭和青年职工、引进人才和来沪务工人员等群体的居住问题；进一步加大住房市场的调控力度，引导居民自住性和改善性住房消费，遏制投资投机性住房需求。积极发挥上海世博会后续效应，通过加快旧区改造和旧住房综合改造，推进节能环保和住宅产业化，增强房屋行政管理力度等措施，全面改善市民的居住条件，提升市民的居住水平。让本市逐步发展成为规划合理、配套齐全、节能环保、服务完备、住有所居、社会和谐的生态宜居城市。

（二）总体目标

"一个重点"：全面推进"四位一体"的住房保障举措，市、区联手，以区为主，严格落实政府责任制，着力提高保障性住房的建设和供应力度。

"两个加大"：加大保障性住房的政策受益面，着力解决中低收入住房困难家庭的居住问题；加大中小套型普通商品住房的供应比例，优先满足广大市民的自住性和改善性住房需求。

"三个提高"：进一步推进旧区改造和旧住房综合改造，提高居民居住条件和居住环境；进一步加大节能环保和住宅产业化推进力度，提高住宅建设整体质量；进一步完善住宅物业管理体制和机制，提高住宅物业综合管理水平。

四、"十二五"住房发展的具体目标和任务

（一）全面推进住房保障工作

1. 具体发展目标

"十二五"期间，预计开工建设和筹措各类保障性住房 6200 万平方米，约 92 万套（间），分别约占新建住宅总面积的 50% 和总套数的 60% 左右；包括"十一五"期间开工结转项目在内，预计新增供应各类保障性住房 100 万套（间）左右。

——进一步扩大廉租住房受益面。到"十二五"期末，预计新增租金配租廉租住房家庭及筹措实物配租房源 7.5 万（套）户，累计约 15 万（套）户。不断加大租金配租和实物配租的力度，确保实现符合条件的廉租申请家庭"应保尽保"，基本解决本市低收入家庭的住房困难。

——着力推进共有产权保障房（经济适用住房）制度。预计新开工建设 2000 万平方米，新增 32 万套共有产权保障房（经济适用住房）。其中，"十二五"前两年新开工建设 1000 万平方米、约 16 万套，确保完成 2008～2012 年的建设目标任务；"十二五"后三年，再新开工建设 1000 万平方米、约 16 万套。"十二五"期间，预计新增供应达到预售标准的共有产权保障房（经济适用住房）2500 万平方米，约 40 万套，明显改善本市中低收入家庭的住房困难。

——积极发展公共租赁住房。通过新建、配建、改建、收购和转化等方式，预计开工建设和筹措公共租赁住房（含单位租赁房）1000 万平方米，约 20 万套（间）。规划期内，预计新增供应达到竣工交付标准的公共租赁住房 900 万平方米，约 18 万套（间）。有效缓解本市青年职工、引进人才和来沪务工人员等的阶段性居住困难。

——进一步加快动迁安置房（限价商品房）建设。计划开工建设动迁安置房（限价商品房）3200 万平方米，约 40 万套；"十二五"期间，预计新增"搭桥"供应（施工进度达到±0.0）2500 万平方米，约 35 万套。其中，市属大基地、就近安置房建设1700 万平方米，"搭桥"供应 1500 万平方米，约 18.75 万套；区属项目共建设 1500 万平方米，"搭桥"供应 1300 万平方米，约 16.25 万套。

对上述发展目标，将按照中央的统一部署和本市的实际需求，适时适度优化完善。

2. 主要任务

（1）进一步扩大廉租住房受益面

合理放宽廉租住房准入标准，适时调整租金补贴方式，根据租赁对象的收入情况，制定差额补贴办法，进一步扩大廉租住房受益面；充分发挥区和街道的作用，积极推行实物配租新机制，切实提高实物配租比例。通过配建、改造、收购、转化和代理经租等方式，大力筹措廉租适用房源，逐步实现廉租住房与公共租赁住房统筹建设、有效衔接。

（2）着力推进共有产权保障房（经济适用住房）制度

积极调动各方积极性，落实各项优惠政策措施，加快共有产权保障房（经济适用住房）的建设和供应，确保完成 2008—2012 年和"十二五"规划目标。继续放宽共有产权保障房（经济适用住房）准入标准，扩大共有产权保障房（经济适用住房）的供应范围；进一步完善共有产权保障房（经济适用住房）申请审核、轮候供应机制，在继续加大共有产权保障房（经济适用住房）出售力度的同时，抓紧实施共有产权保障房（经济适用住房）租售转换等供应新模式，多渠道解决本市中低收入住房困难家庭的居住问题。

（3）积极发展公共租赁住房

进一步完善公共租赁住房（含单位租赁房）运行机制和相关配套政策，加大公共租赁住房（含单位租赁房）的建设和供应力度，有效缓解本市青年职工、引进人才和来沪务工人员等的阶段性居住困难。一是坚持"市区联手、以区为主"和"只租不售"的要求，根据投融资渠道、房源的筹措方式，组建一批公共租赁住房专业运营机构，负责公共租赁住房的投资、经营和管理。二是积极采取集中新建、配建、改建、收购和转化等方式，建设和筹集房源。由政府给予政策和资金支持，重点建设和筹集面向社会供应的公共租赁住房；积极引导社会机构多渠道建设和筹集公共租赁住房，促进公共租赁住房投资、经营和管理主体多元化。三是进一步贯彻《关于单位租赁房建设和使用管理的试行意见》，积极鼓励产业园区、大型企事业等单位和农村集体经济组织发展单位租赁房和市场化租赁房。

（4）加快动迁安置房（限价商品房）建设

以大型居住社区建设为重点，进一步加大动迁安置房（限价商品房）建设和供应力度。一方面，按照"政府引导、企业参与、市场运作、服务动迁"和"市、区分工协作，以区为主"的要求，进一步优化建设机制。另一方面，进一步完善和细化相关的配套政策，加快完善外环大市政配套，进一步提升市政、交通和公建的配套水平，尽力满足旧区改造动迁居民的安置需要。

在重点推进"四位一体"住房保障体系的同时，结合本市先进制造业和现代服务业为重点的产业园区的建设，积极创新思路、开展探索试点，稳妥推进定区域、定对象、限房价、限交易的特定限价商品房建设和供应；有序实施特定区域"先租后售"保障性住房政策，以促进产城融合、提升区域功能，解决青年人才的阶段性住房困难，满足合理的住房需求。

（二）积极推进旧区改造

1. 具体发展目标

——加大旧区改造力度。在全面实施事前征询居民意见，充分尊重群众意愿的前提下，中心城区完成350万平方米左右二级旧里以下房屋改造，动迁居民约15万户。基本完成长宁、静安、徐汇等区成片二级旧里以下房屋改造。启动城中村和郊区城镇集中成片棚户简屋改造试点，并逐步推开，积极推进郊区国有农场危旧房屋改造。基本完成宝山区顾村镇、金山区朱泾镇棚户简屋改造试点。

——继续扩大旧住房综合改造范围。预计完成旧住房综合改造和维修5000万平方米。其中，旧住房成套改造90万平方米，直管公房全项目大修2000万平方米。进一步扩大旧住房综合改造范围，逐步对20世纪70年代建造的老公房实施综合维修。

——加快推进农民宅基地的置换。根据城乡一体化发展的要求，在充分尊重农民意愿和符合宅基地置换相关规划的前提下，力争完成8.5万户农民、45平方公里的宅基地置换，为上海经济社会发展拓展新的战略空间。

2. 主要任务

（1）抓紧制定出台相关政策文件

按照国务院发布的《国有土地上房屋征收与补偿条例》，吸收本市在"十一五"旧区改造工作中形成并已被实践所证明的成功做法，研究制定并实施《上海市国有土地上房屋征收与补偿实施细则》，加快推进旧区改造；进一步完善居住房屋补偿安置政策，全面推行"数砖头"加套型保底补偿安置方法；进一步规范房屋征收行为，加强房屋征收管理，全面实行房屋征收补偿安置结果公开制度，构建房屋征收补偿安置信息化管理系统，做到征收过程全透明，安置结果全公开。

（2）加快推进旧区改造地块的改造建设进度

突出重点，分类推进。对杨浦、闸北、虹口、原黄浦、普陀等重点区的重点推进项目，加大旧区改造资金支持力度；对已启动但进展缓慢或停滞的项目，采取积极措施，督促开发单位启动改造；对没有按时启动的地块，依法启动土地使用权收回程序。同时，加快设立市、区两级政府旧区改造专项基金，多种渠道筹集资金，积极支持旧区改造。

（3）加大动迁安置房（限价商品房）建设力度

中心城区各区要根据实际情况，积极挖掘潜力，建设就近动迁安置房（限价商品房），满足动迁居民的多元化选择需求，不断加快居民动迁安置进度。

（4）继续开展旧住房综合改造

进一步完善机制，提升综合改造标准和水平，并结合旧住房综合改造，研究拆落地改造、多层住房增设电梯等技术、政策、资金筹措等瓶颈问题，鼓励有条件的旧小区开展试点，进一步改善居民住房条件和居住环境质量。在认真调研的基础上，抓紧制定相关政策，支持市郊国有农场危旧房综合改造工作。

（三）进一步促进住房市场健康平稳发展

1. 具体发展目标

——保持住宅建设投资稳定增长。"十二五"期间，预计全市住宅建设投资总额为4900亿元，比"十一五"增长5％左右。住宅建设投资总额占全社会固定资产投资比例继续保持在20％左右。

——确保商品住房有效供应。预计新建商品住房6500万平方米（含按政策规定应配建的保障性住房），销售面积6000万平方米；切实增加中小套型普通商品住房供应量，确保中小套型住房占新建住房（包括商品住房和保障性住房）的比例不低于70％；进一步盘活存量住房交易，规范和发展住房租赁市场。

2. 主要任务

（1）优先满足居民自住性和改善性住房需求

坚持以居住为主，更加突出鼓励自住性和改善性需求；坚持以市民消费为主，更加突出支持有本市户籍和居住证的市民首次购房需求；坚持以普通商品房为主，更加突出引导购买中小户型住房。加大土地、金融、税收等调控政策执行力度，合理引导住房需求，倡导梯度消费，抑制投资投机性购房需求。

（2）进一步优化住房供应结构

继续调整住房供应结构，满足居民的合理住房消费。一方面，加大普通商品住房用地供应力度，进一步改革完善土地出让方法，抑制住宅用地价格过快上涨。区位条件合适的住宅用地出让，要明确套数、套型面积等控制性指标，增加中小套型普通商品住房供应。另一方面，按照城乡一体化和郊区城镇化发展的要求，结合旧区改造、城市功能布局和大型居住社区建设，合理调整商品住房的布局，明确商品住房建设重点区域。

（3）继续发展存量住房市场

通过规范房地产中介行为，完善存量房交易网上备案管理，加强存量房交易资金监管等措施，积极发展存量住房市场，扩大存量房交易规模，力争使存量住房与市场化新建商品住房的成交面积比例从"十一五"期间的1∶0.9扩大为"十二五"期间的1∶0.8。

（4）加快住房租赁市场发展

一方面，进一步完善住房租赁管理制度，规范住房租赁行为，切实保护租赁双方当事人的合法权益，建立稳定、安全的住房租赁关系。另一方面，鼓励机构经营租赁住房的同时，完善户籍、教育和公积金等配套政策，促进居民住房租赁消费，促进住房租赁市场的发展，使"十二五"期间住房租赁面积和承租户数都有较大幅度的增长。

（5）加大住房市场监管力度

建立健全商品住房开发建设、经营全项目全过程监管机制，实施房地产项目跟踪监测和信息披露制度。完善房地产开发企业资质管理和信用档案制度，将企业资质、诚信记录与土地招拍挂挂钩。进一步完善房屋信息系统，建立健全市场预警预报指标体系，加强市场信息的收集，分析和发布，提高对住房市场的监管能力。大力整顿和规范住房市场秩序，加大对囤地不建、捂盘惜售、哄抬房价等违法违规行为的查处力度。

（四）大力推进住宅节能和产业现代化

1. 具体发展目标

——大力推进住宅产业现代化。进一步加大装配式工业化住宅、全装修住宅和住宅性能认定工作的推进力度，力争到"十二五"期末，装配式工业化住宅比例达到 20％左右，新建商品住宅全装修比例达到 60％左右，实施性能认定率达到 30％以上。

——积极发展节能省地环保型住宅。进一步扩大"四节一环保"技术的集成应用。"十二五"期内，新建住宅全面实行建筑节能 65％标准，每年创建 40 个"四节一环保"示范项目。

——重点推进大型居住社区的配套建设。"十二五"期间，在确保住宅建设与市政、公建配套设施同步建设、同步交付的前提下，继续以大型居住社区建设为重点，加快新建住宅小区的配套设施建设，努力创建"统筹规划、配套先行，先地下、后地上"的示范居住社区。

2. 主要任务

（1）完善推进、监管机制，大力推进住宅全装修

在加强住宅全装修产业链建设的前提下，从土地出让、报建、设计和施工招标、设计审图、报监、竣工验收备案和交付使用许可等环节入手，完善住宅全装修推进和监管机制，切实提升住宅全装修质量。

（2）积极采取措施，加快建立具有上海特点的装配式工业化住宅体系

以新城和大型居住社区建设为载体，积极推进住宅产业化和装配式工业化住宅发展。推广住宅设计模数化和材料部品化，积极培育住宅产业化基地和大型住宅产业联盟，并通过行政和经济的激励措施，加快形成具有上海特点的工业化住宅体系和配套的部品体系。以保障性住房和中小套型普通商品住房为重点，逐步扩大装配式工业化住宅体系的应用覆盖率。

（3）不断完善标准体系，加强"四节一环保"技术的集成应用

加大应用研究力度，不断完善"四节一环保"技术集成应用的技术和标准体系，完善住宅新技术应用管理机制。大力推进太阳能等可再生能源利用、住宅建筑节能 65％标准，逐步开展建筑能效测评标识。推广以节水型器具应用、人工水景观控制和雨水利

用为重点的居住区节水措施。加大居住区配套公建集中建设力度和地下空间综合利用力度，进一步促进居住区节约用地。

（4）加快制度建设，提高新建住宅的性能和质量

在进一步强化开发企业、勘察、设计、审图、施工和监理等专业机构责任的基础上，积极推进项目法人制和工程项目设计使用年限内的质量终身负责制。进一步加强制度建设，完善分户验收和住宅性能认定制度，探索实施质量保证金或保险制度，为提升新建住宅的质量和性能提供有力的制度保障。

（5）健全管理制度，提高住宅配套能级

健全住宅配套建设管理制度，探索管理新模式。坚持"先规划、后开发，先地下、后地上"的建设理念，注重配套建设的系统性和功能性，按照"条块结合、以块为主"的原则和"储备、计划、实施"的项目管理流程，充分发挥各方面的积极性，建立健全分层分级的住宅配套管理机制和市场化建设机制，以大型居住社区为重点，进一步强化新建住宅的配套建设，为入住市民提供设施更加齐全、服务更加完善、生活更加便捷的宜居环境。

（五）进一步加强住宅物业管理

1. 具体发展目标

——进一步深化改革，理顺住宅物业管理体制，建立"质价相符、按质论价"的住宅物业服务收费价格机制。继续加大行政管理力度，提高行政监管效能，有效提升物业管理服务水平和广大业主的满意度。

——完善业主委员会组建和日常运作制度，加强业主委员会自身建设，提高业主自我管理能力，引导业主依法、理性、有序地参与物业管理。

——进一步完善物业管理市场机制，积极推进物业管理招投标制度。"十二五"期间，新建住宅小区物业管理全面实施项目招投标。

——进一步拓展962121物业服务热线功能和服务范围。"十二五"期间，建立覆盖全市住宅小区的物业服务平台，为全市城镇居民家庭提供24小时全天候服务。

2. 主要任务

（1）建立行业信用信息管理系统

建立覆盖全行业的物业服务企业和项目（小区）经理信用信息系统，将信用信息作为物业服务企业和项目（小区）经理业绩考评、资质等级和执业资格评定、项目招投标和评优的依据。

（2）完善962121物业服务热线功能

构建市住房保障房屋管理局、区住房保障房屋管理局（应急维修中心）、房管办和物业服务企业之间的信息网络，完善物业信息数据库和信息系统的功能，优化操作流程和运行机制，将热线作为受理物业服务投诉、反馈处置情况和接受居民监督的平台。

（3）建立"质价相符、按质论价"的住宅物业服务价格机制

建立政府指导价与市场调节价相结合的物业服务收费价格形成机制，将物业服务收

费标准与服务内容、水平相挂钩，解决"同一小区同等服务、不同收费"问题，制定与物业服务等级对应的基准价格和浮动幅度，建立物业服务价格与物业服务成本联动的调价机制，为业主大会与物业服务企业协商确定物业服务内容和收费标准提供参考依据。

（4）进一步提高业主自我管理能力

深化社区物业管理党建联建工作，加强居民区党组织对业主委员会的工作指导；完善业主大会、业主委员会议事决策规则，规范业主自我管理行为，建立健全工作机制和相关的业务培训制度，提高业主自我管理能力。

五、"十二五"住房发展的政策措施

（一）确保保障性住房和普通商品住房土地供应

1. 优先确保保障性住房建设用地供应。一是根据"十二五"保障性住房的建设目标，在城市总体规划和土地利用总体规划的城市建设用地范围内，依托轨道交通和比较完善的市政和商业服务设施，加快落实规划选址工作，抓紧制定保障性住房用地供应规划和年度计划，并明确各类保障性住房的土地供应比例，确保土地的优先供应。二是根据大型居住社区开发建设需要，在政策许可的范围内，适当调整土地供给方式，参照土地"预审批"的办法，将"十二五"期间大型居住社区建设所需的土地，提前安排落实到位，加快上地储备和前期开发。三是抓紧研究和完善公共租赁住房建设用地出让、租赁、作价入股等有偿使用办法，支持专业运营机构利用国有企业"退二进三"土地、农村存量集体建设用地和其他可利用的零星土地建设公共租赁住房，有效降低公共租赁住房建设成本。

2. 加大中小套型普通商品住房土地供应力度。一方面，根据住房市场运行情况，科学把握土地供应的总量、结构、布局和时序，优先满足中小套型普通商品住房建设用地需要。另一方面，进一步改革完善土地出让评标方法，根据企业资质、诚信记录和规划设计方案等因素进行综合评定，运用市场手段将中小套型住房建设和保障性住房配建比例作为住房用地"招拍挂"条件，增加中小套型住房和保障性住房的有效供应。

（二）运用税收、金融等差别化政策，支持居民自住性和改善性住房消费

积极贯彻国家有关规定，在对现有的信贷和税收政策进行梳理的基础上，结合本市实际，有针对性地对首次购房、第二次购房中的改善性购房和投资投机性购房，制定并实行差别化的信贷、税收政策，认真贯彻执行国家关于个人购买普通住房、非普通住房的税收政策，支持和引导合理的住房消费，抑制投资投机性购房。逐步完善住房税收体制，在合理增加住房保有阶段的税赋的同时，相应减少流通环节税赋。

（三）加强市场监管、维护市场秩序

一是进一步强化商品住房项目跟踪调查制度，切实掌握商品住房项目的建设进度，督促开发企业加快项目建设和上市销售，确保市场的正常供应。二是加大销售现场和合同网上备案的监测力度，进一步规范商品住房销售行为。在试点基础上，加快实施新建商品住房预售和存量住房交易资金监管，切实保护购房人的权益。三是探索建立将企业违法违规信用与其法定代表人、责任人个人信用关联纳入征信系统的制度，进一步加大

对房地产企业违法违规行为的查处力度。

（四）加快健全住房保障运作管理机制

进一步完善住房保障运行机制，按照"市、区联手，以区为主"的原则，明确并落实区在房源建设、资金筹措、审核供应和使用管理等方面的责任。一是抓紧完善本市住房保障工作体制、构建坚强有力的组织管理体系。按照"条块结合、协调配合"的原则，加快建立市、区住房保障事务中心和街道（镇乡）住房保障事务工作部门，形成健全的住房保障组织和事务管理网络。二是建立市住房状况信息中心，进一步提高管理能级和信息化管理水平。市、区紧密配合，加快建立全市联网的公共租赁住房服务信息平台，发布房源信息，提供租赁服务，并实施监督管理。三是在明确市、区职责分工的基础上，进一步落实和强化市、区配合、以区为主的住房保障管理机制。四是在保障性住房建设基地动迁、居住社区规划、公交市政、基础设施和商业服务配套等方面，充分发挥所在区的作用，市、区联手，确保大型居住社区建设的顺利推进。

（五）抓紧研究，多渠道落实住房保障资金

一方面，按照国家及本市有关规定，从住房公积金增值收益、土地出让净收益以及市、区（县）两级财政预算安排资金等渠道筹集廉租住房保障资金。另一方面，从本市住房保障体系着手，抓紧研究解决资金保障特别是共有产权保障房（经济适用住房）回购和租赁、公共租赁住房建设和筹措等资金筹集问题。一是抓紧研究制定住房保障资金市与区（县）共同分担办法，进一步健全保障资金使用管理制度。二是探索采用中长期政策性低息贷款、中长期债券、房地产信托投资基金等方式，拓宽保障性租赁住房房源筹集融资渠道。近期，要抓紧研究运用住房公积金、社保和保险资金建立完善公共租赁住房的投融资办法。三是实施有吸引力的优惠政策，支持和引导民间资本投资建设共有产权保障房（经济适用住房）、公共租赁住房等保障性住房，形成政府主导，社会机构、个人共同参与的投资经营新机制。

（六）加快完善住宅节能和产业现代化监管和激励机制

一是认真贯彻实施建筑节能条例，并认真总结经验，制定适合本市实际的促进住宅节能和产业现代化专项法规，明确具体要求和推进监管机制。二是进一步完善行政和经济鼓励措施。研究土地利用、节能专项资金、公积金贷款和金融、税收等优惠措施，鼓励新建住房实施建筑节能和工业化住宅体系。三是加强新建住房的全过程监管，督促引导开发企业和建设单位严格执行建筑节能和产业现代化的有关规定和要求，提高新建住房特别是保障性住房的建设质量。

（七）进一步完善住宅物业综合管理机制

一是以实施新颁布的《上海市住宅物业管理规定》为契机，加快制定物业管理招投标、物业服务企业资质管理等办法，修订《上海市商品住宅维修基金管理办法》等配套政策，完善物业管理政策法规体系，健全物业行业管理制度。二是进一步完善业主委员会组建和换届改选办法，积极探索业主自我管理、引入专业中介机构参与管理和其他管理人代为管理等模式，建立住宅物业管理矛盾综合协调机制。三是进一步完善市、区

（县）、房管办三级管理网络，逐步建立管理信息收集、查询、实时监控、分析反馈的行政管理模式和监管机制，通过加强住宅小区综合管理，提高房屋管理水平和居住环境质量。

（八）加强基础管理和目标责任考核机制

一是进一步完善市、区（县）、街道（镇乡）三级网上办公平台，提高住房保障工作信息化水平；进一步健全信息比对渠道，完善住房保障准入条件的核对系统，提高受理审核的效率。二是加强基层住房保障机构和队伍建设，强化业务培训制度，规范窗口服务，提高工作人员业务能力和服务水平。三是加快建立各级政府住房保障工作目标责任制，建立健全住房保障工作绩效评价和考核机制。将监督检查、目标责任考核结果列入区（县）政府目标责任管理和政绩考核范围。

深圳市"十二五"住房建设规划

第一章 总 则

第一条 编制目的

为适应国家给予深圳跨越式发展的历史机遇，适应特区一体化的发展要求，落实市委、市政府"十二五"战略部署，加强对"十二五"住房建设的统筹与指导，明确未来住房发展目标，改善住房供求关系，满足居民合理住房需求，提高居住质量，促进宜居城市建设，依据相关法律法规和上层次规划要求，按照国家、广东省和本市住房发展与房地产调控的有关政策，结合实际，制定本规划。

第二条 指导思想

深入贯彻落实科学发展观，坚定不移深化改革，促进经济发展方式转变，加快以改善民生为重点的社会建设，立足于土地资源的合理利用和城市空间资源的高效整合，创新住房发展理念，优化住房供应结构，满足不同收入层次居民家庭的住房消费需求；健全住房制度体系，推进公共服务均等化，促进住房资源公平分配，实现居民居住水平与经济社会同步发展；立足于不同类型住房发展状况与不同层次居民的居住现状，改善居住环境，完善配套设施，提升居民居住质量和民生幸福水平，提高城市发展质量。

第三条 编制依据

《珠江三角洲地区改革发展规划纲要（2008—2020年）》；

《深圳市综合配套改革总体方案》；

《深圳市城市总体规划（2010—2020）》；

《深圳市土地利用总体规划（2006—2020年）大纲》；

《深圳市国民经济和社会发展第十二个五年规划纲要》；

《深圳市保障性住房条例》；

《深圳市城市更新办法》；

《中共深圳市委 深圳市人民政府关于实施人才安居工程的决定》；

《深圳市房地产市场监管办法》。

第四条 规划效力

本规划是《深圳市国民经济和社会发展第十二个五年总体规划》的专项规划，是实现住房与经济社会协调发展的重要手段；本规划涵盖《深圳市住房保障发展规划（2011—2015）》，是对近期商品住房和保障性住房建设发展进行总体指导和控制的法定依据与纲领性文件。规划期内，凡在规划区内进行的各项住房建设活动，应符合本规划的要求；与本规划相关的《深圳市近期建设规划（2011—2015）》、《深圳市土地资源利用与保护"十二五"规划》等各项规划，应将本规划关于住房建设用地供应、住房建设空间分布等安排予以落实和保障。

本规划的规划区为深圳市行政辖区，规划期限为 2011 年至 2015 年，本规划包括规划文本、附表等。

第二章 "十一五"规划实施情况

第五条 "十一五"规划目标

"十一五"期间，我市首次将居民住房问题的解决，通过中长期规划的形式，科学系统地对住房发展进行空间统筹和年度安排。全市规划建设住房总量 69 万套，建筑面积 5700 万平方米，其中商品住房 55 万套，建筑面积 4930 万平方米（含城市更新方式建设住房 1800 万平方米），保障性住房 14 万套，建筑面积 770 万平方米；规划新建住房用地供应 13 平方公里，其中商品住房用地 11 平方公里（新供应 6 平方公里，利用存量 5 平方公里），保障性住房用地 2 平方公里。

根据我市房地产市场发展的实际状况和加强住房保障工作的有关要求，2006 年至2010 年各年度实施计划对保障性住房建设目标进行了调整，将"十一五"住房建设规划中保障性住房规划建设目标由 14 万套，建筑面积 770 万平方米，调整为 16.77 万套，建筑面积 945.2 万平方米。

第六条 "十一五"规划实施情况

（一）有效衔接相关规划，促进经济社会协调发展

"十一五"住房建设规划确立了全市住房发展的目标和建设任务，明确了地方政府在住房发展中的职责，切实指导了全市住房建设与发展，有效贯彻落实了《深圳市国民经济和社会发展第十一个五年总体规划》的相关要求，充分发挥了住房在国民经济发展中的基础配套作用，促进了经济稳定增长和社会的持续进步；实现了与《深圳市土地利用总体规划大纲》的衔接，引导了土地供应的规模和结构调整，促进了土地资源节约集约利用；实现了与《深圳市城市总体规划（1996—2010）》的衔接，围绕新交通体系建设，立足于深港融合的发展趋势，结合产业结构调整，引导住房发展空间合理布局，有效推进了新城区的开发建设。

（二）住房建设用地供应从新增向存量转变，促进土地资源集约高效利用

"十一五"住房建设规划立足于全市土地资源紧缺的实际，住房用地供应坚持新增供应与存量挖潜相结合，至 2010 年底，全市实际新供应住房用地 8.07 平方公里，其中新供应商品住房用地 5.62 平方公里，完成规划供应目标的 93.7%；保障性住房用地实际新供应 2.45 平方公里，完成规划目标的 122.5%；积极引导住房建设用地供应从新增向存量转变，2010 年启动城市更新建设住房，开工建设 23 个项目，涉及建设用地面积约 1.18 平方公里，规划批准住房建筑面积约 239 万平方米，其中保障性住房约 9.4 万平方米。

（三）加强房地产宏观调控，促进房地产市场持续健康发展

"十一五"期间，本市以国家房地产宏观调控精神为指导，适度增加住房供应规模，着力调整住房供应结构，保障性住房和中小套型普通商品住房用地供应量达到住房用地供应总量的 79%。商品住房累计新开工 26.5 万套，2386.38 万平方米，竣工 22 万套，1980.99 万平方米。完善了差异化的住房金融税收政策，合理引导了住房需求，出台并实施了《深圳市房地产市场监管办法》，加强房地产市场秩序巡查监管，促进市场有序健康发展。

（四）建立完善住房保障制度，大力推进保障性安居工程建设

"十一五"期间，本市创新和发展了公共租赁住房制度，创新和启动了面向人才和"夹心层"的安居型商品房建设，初步形成包括廉租住房、公共租赁住房、经济适用房、安居型商品房以及货币补贴等在内的，具有深圳特色、广覆盖、多层次的住房保障体系，并通过制定和实施《深圳市保障性住房条例》等一系列住房保障法规规章及配套细则，加快推进了覆盖低收入居民和人才的保障性安居工程建设。至 2010 年底，保障性住房建设和筹集 16.9 万套，建筑面积约 1267 万平方米，其中，已开工 7.9 万套，竣工（含筹集）约 2 万套，实际分配 8209 套，实现了对户籍低保家庭应保尽保，向全市企事业单位提供约 7000 套公共租赁住房，向 3 万名人才发放货币补贴，实现了实物保障和货币保障并重，生存型保障和发展型保障并重。

（五）加强城中村综合整治，改善非户籍居民居住条件

针对本市非户籍人口和进城务工人员主要以城中村和老旧住宅区等存量住房为主要租住地的实际情况，"十一五"期间，本市全面开展城中村和老旧住宅区的环境综合整治，共整治城中村 1600 个，基本消除了居住安全隐患，改善居民居住环境，加强了社会综合治安管理，全面引入和加强了物业管理，使得租住在城中村和老旧住宅区内的大量非户籍人口和进城务工人员的居住条件明显改善；此外，本市通过没收违法建筑，征收原农村集体经济组织统建楼用于产业配套用房，提升了产业园区员工和其他外来务工人员的居住水平。

（六）推进住宅产业化，促进住房向绿色生态可持续方向发展

"十一五"期间，围绕国家住宅产业化综合试点城市建设的要求，本市将住房建设纳入人居环境发展体系中；以节地、节能、节水、节材和环保为方针，全面落实《关于

推进住宅产业化的行动方案》，研究开发住宅建设的新技术、新产品、新设备和新工艺，推进住宅性能认定，优良住宅部品推荐，住宅产业化示范基地等政策标准体系和配套体系建设；在保障性住房社区建设中，率先推行雨水收集、中水回用、太阳能光热光伏节能门窗玻璃等"四节一环保"住宅产业化技术，创建住宅产业化综合技术示范小区，重点突出、步骤合理地推进住宅产业化发展。

第七条 "十一五"规划存在问题

（一）土地资源紧缺导致新增住房供应日益减少

"十一五"期间，本市土地资源紧缺成为制约城市经济社会发展，包括住房与房地产持续稳定发展的重要影响因素；住房用地供应呈下降趋势，从"十五"期间的年均住房用地供应2.7平方公里降为"十一五"的年均约1.6平方公里；住房用地供应的持续紧张，导致住房开发建设和房地产投资规模持续下降，"十一五"期间商品住房年均新开工、竣工面积分别为477.28万平方米、396.2万平方米，分别比"十五"期间下降258.64万平方米、331.91万平方米。"十一五"期间，本市住房市场已呈现出有效供应不足和结构性短缺等问题，住房市场供应难以满足本市广大普通居民家庭日益增长的住房消费需求。

（二）房价过快上涨制约了城市的转型发展

"十一五"期间，本市依据中央、省、市房地产宏观调控政策要求，积极加强房地产宏观调控，稳定住房价格；但是由于有限的土地资源状况，户籍与非户籍倒挂的特殊人口结构，毗邻香港的特殊区位，资本流动性较为充裕以及居民投资意识较强等因素，房地产价格始终保持着较快的上涨趋势。房地产价格的较快上升，提高了城市的生产和经营成本，不利于投资环境的优化和改善，不利于为产业升级和结构调整提供良好的发展环境和空间；同时，高房价提高了城市居民的居住成本和人才的创业成本，限制了居民消费水平提升，降低了城市对人才的吸引力，住房价格过快上涨已成为制约本市城市转型发展的瓶颈之一。

（三）住房保障工作仍需不断完善和改进

"十一五"期间，在"保民生、促发展"的住房发展思路指导下，本市初步建立起住房保障制度，并将保障性安居工程建设作为全市经济社会工作的重点。但住房保障工作总体处于起步期间，由于保障性住房的建设、分配与管理存在起点不高、经验不足、认识不到位等问题，实施效果特别是保障性住房的供应效率、分配管理体制、部门协作机制等方面，距离广大居民的期望和政府切实解决低收入居民及人才住房困难的目标，尚有一定差距，仍需不断完善。

（四）违法建筑制约了住房与城市的持续发展

违法建筑是本市快速城市化过程中的衍生问题。"十一五"期间全市加大了违法建筑的查处力度，有效遏制了新增违法建筑的产生，但由于诸多的历史遗留问题以及利益驱动，违法建筑仍保持了相当大的规模，严重制约了住房用地的有效供应，侵占了产业发展空间，影响了城市的合理布局与开发建设。违法建筑的私下交易冲击了房地产市场的正常交易秩序，削弱了房地产宏观调控成效。违法建筑普遍存在规划缺失，建筑密度高，建筑质量差，市政和公共服务设施不足，环境卫生差等特点，存在较大的安全隐患，容易引发一系列社会问题。对违法建筑有效处置已成为缓解本市住房供应压力，促进城市持续发展所面临的重要问题。

第三章 现 状 与 形 势

第八条 住房发展现状

"十一五"期间，本市住房总量进一步增长，至 2009 年底，全市住房总建筑面积 4.09 亿平方米。其中，商品住房约 1.02 亿平方米，占总量的 25%；保障性住房 0.26 亿平方米，占总量的 6.2%；单位和个人自建住房 0.42 亿平方米，占总量的 10%；城中村村民自建房 1.74 亿平方米，占总量的 43%；工业区配套宿舍及其他住房 0.65 亿平方米，占总量的 15.8%。

第九条 居住水平现状

"十一五"期间，本市居民居住和住房发展水平显著提高，但也存在住房资源配置不均衡的现象。至 2009 年底，人均住房建筑面积达到 26.6 平方米，较"十五"期末提高了 2.6 平方米；住房成套率达到 84.2%，其中功能良好、配套完善、产权明晰的成套住房占成套住房总量的比例为 49.4%；全市住房自有率为 40%，其中户籍人口住房自有率为 70%，非户籍常住人口住房自有率为 30%，部分中低收入居民家庭居住水平较差，主要通过城中村住房及企业集体宿舍解决居住问题。

第十条 "十二五"住房发展形势

（一）经济形势

"十二五"期间，本市力争实现国内生产总值超过 1.5 万亿元，居民人均可支配收入达到 4.9 万元，经济增长方式实现根本转变，经济中心城市功能进一步增强，产业结构调整进一步优化，绿色经济、循环经济和低碳经济的发展进一步加快。与本市经济发展水平和居民收入水平的持续快速增长相适应，本市住房总量应当进一步增加，住房发展方式应当与经济发展模式的转变相适应。

（二）社会形势

"十二五"期间，本市立足于推进民生幸福发展、社会和谐与可持续发展，政府保障能力进一步增强，公共服务均等化水平进一步加强，社会发展质量进一步提高。为适应社会发展的要求，住房发展应着力调整住房供应结构和分配方式，改善住房资源占有和使用的非均衡状况，努力缩小不同居民家庭居住水平差距，促进居住公平发展。

（三）资源形势

"十二五"期间，本市面临的空间资源压力前所未有，剩余新增可建设用地潜力仅约两百平方公里，土地资源供给与城市发展空间需求的矛盾日益尖锐，城市承载力已趋于极限。适应资源形势的变化，住房发展必须服从于城市空间和功能优化的战略，提高集约、节约的发展水平，推进绿色低碳住房开发，提高生态文明水平。

第十一条　"十二五"住房需求

根据本市"十一五"住房建设规划完成情况、"十二五"期间住房市场发展分析、人口增长规模预测、居民家庭收入增长预测和住房需求调研，以及加强中低收入居民住房保障和人才安居的要求，规划期内，新增各类住房需求为：商品住房不低于30万套，面向低收入居民家庭和人才安居的各类保障性住房不低于24万套。新增各类住房总建筑面积不低于4000万平方米。

第四章　目标与原则

第十二条　住房发展目标

（一）推进住有所居

以满足不同收入层次居民家庭的住房需求，实现住有所居和民生发展为目标，依据我市未来五年内住房需求的结构及变化趋势，继续通过全方位、多途径、多层次的住房供应模式，解决不同类型居民家庭的住房需求，重点解决中低收入居民的住房需求，推进实施人才安居工程。

规划期内，建设各类住房54万套，总建筑面积4236万平方米，其中，建设商品住房30万套、建筑面积2700万平方米；建设和筹集保障性住房24万套、建筑面积1536万平方米。全面解决新增户籍低收入居民家庭的住房困难，重点解决人才住房问题，逐步将非户籍常住低收入居民纳入住房保障范围。

（二）促进公平发展

进一步调整住房供应结构，完善住房分配方式，提高中低收入居民住房资源所占比重。规划期内，调整商品住房和保障性住房供应比例，将建设和筹集保障性住房占住房建设总量的比例由"十一五"期间的20％提升至44％。改善低收入居民家庭居住条件，将人均住房建筑面积低于15平方米的双困和低收入居民家庭的居住水平提高到15平方米以上；提高中等收入居民家庭的住房自有水平，将常住人口住房自有率从现有的40％提高到50％。

（三）改善居住质量

满足居民对于居住条件改善和居住环境提升的需求，保障居民的居住安全与居住尊严，创建生活舒适、环境优美、功能完善、居民具有幸福感的宜居城市，促进我市住房由"安居"向"宜居"发展。规划期内，进一步改善居住质量，力争全市住房成套率由目前的84.2％提高到90％，住宅区物业管理总体覆盖率由90％提高到100％；人均绿地面积由16.3平方米提升到16.5平方米，生活垃圾无害化处理率达到95％，水电煤气等市政设施普及率达到100％，医疗、教育、体育等住区公共配套设施普及率达到100％。

（四）引导空间均衡

加强住房建设与城市总体规划以及近期建设与土地利用规划、城市更新规划、产业发展规划、交通规划等相关规划的衔接，实现住房建设的空间优化分布；科学规划各行政区功能定位和产业布局，推进住房供应对人口结构优化、城市建设、土地供应、产业和交通发展的支持和引导；以特区一体化为契机，加快宝安、龙岗、光明、坪山等城区的城市规划编制和实施进程，完善区域基础设施和市政设施配套，增强其公共服务和居住功能，解决全市住房需求区域分布不均衡的问题。

（五）支持经济发展

积极推进住房发展模式的转变，增加普通商品住房和保障性住房的供应规模，稳定住房价格，降低城市的生产和经营成本，为产业升级和结构调整提供良好的发展环境和适宜的发展空间；降低城市居民的居住成本和人才的创业成本，提高居民消费水平，增强城市对人才的吸引力，充分释放住房对产业发展的重要支持功能，为经济增长方式转变提供动力。

第十三条 住房发展原则

（一）坚持住房建设的一体化原则

适应本市特区一体化的发展趋势，着眼于城市区域整体发展要求，结合新城开发与功能区规划，依托轨道交通与路网建设，将住房开发建设的重点向原特区外拓展。通过住房建设规划与相关规划的衔接，以城市产业发展为指引，以基础设施建设为支撑，以重点更新地区为载体，以人口均衡分布为导向，以优化城市功能为目的，大力建设与产业发展相适应，与交通体系相衔接的综合居住区，形成带状连绵与点状集聚相结合的居住布局，促进居住空间与就业空间的协调，以各城区居住区的协调发展加快特区一体化进程。

（二）坚持市场与保障并重的双轨原则

继续将稳定住房价格作为实施"十二五"住房建设规划的重点工作，坚持住房市场调控与住房保障工作并重。深化住房供应结构调整，严格控制低密度、大户型的高档住房开发建设，增加中低价位、中小套型普通商品住房供应，为保障性住房建设节约必要的土地资源空间；积极贯彻落实国家差别化信贷税收政策和限购政策，加强房地产市场监管，继续遏制不合理住房需求，努力为保障性住房的供应分配争取时间。将住房保障工作作为加强住房市场调控的重要手段与有力措施，加大保障性住房的建设力度和有效供应，切实解决低收入居民家庭和人才住房困难，分流商品住房市场过于旺盛的需求，缓解住房市场供应压力。

（三）坚持产业化发展和以人为本的原则

认真实践科学发展观，加快建设国家住宅产业化综合试点城市与低碳生态示范市，在规划期内加快住宅的标准化设计、通用化部品配置与工厂化生产安装；推进适应本地生态环境和气候条件的低碳住宅建设模式，加大绿色建筑建设力度，提高住房建设的节能减排水平与低碳发展的常态化水平；整合利用城市已有配套，补充完善不足配套，提高服务于居住的综合交通设施、市政基础设施、社会服务设施与公共安全设施等公共配套一体化水平。通过以上措施体现居住的现代化、科技化、人性化和社会化的发展要求，建设人与自然、社会和谐发展的宜居社区，促进宜居城市建设。

第五章 重 点 任 务

第十四条 推进住房制度建设与创新

进一步完善住房制度体系，安定居民生活和增进社会福利，加快《深圳市住宅条例》的研究制定工作，统筹协调住房与经济、社会发展的关系；推进住房市场制度建设，梳理和规范现有涉及房地产开发和交易等市场各环节相关法规和规章，完善行业管理和市场管理体系；规范保障性住房建设、分配和退出机制，完善货币补贴和住房公积金管理相关办法，完善住房保障制度及配套实施体系。

第十五条 完善多层次住房供应体系

适应全市土地资源紧缺的现实，积极推进住房建设用地供应模式的转变，"十二五"期间，除少量新增用地供应于保障性住房建设外，住房建设用地的供应主要来源于城市更新用地等存量土地；规范和发展存量住房交易市场，使其成为解决本市居民住房问题的重要途径；推进综合整治类城市更新，发挥城中村与旧住宅区存量住房在全市住房供应体系中的重要作用；引导和发展住房租赁市场，促进住房消费理念的转变，形成梯次住房消费结构；实现"存量市场与增量市场协调发展"、"买卖市场与租赁市场有机结合"的多层次住房供应体系。

第十六条 构建提升城市发展质量的居住布局模式

加快原特区外城区的住房开发建设，住房的规划和空间布局应与城区规划、产业布局规划相符合，与公共基础设施规划相配套；重点加快公共交通沿线与站点周围居住用地的合理开发，加大利用交通枢纽和轨道上盖开发建设普通住房的力度；引导和优化适应特区一体化发展要求的产业、商业和社会服务网络布局，保证居住区适宜的人口密度和较高的空间利用效率，形成促进新老城区协调发展的居住区布局开发模式。

第十七条 健全住房资源分配机制

加强和完善针对不同住房需求的差别化金融税收政策，并保持长期稳定，提高信贷政策对自住型住房需求的扶持力度，降低自住型住房需求的税收负担；提高非自住型住房需求的信贷和税收成本，并运用经济、法律及行政手段严厉打击对住房的投机炒作，提高住房资源向自住型居民家庭分配的比例，引导住房向居住本质回归。

建立保障性住房在中低收入居民和人才中循环分配的实施机制，严格保障性住房分配与管理，发挥保障性住房在社会保障体系中的重要作用，实现其基本的社会保障功能。

第十八条 建立提升居住质量的工作机制

构建居住质量评价标准，完善住房性能、安全、配套等技术规范，引导和鼓励开发绿色低碳住房。提高居住区、社区、片区规划的整体性和层次性，合理安排市政配套设施、基础配套设施和公共服务设施，提高居住的现代化水平。优化保障性住房的居住性能，提高交通设施配套程度，降低居住生活的相关成本；推进城中村居住区、旧住宅区的综合整治，改进基本居住功能，提高居住安全性和环保水平；加强工业配套住房规划设计和建设管理，提高成套率，完善居住性能，发挥对产业发展的配套支持作用。以居住质量的不断提升促进人与建筑、人与城市的和谐发展。

第十九条　整合完善住房信息系统

加快落实国家、广东省和本市关于住房信息工作的有关要求，将住房市场、住房保障、房屋租赁、住房金融和税收以及其他与住房相关的数据信息整合，积极推进住房管理部门与公安、民政、社保等相关管理部门的信息合作机制，建立全市统一的住房信息平台。开展住房历史档案数字化工作，结合建筑物普查，推进住房普查工作，以"地一楼一房"为主线推进个人住房信息系统建设和动态维护，按期实现与广东省、全国个人住房信息系统的联网运行。

第六章　实　施　措　施

第二十条　严格执行并完善住房管理的相关规定

严格执行《深圳市房地产市场监管办法》，逐步建立规范开发企业、经纪机构和估价机构经营行为的实施细则。整合我市土地储备、土地出让、闲置土地管理，房地产开发、预售、交易、登记、拆迁、更新，存量住房交易、租赁等相关法规规章，以此为基础制定《深圳市房地产市场管理条例》。

严格执行《深圳市保障性住房条例》，认真落实《中共深圳市委深圳市人民政府关于实施人才安居工程的决定》，加快制定保障性住房建设与管理的实施细则，建立和完善保障性住房建设的标准体系和技术规范。

第二十一条　加强住房供应结构调整稳定住房供应规模

立足于新增供应与存量供应相结合，继续加大住房供应结构调整力度。规划期内，全市供应住房用地 13.1 平方公里，其中新供应及安排拆迁安置住房用地 4.5 平方公里，城市更新用地 6.6 平方公里，征地返还用地 2 平方公里。住房用地供应总量中，90 平方米以下中小套型普通商品住房和保障性住房用地总量不低于 70%。

安排商品住房用地 9 平方公里，建设商品住房 30 万套、建筑面积 2700 万平方米；安排保障性住房用地 4.1 平方公里，建设和筹集各类保障性住房 24 万套、建筑面积 1536 万平方米，其中安居型商品房（含经济适用房）17.6 万套、建筑面积 1216 万平方米，公共租赁住房（含廉租住房）6.4 万套、建筑面积 320 万平方米。

第二十二条　加强用地供应和住房建设的全过程监管

加强土地整备，开展土地出让前的调查和确权登记工作，以宗地为单位确定规划条件、建设条件和土地使用标准；严厉打击囤地行为，缩短闲置土地认定到再供应的时间，提高土地供应效率；结合城市发展质量的提升，逐步将城市更新作为住房用地供应的主要方式；完善住房建设项目的进度管理，在划拨决定书或出让合同中约定土地交付之日起一年内开工建设，自开工之日起三年内竣工，按季度汇总各项目实施情况，按年度对住房用地和住房建设情况进行评估。

第二十三条　合理布局城市发展单元和交通沿线的居住空间

结合光明中心区、坪山中心区、龙华新城等新城区建设，通过新增供应与城市更新统筹安排居住空间，建设一定规模的、适应低收入居民和人才居住需求的保障性住房示范区。

结合产业升级转型，在大沙河片区、沙井高新产业园区和坪山新能源汽车基地、华为科技城等现代制造业园区，以及固戍—铁仔山片区、笋岗—清水河片区和盐田港后方陆域等现代物流园区，配套建设适宜人才安居的综合居住社区。

结合轨道、道路和交通枢纽的规划建设，积极推进在地铁1～5号线，6、7、9、11号线等轨道站点上盖及沿线区域，建设保障性住房（含安居型商品房）；推进布吉、龙华客运站等重大基础设施建设区周边的城市更新改造进度，重点发展大型安居居住区。

结合原特区内老城区或城市中心区的城市更新和功能优化，以疏解空间压力、推进更新改造为主，实施适度开发，加强综合整治，结合城市更新需求对居住空间进行提升整合。

第二十四条　规范存量住房市场和租赁市场发展

立足本市住房市场发展的实际，规划期内，进一步促进存量住房市场和租赁市场发展，完善市场监管机制，逐步消除存量住房市场和租赁市场的监管盲点，建立专业化的存量住房市场和租赁市场信息服务平台，为市场主体提供房源查询与核验服务。以制度为保障，增强交易市场主体的风险控制能力，维护交易、租赁各方的权益。探索研究存量住房交易市场和租赁市场的税费减免政策，增加存量住房市场和租赁市场的供应规模，探索通过整体租赁城中村住房的方式筹集保障性住房房源，发挥城中村住房在住房保障中的积极作用。在不断完善多层次住房供应体系中，缓解住房供应的结构性矛盾。

第二十五条　强化差别化住房金融税收政策的执行

严格执行国家针对不同住房需求的差别化信贷税收政策，通过差异化的购房贷款首付成数、利率水平，有区别的房地产交易契税、营业税、个人所得税等相关政策，鼓励和扶持自住需求，限制和控制投资需求，遏制和打击投机需求，并保持相关政策的长期性和稳定性。加快应用房地产价格评估技术加强存量住房交易税收征管工作，完善个人转让住房所得税征缴机制；推进实施住房保有环节的税收征管工作，建立取得、保有、转让等各环节搭配合理、税负平衡的房地产税收体系，发挥税收在住房资源分配中的积极作用。

第二十六条　发挥住房公积金扶持居民住房消费的作用

加快实施《深圳市住房公积金管理暂行办法》，加快出台专项规定，规范住房公积金的缴存、提取和使用，拓宽住房公积金在购房、建房、翻建或大修、缴租、还贷等方面的使用范围，有效提高居民特别是低收入人群的住房消费能力。根据国家有关政策，结合住房公积金互助性的特点，针对不同居民家庭，实施差别化的购房和还贷政策，充分发挥住房公积金的住房保障功能，提高公积金使用的社会效益，着力保障各阶层居民的基本居住权利。

第二十七条　严格保障性住房分配管理

健全保障性住房和住房货币补贴申请、审核、公示、轮候和退出等有关规定，完善核实机制，将违规申请、骗租骗购的机构和个人的违规行为记入相关征信系统，加大对违规行为的惩处力度。

严格保障性住房上市交易管理，已分配保障性住房原则上禁止上市交易，对依据相关政策允许上市交易的保障性住房，仅能由政府以扣除增值收益的价格回购，并重新分配给符合条件的保障对象，实现保障性住房在中低收入居民和人才中循环分配的机制。

第二十八条　加大人才安居工程的实施力度

全面开展人才安居工程受理审核等各项工作，加快落实人才住房政策。推进人才安居住房建设，加大力度促进相关住房建设项目开工建设和供应分配，严格落实各类人才的住房货币补贴资金。已启动的安居型商品房建设中，向人才提供的安居住房比例不低于60%，套型建筑面积不超过90平方米。规划期内安排建设的公共租赁住房中，面向人才安排的比例不低于80%。各类产业园区的规划建设过程中，应同步规划人才安居住房，提升城市对人才的吸引力，提高城市竞争力。

第二十九条　分类实施综合整治类城市更新

推进城中村居住区和旧住宅区综合整治的分类开展，加大引入规范物业管理的力度，完善城中村和旧住宅区住房的基本居住功能和安全标准，消除火灾隐患，整治山体边坡、防止滑坡塌方和排除水浸内涝；改善道路交通条件、完善市政管网建设、配套社区卫生医疗和基础教育设施，修缮建筑质量较差的居住建筑；增设丰富居住生活的文化体育设施和公共活动空间，提高治安管理综合服务水平。促进城中村和旧住宅区提高居住安全保障，改善居住条件，完善配套服务，提升居住品质。

第三十条　推进住宅产业化和绿色低碳住宅开发

在全市住房建设中倡导使用先进、节能、节水、环保的住宅部品，强制淘汰不符合相关技术标准要求的住宅部品，全面提高新建住房质量。住房设计必须满足基本居住功能要求，提高住宅成套率，保证套型内功能分区明确合理，满足通风采光需要，增强生活舒适度和整洁度；鼓励实施适应本市地理与气候特点的防护功能设计与可调温度的住房开发建设；以绿色低碳建筑为标准，以环保节能为宗旨，提高住房能源利用效率，降低碳排放量，推进住宅产业化和绿色低碳住宅开发。

第三十一条　构建住房发展评估指标体系

围绕住房建设规划，参照本市近期建设与土地利用规划、交通规划、城市更新规划、产业发展规划等相关规划和年度计划主要内容，从推进住有所居、促进公平发展、改善居住质量、引导空间均衡以及促进经济发展和社会建设等方面，分别选取有代表性的评估指标，构建中长期评估住房发展的指标体系，完善住房发展的内涵，引导完善目标明确、长期稳定的住房政策体系。

第七章 保 障 机 制

第三十二条 住房规划计划的科学编制与落实机制

从规划计划两个层面构建住房建设规划体系，强化规划在全市住房建设中的统筹和指引作用，深化计划在全市住房建设中的安排和控制作用。根据住房市场发展状况、住房保障发展要求、各年度住房需求变化、土地供应状况和全市可支配财力等因素，建立住房年度实施计划的调整机制，科学合理地安排各年度、各区域住房发展计划。制定实施方案，明确工作分工，完善工作机制，保证住房建设规划与年度实施计划的有效执行，实现住房发展目标。

第三十三条 保障性住房建设和供应的责任机制

至规划期末，本规划确定的保障性住房建设与筹集目标中，开工率必须达到 80% 以上，筹集率达到 80% 以上，竣工率达到 60% 以上，实现供应或分配的比率达到 50% 以上。"十一五"规划确定的保障性住房建设与供应目标中未完成的部分，必须在"十二五"规划期内完成，并达到分配或供应条件，但不纳入本规划住房建设目标。

规划期内，住房保障资金采取以政府为主导的多种方式筹措，包括市、区发展改革部门批准和财政部门计划安排的保障性住房建设和筹集专项资金；全市年度土地出让净收益中以不低于 10% 的比例安排的资金；租售保障性住房及其配套设施回收的资金；通过投融资改革方式纳入的社会资金等。住房保障资金的具体安排，应在我市"十二五"住房保障专项规划中予以明确。

第三十四条 高效的规划实施监督机制

强化规划执行和落实的监督工作，完善市、区两级规划督察，实行定期检查，督促落实；定期召开多部门联席会议，通报规划计划实施情况，分析存在的问题，制定解决问题的办法和措施；建立部门执行通报管理机制，各相关部门依据职能进行定期总结，作为规划计划执行跟踪和监督的依据；加强规划效能监察，对落实规划不力及违反规划的行为，启动问责机制，并依法追究相关责任。

第三十五条 透明开放的公共参与机制

以"政府主导、社会参与"为原则，通过专题展示、考察调研、企业座谈、成果公示、征求意见等公众参与方式，将公共参与贯穿于住房建设规划及年度实施计划的编制和实施全过程，形成多方互动、上下结合、双向运行的工作机制，增加决策的科学性。

第八章 附 则

第三十六条 生效日期

本规划自批准之日起生效。

第三十七条 解释权限

本规划由深圳市规划和国土资源委员会负责解释。

附表：

深圳市各类住房发展结构表（2011—2015）单位：万套、万平方米　　表1

规划期	商品住房		安居型商品房（含经济适用房）		公共租赁住房（含廉租住房）		总　计	
	套数	建筑面积	套数	建筑面积	套数	建筑面积	套数	建筑面积
2011	6.63	597	4.1	281	2.1	105	12.83	983
2012	6	540	3.2	222	0.8	40	10	802
2013	6	540	3.2	222	0.8	40	10	802
2014	5.7	513	3.3	229	1.2	60	10.2	802
2015	5.67	510	3.8	262	1.5	75	10.97	847
总计	30	2700	17.6	1216	6.4	320	54	4236

深圳市住房用地供应结构表（2011—2015）单位：公顷　　表2

规划期	新供应商品住房用地	城市更新商品住房用地	征地返还用地	新供应及拆迁安置保障性住房用地	城市更新保障性住房用地	总计
2011	30	129	40	80	7	286
2012	30	110	40	50	20	250
2013	30	110	40	50	23	253
2014	30	101	40	60	25	256
2015	30	100	40	60	35	265
总计	150	550	200	300	110	1310

深圳市商品住房建设指引表（2011—2015）单位：万套、万平方米　　表3

规划期	新供应住房用地建设		城市更新用地建设		征地返还及拆迁安置用地建设		商品住房合计	
	套数	建筑面积	套数	建筑面积	套数	建筑面积	套数	建筑面积
2011	1	90	4.3	387	1.33	120	6.63	597
2012	1	90	3.67	330	1.33	120	6	540
2013	1	90	3.67	330	1.33	120	6	540
2014	1	90	3.37	303	1.33	120	5.7	513
2015	1	90	3.33	300	1.33	120	5.67	510
总计	5	450	18.34	1650	6.66	600	30	2700

福州市"十二五"住房建设规划

第一章　总　　则

第一条　编制目的

为贯彻落实国务院、省政府关于促进房地产市场平稳健康发展的通知等文件精神，全面推进落实海西战略，促进福州市城市建设，加强对福州市住房建设，特别是社会保障性住房及普通商品住房的指导与统筹，进一步完善住房供应机制，促进福州市住宅与房地产业持续稳定健康发展，满足广大居民的基本住房需求，特编制本规划。

第二条　编制依据

1. 政策文件。国办发〔2010〕4 号文《关于促进房地产市场平稳健康发展的通知》、国土资发〔2010〕34 号《关于加强房地产用地供应和监管有关问题的通知》、国发〔2010〕10 号《国务院关于坚决遏制部分城市房价过快上涨的通知》、《福建省人民政府关于解决城市低收入家庭住房困难的实施意见》（闽政〔2007〕32 号）以及与福州市住房建设规划相关的法律、法规。

2. 相关规划。《福州市土地利用总体规划（2009—2020）》、《福州市城市总体规划（2009—2020 年）》、《福州市近期建设规划（2009—2015）》（在编）、《福州市区 2010—2012 年住房建设规划》。

第三条　规划范围与期限

本次规划范围是福州市中心城区的规划区范围和市辖七县（市）的城镇建设用地范围。

中心城区规划范围与《福州市城市总体规划（2009－2020）》确定的中心城区范围一致，包括三环以内的中心区以及东部新城、科学城、大学城、汽车城、马尾、新店、亭江－琅岐、荆溪等八个新城。

七县市为福清市、长乐市、闽侯县、连江县、罗源县、闽清县以及永泰县。规划期限为 2011 年至 2015 年。

第四条　指导思想

以科学发展观和构建社会主义和谐社会的重大战略思想为指导，坚决贯彻中央宏观调控政策，以调整住房供应结构、稳定住房价格、解决中低收入群众住房困难为工作重点，建立完善的社会主义市场经济体制，引导和促进房地产业持续稳定健康发展，保持经济的平稳较快增长，满足广大人民群众的基本住房消费需求，保障构建和谐社会目标的实现。

第五条　编制重点

1. 明确住房调控的重点区域；

2. 科学预测住房需求；

3. 制定各市县住房年度建设计划及住房结构控制；

4. 合理引导中心城区住房建设空间布局；

5. 提出实施保障建议。

第六条　住房类型

本规划将住房分为两大类：第一类为政策性住房；第二类为商品住房。具体住房类型划分方式如下图所示。

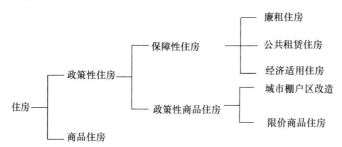

第七条　在规划期限内，凡在规划范围内进行的各项住房建设活动，应符合本规划；与住房建设相关的各项政策、计划，应与本规划协调。

第八条　本规划包括文本、附表等。

第二章　住房建设现状

第九条　人口规模与居住水平现状

2009 年中心城区城镇常住总人口为 287 万人，人均住宅建筑面积为 31.01 平方米。2009 年七县市城镇常住人口与居住水平如下表所示：

项　　目	城镇常住人口（万人）	居住水平（平方米/人）
福清市	42.24	43.88
长乐市	26.22	45.07
闽侯县	25.09	35.88
连江县	19.2	41.35
罗源县	6.86	35.76
闽清县	6.94	35
永泰县	8.07	33

第十条　住房建设现状及问题

1. 建设成效

（1）保障性住房体系逐步建立。十一五期间，福州市修订出台了廉租住房、经济租赁住房、经济适用住房、限价房等管理办法，建立了街（镇）、区、市三级审核和街（镇）、市两级公示的保障资格准入工作机制，全市住房保障体系逐步完善。2006 至 2010 年底，福州市有廉租住房 18355 套，经济适用住房 12674 套，经济租赁住房 6350

套；房改房约 35 万平方米（5000 套）；限价房（安置房）822 万平方米。

（2）房地产开发投资逐年加大。住宅开发建设速度加快。2006 到 2010 年，福州市全市房地产投资总额 2024 亿元，其中住宅开发投资 1334 亿元，占房地产开发投资总额的 65.9％。2006 到 2010 年，全市住宅施工面积总计 11201 万平方米，住宅竣工面积 1887 万平方米。

（3）旧屋区改造步伐加大。"十一五"期间福州市五城区拆除旧房 1706 万平方米，建成 1541 万平方米，至 2009 年末，全市城镇居民人均现有住房建筑面积 30.39 平方米，住房水平得到较大改善。

2. 存在问题

（1）住房体系有待优化，需提升保障性住房的建设量。在政策支持、房价上涨以及人民生活水平的提升背景下，福州市社会保障性住房的需求量增加，需增加保障性住房的有效供给。

（2）安置房建设需要有序推进。在海西战略背景的推动下，城市市政公用设施、基础设施、重点项目的建设力度加大，土地收储量加大，这将带动大量的安置房需求，而目前福州市的限价房和安置房的建设规模和速度滞后于拆迁需求，需要有序地安排拆迁安置房的建设以支撑拆迁和旧城改造。

（3）住房销售价格需要进一步稳定。2006—2009 年房价年均增长 1200 元左右，年均增长 20％左右，超出城镇家庭人均可支配收入的增长水平。十二五期间需要对住房销售价格问题进行进一步稳定，通过增大土地投放、建设增长，通过加大中小户型住房比例等结构性供应调整措施，稳定房价，保障居民住房需求。

第三章　住　房　建　设　目　标

第十一条　"十二五"期间住房建设发展的重点

1. 保障民生，重点发展保障性安居住房，解决中低收入人群住房问题。

十二五期间，要继续加大住房结构调整，更好地履行政府公共服务职责，加大保障性安居工程建设力度，重点建设廉租住房、公共租赁住房和经济适用房，进一步扩大住房保障覆盖面。其中廉租住房对接最低收入家庭，规划期内应予以应保尽保；积极探索公共租赁住房与廉租住房逐步并轨，并逐步对接夹心层、外来人口和中低收入家庭的住房需求，十二五期间应将公共租赁住房和廉租住房作为住房建设的重中之重。

2. 服务全市发展，加大拆迁安置房的建设力度，解决被拆迁居民的安置问题。

安置房（限价商品住房）对接由于市政公用设施、基础设施、危旧房棚屋区改造、土地收储和重点项目建设的拆迁安置，在城市建设中必须予以解决。

3. 围绕稳定房价的目标，重点发展普通商品住宅的建设，以实现宜居城市、和谐社会的宏伟目标。

商品房方面，应继续加大中低价位、中小户型商品住房建设力度，鼓励自住型和改善型住房需求，保证住房结构和数量的合理稳定供给。

第十二条　"十二五"期间住房建设总体目标

1. 建设总量和结构

十二五期间，中心城区的常住人口将由2009年的275万人增加到2015年的315万人，人均居住水平将由31平方米增长到36平方米。规划期内共需住房4104万平方米。

十二五期间，七县（市）常住人口将由2009年的138万人增加到2015年的222万人，各县市人均居住水平基本维持不变。规划期内共需住房2049万平方米。

十二五期间，福州市全市城镇住房需求为6153万平方米，中心城区和外围县市分别占全市住房需求的66.7％和33.3％。

十二五期间，福州市保障性住房、政策性商品住房和商品住房的比例为4∶33∶63，其中中心城区比例为5∶46∶49（保障性住房约占商品住房建设量的9.7％），七县市比例为3∶6∶91。

2. 土地供应

根据不同地区的城市建设经验，中心城区住房建设项目中，保障性住房（廉租住房、公共租赁住房、经济适用住房）以及新建商品住房用地平均容积率取2.5，政策性商品住房建设地块平均容积率取3.0，公建面积占项目总建筑面积的比例按3％计算；七县市住房建设项目中，保障性住房（廉租住房、公共租赁住房、经济适用住房）以及新建商品住房用地平均容积率取1.8，政策性商品住房建设地块平均容积率取2.2，公建面积占项目总建筑面积的比例按3％计算。

十二五期间，全市住房建设所需净用地供应面积约2529公顷（37935亩），其中中心城区住房建设所需净用地供应面积约1562公顷（23430亩），七县市住房建设所需净用地供应面积约967公顷（14505亩）。政策性住房以及中低价位、中小户型普通商品住房年度供地面积占当年住房建设供地面积的70％以上。

第十三条　各类住房建设目标

1. 保障性住房建设

十二五期间，继续加大住房结构调整，保障范围适度扩大。重点建设廉租住房、公共租赁住房、经济适用房。其中廉租住房对接最低收入家庭，规划期内应予以应保尽保；公共租赁住房可与廉租住房逐步并轨，并逐步对接夹心层、外来人口和中低收入家庭的住房需求，十二五期间应将公共租赁住房和廉租住房作为住房建设的重中之重。

规划期内，全市计划建设保障性住房共计261万平方米，其中中心城区建设194万平方米，占全市保障性住房建设量的74％；外围七县（市）共建设67万平方米，占全市保障性住房建设量的26％。

其中，2011—2012年，中心城区每年建设3万平方米廉租住房，45万平方米公租房、6万平方米经济适用住房。

2. 政策性商品住房建设

政策性商品住房（包括限价商品住房和安置房）对接由于市政公用设施、基础设施、危旧房棚屋区改造、土地收储和重点项目建设的拆迁安置，在城市建设中必须予以解决。

规划期内，全市计划拆迁改造的政策性商品住房（包括限价商品住房）建设量为2023万平方米，其中中心城区建设1905万平方米，占全市政策性商品住房建设量的94%；外围七县（市）共建设安置住房118万平方米，占全市政策性商品住房建设量的6%。

3. 商品住房建设

商品房方面应继续加大中低价位、中小户型商品住房，鼓励自住型和改善型住房需求，保证住房结构和数量的稳定供给。

规划期内，全市计划建设商品住房3869万平方米，其中中心城区计划建设商品住房2005万平方米，占全市商品住房建设量的52%；七县市建设1864万平方米，占全市商品住房建设量的48%。

第十四条 中心城区住房建设年度安排

2011年，新增住宅用地供应394公顷，其中保障性住房用地22公顷，政策性商品住房用地158公顷，商品住房用地214公顷；建设保障性住房54万平方米，政策性商品住房460万平方米，商品住房518万平方米。

2012年，新增住宅用地供应411公顷，其中保障性住房用地22公顷，政策性商品住房用地167公顷，商品住房用地222公顷；建设保障性住房54万平方米，政策性商品住房485万平方米，商品住房539万平方米。

2013年，新增住宅用地供应248公顷，其中保障性住房用地12公顷，政策性商品住房用地110公顷，商品住房用地126公顷；建设保障性住房28.8万平方米，政策性商品住房320万平方米，商品住房305.2万平方米。

2014年，新增住宅用地供应253公顷，其中保障性住房用地12公顷，政策性商品住房用地110公顷，商品住房用地131公顷；建设保障性住房28.8万平方米，政策性商品住房320万平方米，商品住房317.2万平方米。

2015年，新增住宅用地供应256公顷，其中保障性住房用地12公顷，政策性商品住房用地110公顷，商品住房用地134公顷；建设保障性住房28.8万平方米，政策性商品住房320万平方米，商品住房325.2万平方米。

第十五条 七县市住房建设年度安排

2011年，新增住宅用地供应167公顷，其中保障性住房用地10公顷，政策性商品住房用地12公顷，商品住房用地146公顷；建设保障性住房17万平方米，政策性商品住房24万平方米，商品住房312万平方米。

2012年，新增住宅用地供应179公顷，其中保障性住房用地10公顷，政策性商品住房用地13公顷，商品住房用地156公顷；建设保障性住房17万平方米，政策性商品住房28万平方米，商品住房332万平方米。

2013年，新增住宅用地供应192公顷，其中保障性住房用地6公顷，政策性商品住房用地10公顷，商品住房用地176公顷；建设保障性住房11万平方米，政策性商品住房 22 万平方米，商品住房 374 万平方米。

2014 年，新增住宅用地供应 207 公顷，其中保障性住房用地 6 公顷，政策性商品住房用地 10 公顷，商品住房用地 191 公顷；建设保障性住房 11 万平方米，政策性商品住房 22 万平方米，商品住房 407 万平方米。

2015 年，新增住宅用地供应 222 公顷，其中保障性住房用地 6 公顷，政策性商品住房用地 10 公顷，商品住房用地 206 公顷；建设保障性住房 11 万平方米，政策性商品住房 22 万平方米，商品住房 439 万平方米。

第十六条 住房结构控制引导

1. 总体结构控制要求

根据闽政办〔2010〕7 号文精神，重点增加保障性住房和普通商品住房有效供给，加快中低价位、中小套型普通商品住房建设，优化住房供应结构。根据市场需求状况，重点加快以 90 平方米左右为主、120 平方米以下的中小套型普通商品住用地供应。

另外根据《关于强化措施突出重点加快建设事业发展服务海峡西岸经济区建设的若干意见》，确保保障性住房供应量占商品住宅供应量的 8%～10%。

2. 住房结构比例分类控制

（1）政策性住房结构比例控制

新建廉租住房套型建筑面积控制在 50 平方米以内，公共租赁住房套型建筑面积基本在 60 平方米以下，经济适用住房套型建筑面积控制在 60 平方米左右。

政策性商品住房结构比例采用高于国办发〔2006〕37 号的要求，90 平方米以内的住房总建筑面积应达到总建筑面积的 80%以上。

（2）商品住房结构比例控制

对于商品住房的住房结构比例，应按项目不同区位分别控制。应重点发展建设中低价位、中小套型普通商品住房，增加住房有效供应，重点加快以 90 平方米左右为主、120 平方米以下的中小套型普通商品住用地供应。单套建筑面积在 90 平方米以内的住房总建筑面积必须达到新建住房总建筑面积 70%以上。

第四章 中心城区住房建设布局

第十七条 住房建设布局原则

1. 与城市总体规划发展方向相一致的原则。郊区城镇住宅建设的环境质量和水平优于中心城，引导中心城人口疏解和郊区人口向城镇集中。

2. 与产业布局相协调的原则。与区（县）功能定位、产业结构和就业结构相协调，增强住房空间布局的合理性、类型的多样性，推动产业与居住的平衡发展，促进工作与生活的适宜性。

3. 与公共交通及市政公建设施相配套的原则。充分考虑居民工作生活对交通设施条件的需求，在轨道交通站点和公共交通干线周边优先安排廉租住房、经济适用住房和中小套型普通商品住房建设。

4. 促进社会和谐与公平的原则。按照"大融合、小分散"的空间分布模式，鼓励和引导各种类型、各个层次、不同群体住房的相对混合布局，促进相互交流和社会和谐。

第十八条 住房建设规划布局

1. 明确住房重点发展区域

规划期内，在强调土地资源节约、集约、高效利用的前提下，重点保证中小户型、中低价位普通商品住房和保障型住房的用地供应；坚持区域住房发展合理布局，进一步促进和引导房地产市场按照城市总体规划和土地利用总体规划的方向发展。

继续推动中心区人口分散、功能提升、环境改善、景观优化。充分发挥新城在人口集中、产业聚集、土地集约利用等方面的作用，突出重点有序推进，建设一批新型居住区，集中力量建设新城。加快推进试点城镇建设，加快发展新城镇，形成一批相对独立，各具特色的小城镇。

——中心城区

根据《福州市城市总体规划（2010—2020)》，十二五期间福州城市重点发展方向为"东扩南进"、沿江面海发展。南台岛、晋安新城、马尾、东部新城仍是近年福州城市建设重点，同时要跨越乌龙江，向上街、南通、南屿、青口拓展。

——外围县市

外围县市住房建设布局进行原则控制引导，具体由各地结合总体规划及近期建设规划进一步落实。

2. 区域发展策略

市区中心区以优化提升为主，重点在公共设施、开放空间配套等方面进行优化整合，促进人口和功能向外疏解，优化形象和风貌，增加公共绿地。住房建设重点为危旧房及城中村改造工作。

结合已经建成的海峡国际会展中心、福州火车南站，以及闽江南岸行政办公区、飞凤山奥体中心、轨道交通1号线、三环路等公共设施和交通设施的建设，加大设施沿线和周边的住房供地，引导市中心人口由鼓台向南台岛转移。

依托绕城高速、螺洲大桥的快速推进，结合荆溪综合试点小城镇、马尾新城、东部新城，加大中心城区周边地区的保障性住房供地，结合产业转移和产业园、大学城建设，逐步向外围组团投放商品住房供地。

第五章 政 策 措 施

第十九条 贯彻落实房地产宏观调控政策，促进房地产市场平稳发展

继续以贯彻落实国家房地产宏观调控政策为主线，坚持以调整住房供应结构、稳定住房价格、解决中低收入群众住房困难为重点，建立健全、诚信、规范、透明、法制的房地产市场体系，和分层次、保基本、可持续的住房保障体系，促进房地产市场持续平稳协调，健康发展。

第二十条　继续加大住房用地的储备和供应，尤其是确保政府保障性住房的用地供应

按照全市住房发展规划目标，保证一定量的新增住房用地供应，强化通过拆除重建作为普通商品住房和保障性住房供应的主要模式，优先保证中低价位、中小套型普通商品住房和政府保障型住房用地供应，其年度供应量不得低于居住用地供应总量的70％。

优化市区中心区住房用地布局，控制高强度开发、高密度住宅布局，推进人口疏散、功能提升、环境改善和景观优化。针对我市土地资源日益紧的现状，依据节约、集约利用土地的原则，规划期内，在符合规划控制原则和相关规范要求的前提下，适当提高外围新城的住房建设的容积率水平。通过规划引导，促进各种类型住房，在空间地域上的交错布局，促进相互交流和社会和谐。

进一步调整完善农村集体土地和城市国有土地征收和拆迁安置政策。继续停止别墅类房地产开发项目土地供应，严格限制低密度、大套型住房土地供应。

第二十一条　加大闲置土地处理力度，加大城中村改造，积极盘活存量土地

加大对房地产开发闲置土地的处置力度，采取灵活有效的办法，对闲置土地予以盘活。积极稳妥地开展旧城旧屋区改造，按照政府主导、市场化运作、统筹兼顾、综合改造、区别对待、分类指导的原则，落实我市旧城旧屋区改造目标。通过加大"城中村"、棚屋区、危旧房改造，改善居住生活环境、市政设施配套，盘活存量土地。

第二十二条　优化房地产市场结构，实现存量房、一手商品住房、二手商品住房、租赁房市场健康发展

一是要积极发挥存量住房在全市住房供应体系中的重要作用，通过规范房产中介行为，完善二手房交易网上备案管理，加强二手房交易资金的监管等措施，进一步活跃二手房市场，扩大二手商品房与新建商品房的成交比例，使其达到1∶1或者1∶1.5。

二是，加快租赁市场的发展，进一步规范住房租赁行为。通过税收、金融优惠政策，鼓励机构经营租赁住房，完善相关住房租赁政策，鼓励居民出租和租赁住房，使十二五期间的住房租赁面积、承租户数有较大幅度的增长。

加大差别化信贷、税收的执行力度，支持居民自住型和改善型住房消费，抑制投资、投机型住房需求。

第二十三条　加强房地产市场监管，维护市场秩序

一是要实施商品住房建设项目的全过程监管，采取跟踪、调查、掌握商品住房建设进度、上市时间、数量，督促开发企业开发建设上市销售，确保市场正常供应。

二是要加大市场销售监管，要加大销售现场和合同网上备案的监测力度，积极采取措施，规范商品住房销售行为。

三是要加大资金监管，严格土地出让金、商品房预售资金、二手房交易资金的监管。

第二十四条　倡导环保型、节能型住房建设，推动住宅产业化

按照"绿色、环保、低碳、生态"的发展理念，大力倡导节能、节地、节水和节材的环保型住房建设，制定福州市示范小区创建标准和政策激励机制，发挥示范带头作用，全面推进特色、文化、绿色、生态型住房建设。降低住房建造和使用过程中对能源的消耗，关注土地资源的合理利用，实现城市的集约用地。探索政府引导和市场机制推动相结合的方法和机制，加快建立和完善住宅产业化体系，形成节能省地型住宅的产业化发展模式。

第二十五条 发展小区物业服务，扩大物业管理覆盖面，提升居住环境质量

改变重住宅建设、轻居住区配套服务设施建设，商业服务设施多、公益服务设施少的状况，切实加强与人民群众切身利益相关的居住区配套服务设施的管理机制建设。

完善制度、加强监管、规范市场秩序，继续积极探索业主委员会与社区委员会有机结合的管理机制，建立规范诚信和谐的物业管理市场，全面提升物业管理服务水平，为人民群众提供质价相符的物业服务，创造安全舒适的居住环境，促进和谐社区建设。

第六章 保 障 机 制

第二十六条 强化统筹协调，落实分级负责制

一是加强与相关规划的衔接配合。做好与国民经济和社会发展规划和城市近期建设规划的衔接，以及与交通、市政、产业等相关专业规划的衔接和协调，形成规划实施的合力。

二是建立分级负责制。市级主要负责政策制定、计划编制、组织协调等；各区（县）负责细化规划指标，加强规划落地，落实保障性住房的建设和供应任务，并做好建设的时序安排。

第二十七条 发挥年度计划的指导作用

住房建设规划把规划目标初步分解到各年。在具体落实中，应根据目标实际完成情况以及福州经济社会发展和住房供需情况的动态监测，适时适度地进行调整，制定年度住房建设计划。年度住房建设计划作为项目审核、规划许可和土地出让的具体依据，各级政府、各相关部门应严格执行。

第二十八条 建立动态监控机制，加强规划实施的监督管理

建立规划实施的动态监控机制，完善住房建设规划的公共参与机制，加强规划效能监察。规划实施一段时期后，围绕规划提出的主要目标、重点任务和政策措施，要组织开展规划实施评估，全面分析检查规划的实施效果及各项政策措施落实情况，推动规划有效实施，并为动态调整和修订规划提供依据。

第七章 附 则

本规划经福州市人民政府批准后实施，由福州市住房保障和房产管理局负责解释。

附表：

2011—2015 年福州全市住房建设年度计划 单位：万平方米 表 1

项目	住房类型		2011 年	2012 年	2013 年	2014 年	2015 年	总计
1	政策性住房		555	584	381.8	381.8	381.8	2284
	其中	保障性住房	71	71	39.8	39.8	39.8	261
		政策性商品住房	484	513	342	342	342	2023
2	商品住房		830	871	679.2	724.2	764.2	3869
3	总计		1385	1455	1061	1106	1146	6153

备注：中小户型商品住房占商品住房总量的比例不小于 70%。

2011—2015 年福州全市土地供应年度计划 单位：公顷 表 2

项目	住房类型		2011 年	2012 年	2013 年	2014 年	2015 年	总计
1	政策性住房		202.3	211.9	137.8	137.8	137.8	828
	其中	保障性住房	32.3	32.3	17.9	17.9	17.9	118
		政策性商品住房	170.1	179.7	120.0	120.0	120.0	710
2	商品住房		359.6	378.3	301.9	321.8	340.1	1702
3	总计		562.0	590.2	439.7	459.6	477.9	2529

备注：中小户型商品住房及政策性住房供地面积占总供地量的 70% 以上。

2011—2015 年中心城区住房建设年度计划 单位：万平方米 表 3

项目	住房类型		2011 年	2012 年	2013 年	2014 年	2015 年	总计
1	政策性住房		514	539	348.8	348.8	348.8	2099
	其中	保障性住房	54	54	28.8	28.8	28.8	194
		政策性商品住房	460	485	320	320	320	1905
2	商品住房		518	539	305.2	317.2	325.2	2005
3	总计		1032	1078	654	666	674	4104

备注：中小户型商品住房占商品住房总量的比例不小于 70%。

2011—2015 年中心城区土地供应年度计划 单位：公顷 表 4

项目	住房类型		2011 年	2012 年	2013 年	2014 年	2015 年	总计
1	政策性住房		180	189	122	122	122	735
	其中	保障性住房	22	22	12	12	12	80
		政策性商品住房	158	167	110	110	110	655
2	商品住房		214	222	126	131	134	827
3	总计		394	411	248	253	256	1562

备注：中小户型商品住房及政策性住房供地面积占总供地量的 70% 以上。

七县市 2011—2015 年住房建设年度计划　单位：万平方米　　**表 5**

项目	住房类型		2011 年	2012 年	2013 年	2014 年	2015 年	总计
1	政策性住房		41	45	33	33	33	185
	其中	保障性住房	17	17	11	11	11	67
		政策性商品住房	24	28	22	22	22	118
2	商品住房		312	332	374	407	439	1864
3	总计		353	377	407	440	472	2049

备注：中小户型商品住房占商品住房总量的比例不小于 70%。

七县市 2011—2015 年土地供应年度计划　单位：公顷　　**表 6**

项目	住房类型		2011 年	2012 年	2013 年	2014 年	2015 年	总计
1	政策性住房		21	23	16	16	16	92
	其中	保障性住房	10	10	6	6	6	38
		政策性商品住房	12	13	10	10	10	55
2	商品住房		146	156	176	191	206	875
3	总计		167	179	192	207	222	967

备注：中小户型商品住房及政策性住房供地面积占总供地量的 70% 以上。

无锡市"十二五"住房建设规划

第一章　总　　则

1. 规划背景

为了应对国家住房宏观调控，2006 年 5 月发改委、建设部等九部委联合发文要求各地编制住房建设规划（2008—2012 年），以满足当地居民自住需求的中低价位、中小套型普通商品住房为重点，纳入当地"十一五"发展规划和近期建设规划。规划编制对引导住房健康发展起到了一定的作用。

"十二五"期间，住房仍是关系到国计民生的重要问题，是社会关注焦点——住房、教育、医疗"三座大山"之首；国家和省市对于住房问题的解决也提出了更高的要求，更为强调普惠与宜居。随着城市建设的推进，无锡市当前的住房特征和问题也呈现出了新的趋势；同时，对于"十二五"期间与住房密切相关的城市空间结构、社区空间布局、配套设施等，均提出了新的战略举措和实施计划，都将影响新时期住房建设。

为了加快落实国家"加快推进以改善民生为重点的社会建设"政策，进一步扩大住房保障范围，跟踪解决住房问题，健康引导城市住房建设，特滚动编制"十二五"期间住房建设规划。

2. 指导思想

深入贯彻落实科学发展观，按照全面建设小康社会和构建社会主义和谐社会的目标要求，以解决中低收入家庭住房困难为重点，满足和协调全市住房需求，改善住房条件，优化住房布局，盘活土地资源，提高居住水平，建设宜居城市。

3. 规划目标与重点

对"十二五"期间无锡市区保障性住房供给、政策性住房建设和商品房建设提出指引。

本次规划的保障性住房包括经济适用房、廉租房、公共租赁住房、危旧房改造及老新村整治。通过建设廉租住房、经济适用住房、公共租赁住房解决城市中中等偏下收入家庭住房困难问题。通过公共租赁住房解决新就业人员、外来务工人员的住房困难，通过危旧房改造解决危旧房内的居民居住问题，通过老新村整治改善老新村中居民居住条件和环境。

本次规划的政策性住房包括拆迁安置房和人才公寓。拆迁安置房针对市区拆迁家庭；人才公寓针对高层次人才，包括具有世界一流水平的杰出人才、创新型领军人才及我市紧缺的副高级职称以上及相对层次的高级人才。

本次规划的商品房建设与城市重点发展方向吻合，相对集中成片发展，以优化城市空间结构，促进集聚集约发展。优先保证中低价位、中小套型商品房建设，适度建设与基础环境建设相协调的精品住宅，提升居住环境品质。同时，以引导发展节能省地环保型住宅为重点，逐步加大成品住宅供应比例，倡导生态宜居的生活理念。

规划"十二五"期间无锡市竣工住房总量 6208.5 万平方米；其中，保障性住房、政策性住房和商品房的竣工量分别为 439.5 万平方米、3269 万平方米、2500 万平方米。规划对各类保障性住房进行量上的合理分配和空间上的合理布局。

4. 规划范围与年限

规划范围为无锡市区。包括崇安区、南长区、北塘区、新区、滨湖区、锡山区、惠山区 7 区，总面积 1622 平方公里。

规划年限为 2011 年至 2015 年。

第二章　保障性住房建设规划

1. 现状情况

目前，无锡市区保障性住房主要由廉租住房和经济适用住房构成。至 2009 年底，共交付经济适用住房 326 万平方米。到 2010 年 6 月底，累计保障廉租住房户数为 4049 户，其中发放租金补贴 3321 户、实物配租 728 户。除去退保人员外，目前正在实施保障的家庭 3143 户，其中租金补贴 2451 户、实物配租 692 户。

至 2008 年底，无锡中心城区共有危旧住房改造项目 39 个，涉及居民 19640 户，建筑面积约 110 万平方米。至 2010 年底，共启动危旧住房改造项目 32 个，涉及居民 16688 户，建筑面积 92.7 万平方米，目前已改造约 70 万平方米。

自 1997 年以来，无锡市区相继对十批共计 63 个老新村进行了整治。"十一五"期间对近 70 个老新村分期分批的进行整治，每年整治面积 60~80 万平方米左右。

2. 住房需求

（1）城镇居民住房保障需求

按城镇户籍居民人均收入每年递增 5% 左右测算，预计到"十二五"期末，具有无锡市市区常住户口、家庭人均住房建设面积在 20 平方米以下、家庭人均月可支配收入在 2300 元以下的城市中等偏下收入住房困谈家庭，都将纳入住房保障范围。通过廉租住房（含租金补贴）、经济适用住房、公共租赁住房等保障方式，对其中的低收入家庭应保尽保，对其中中等收入家庭轮候保障。

按照"十二五"期末 10% 的保障覆盖面，无锡市区约有 7.8 万户需要保障。扣除已提供的近 3 万户经济适用住房及正享受廉租住房保障家庭 4049 户，应有约 4.4 万户家庭需要进行住房保障。结合实际情况，预期其中通过实物配租保障 2000 户，通过租金补贴保障 6800 户，通过公共租赁住房保障 3000 户，其余约 3.3 万户通过经济适用住房保障。

（2）新就业人员、外来务工人员住房保障需求

"十二五"期间，对毕业不满一定年限、已与用人单位签订劳动（聘用）合同、本人及其父母在本市市区范围无私有房产、未租住公房的新就业人员将纳入住房保障范围，通过公共租赁住房方式，进行轮候保障。

"十二五"期间，在无锡市居住满一定年限、有稳定劳动关系、在本市无私有房产、未租住公房的外来务工人员将纳入住房保障范围，通过公共租赁住房方式，由用人单位进行轮候保障。

结合无锡实行积极地人才政策，预期"十二五"期间每年来锡的新就业人员将达到 2 万。按照 40% 的新就业人员选择公共租赁住房计算，即每年 8000 套间，5 年累计 4 万套间，按户均 1.6 套间计算，共能解决 2.5 万户新就业人员住房困难问题。

3. 建设目标

规划保障性住房以切实解决城市中低收入家庭住房困难问题，纳入保障体系人群应保尽保为建设目标。通过加大建设力度，完善保障性住房居住的交通、医疗、教育等公共配套设施，切实增强保障性住房的宜居性，利用城市有限公共资源更好地解决城市中低收入人群住房问题，方便居民就业和生活。

"十二五"期间保障性住房面积建设总量约为 439.5 万平方米，其中廉租住房 2000 套约 10 万平方米，经济适用住房 3.3 万套约 247.5 万平方米，公共租赁住房 2.8 万套（4.5 万套间）约 182 平方米。

（1）经济适用住房

"十二五"期间,建设经济适用住房约 3.3 万套约 247.5 万平方米。结合实际地块情况,2012 年竣工 33.75 万平方米,交付 4500 套;2013 年竣工 13.5 万平方米,交付 1800 套;2014 年竣工 51.75 万平方米,交付 6900 套;2015 年竣工 148.5 万平方米,交付 1.98 万套。

(2) 廉租住房

"十二五"期间,每年在经济适用住房地块中配建约 400 套廉租住房,合计 2000 套约 10 万平方米,不足部分,通过市场收购。到"十二五"末,通过廉租住房实物配租户达到 2800 户,实现动态平衡。

(3) 公共租赁住房

"十二五"期间,建设公共租赁住房 2.8 万套(4.5 万套间)约 182 万平方米。2011 年启动建设 1.2 万套(2 万套间)约 78 万平方米,2012 年启动建设 1.6 万套(2.5 万套间)约 104 万平方米。

(4) 危旧房改造

"十二五"期间,继续改造成片危旧房地块 7 个,总建筑面积 36 万平方米,涉及居民 5290 户。同时,改造零星危旧房约 20 万平方米。

(5) 老新村整治

"十二五"期间,通过特修为主的方式,整治 2 万平方米以下尚未整治的零星住宅约 120 万平方米;自 2011 年起,对 2002 年以前已整治的 550 万平方米老(旧)住宅小区,每年深化整治 110 万平方米;自 2013 年起,对实行住房商品化改革之前(主要在 1998 年前)建造的住宅小区,选择矛盾和问题较多的进行新整治。

4. 空间布局

为确保保障性住房城乡全覆盖,满足城镇各区域居民基本住房需求,根据城市总体规划,结合各类保障性住房的保障对象和建设特点,统筹协调空间布局,与城市建设发展方向吻合,优先在基础设施到位,公共设施完善,方便居民生活和工作的地区布局。

因经济适用住房、廉租住房的对象主要分布在城中心地区,其空间布局也主要分布于中心城区及其附近的位置。公共租赁住房建设遵循市区共建、均衡布局的原则,选择交通便捷(原则上靠近规划轨道交通线)、生活配套设施完善的区域布点。

城中三区(崇安区、南长区、北塘区):布局经济适用住房项目(部分配建廉租住房)4 处以上,建设约 1.58 万套;布局公共租赁住房项目 3 处,建设约 7200 套。

锡山区:布局经济适用住房项目(配建廉租住房)2 处,建设约 9800 套;布局公共租赁住房项目 1 处,建设约 7800 套。

惠山区:布局公共租赁住房项目 1 处,建设约 5200 套。

滨湖区:布局公共租赁住房项目 1 处,建设约 5200 套。

新区:布局公共租赁住房项目 1 处,建设约 2600 套。

另在中心城区周边积极安排经济适用住房地块,安排建设约 7400 套以上。

无锡市"十二五"住房建设规划保障性住房项目一览表

类别	序号	位置	项目名称	竣工套数（套）	竣工面积（万平方米）	建设计划
经济适用住房	1	北塘区	广石北地块	4500	33.75	2012 年竣工
	2	南长区	潘婆桥地块	1800	13.5	2013 年竣工
	3	崇安区	毛岸地块	6900	51.75	2014 年竣工
	4	南长区	扬名地块	2600	19.5	2015 年竣工
	5	锡山区	兴达泡塑地块	9000	67.5	2015 年竣工
	6	锡山区	东北塘地块	800	6	2015 年竣工
	7		其他新地块	＞7400	＞55.5	
	小计			＞33000	＞247.5	
廉租住房	每年在经济适用住房项目中配建			2000	10	每年竣工 400 套
公共租赁住房	1	崇安区	崇安区公租房	2600	16.9	2011 年启动 12000 套 2012 年启动 16000 套
	2	南长区	南长区公租房	2000	13	
	3	北塘区	北塘区公租房	2600	16.9	
	4	锡山区	锡山区公租房	7800	50.7	
	5	惠山区	惠山区公租房	5200	33.8	
	6	滨湖区	滨湖区公租房	5200	33.8	
	7	新区	新区公租房	2600	16.9	
	小计			28000	182	
合计				63000	439.5	

第三章 政策性住房建设规划

1. 现状情况

目前，无锡市政策性住房主要有安置住房和人才公寓两部分组成。"十一五"期间，无锡市区累计开工建设安置住房约 4492 万平方米，累计竣工安置住房约 2897 万平方米；人才公寓已建成 563 套。

无锡市"十一五"安置住房现状情况一览表（单位：万平方米）

年 代	2006	2007	2008	2009	2010
拆迁量	—		642.37	758.01	799.18
开工量	1903.62		976.91	854.64	756.83
结转施工量			558.92	813.22	1006.88
施工总量	—	—	1535.83	1667.86	1763.71
竣工量	928.38		615.55	701.56	651.51

资料来源：建设局统计资料。

2. 住房需求

（1）安置住房需求

安置住房保障因城市化推进和城市建设而拆迁安置家庭的住房需求。结合"十二五"政府稳步推进城市发展建设，平稳有序发展房地产市场的规划设想，根据各区拆迁安置情况统计，"十二五"期间安置住房建设量约为每年600万平方米。

（2）人才公寓计划

为进一步实施"人才强市"战略，加快推进"人才特区"建设，无锡市正通过建设人才公寓的方式，大力实施人才安居工程。人才公寓的保障对象，包括杰出人才、领军人才、高级人才三大类。杰出人才，是指具有世界一流水平的杰出人才，包括国内"两院院士"，世界发达国家科学院、工程院院士，获得国内外公认的重大奖项的第一成果人以及相当层次的人才。领军人才，是指高等院校、科研机构和重点企事业单位的省级以上重点学科、重点创新科研团队带头人以及相当层次的创新型领军人才；在世界500强企业担任中高级职务，在中国500强企业担任高级职务，具有国际一流管理水平的高层次经营管理人才，"无锡千人计划"和"530"计划引进的科技领军型创业人才。高级人才，是指我市急需、紧缺的副高级职称以上及相当层次骨干人才。

根据引进人才的层次情况，人才公寓进行适当装修，满足拎包入住要求。单套住房面积一般控制在60～100平方米；用于解决引进特殊人才住房的，住房面积可不少于100平方米。人才公寓原则上以租为主，引进人才入住后，3年内免收租金。3年期满后根据引进人才创新创业的实际情况，如需继续租住的，给予按当期住房租赁市场平均水平减免50％租金的政策优惠。"十二五"期间共计划累计筹集约1万套100万平方米。

3. 建设目标

规划以建设适宜生活、配套完善的居住空间体系为目标，通过有序安排政策性住房的建设，配合城市建设，保障人才引进。"十二五"期间政策性住房建设总量约为3269万平方米。

（1）安置住房

根据提前规划，提前建设；集约建设，节约用地的原则，"十二五"期间，安置住房建设总量约3169万平方米。其中，城中三区（崇安、南长、北塘）建设安置住房约336万平方米；外围区域建设安置住房2833万平方米。

（2）人才公寓

采取建购并举等途径，通过市、区（管委会）主导集中建设、市场回购等手段，"十二五"期间，完成100万平方米、10000套左右人才住房的建设和筹集任务。其中，市级层面集中建设人才住房1000套约10万平方米左右。各区（管委会）层面建设人才住房9000套约90万平方米左右。

4. 空间布局

安置住房建设在全市范围内按照城市发展建设需要、根据资金、土地、配套设施等要素统筹布局，重点结合城市化进程主要发展方向和重点项目工程分布。

人才公寓建设在中心城各区（崇安、南长、北塘）结合城市建设中的地块改造情况统筹布局，其他各区（管委会）根据产业集聚、转型发展的实际情况和城市规划建设需要，相对集中建设。

城中三区（崇安区、南长区、北塘区）：拟建安置住房 336 万平方米，涉及用地面积 204 公顷；布局人才公寓项目 4 处，建设 1500 套约 15 万平方米。

锡山区：拟建安置住房 842 万平方米，涉及用地面积 648 公顷；布局人才公寓项目 3 处，建设 2500 套约 25 万平方米。

惠山区：拟建安置住房 534 万平方米，涉及用地面积 398 公顷；布局人才公寓项目 1 处，建设 1700 套约 17 万平方米。

滨湖区：拟建安置住房 1060 万平方米，涉及用地面积 711 公顷；布局人才公寓项目 3 处，建设 3000 套约 30 万平方米（其中市级项目 1 处，约 1000 套 10 万平方米）。

新区：拟建安置住房 397 万平方米，涉及用地面积 329 公顷；布局人才公寓项目 1 处，建设二期 600 套约 6 万平方米（一期已建成 563 套约 6 万平方米）。

无锡市"十二五"住房建设规划安置住房项目一览表

区域	用地面积（公顷）	竣工面积（万平方米）	建　设　项　目
崇安区	204	336	毛岸、柴巷、黄泥头地块
南长区			运河新村、工业用布厂、竹园里、威孚南侧地块
北塘区			方巷、外国语学校、五河毛巷、前村、惠东里、刘谭西街、后五巷、东大岸地块
锡山区	648	842	大诚苑、厚桥花苑、云林苑、春雷花苑、毛巾厂、春合苑东、金牛、孟家苑、山韵佳苑、水岸佳苑、廊下花苑、东亭、张泾、八士、鹅湖、香花苑、港下、东湖塘等地块
惠山区	398	534	金惠、长宁、寺头、林陆苑、石塘湾、洛社、前洲、民主刘巷前后、双庙、华祈、杨市、阳山、钱桥、藕乐苑等地块
滨湖区	711	1060	鸿桥北苑、芝兰桥、连大桥浜、北华巷、小潘巷、仙蠡苑、北唐巷、谢巷、邱巷、孙蒋、税校、勤新、湖山湾、金色渔港、龙山路、桃园、徐巷、仙河苑、军北、方泉苑、漆塘苑、瑞雪佳苑、仙河苑、华盛苑、梁南苑、丰裕苑、大通苑、水乡苑、双茂、凯发苑、贡湖苑、富安、阖闾城、栖云苑、马山等地块
新区	329	397	香楠佳苑、锦硕苑、渔硕苑、丽景佳苑、新光嘉园、春潮园、旺庄、东风家园、齐心、泰伯花园、新韵北路、新梅花园、新安花苑、鸿泰苑等地块
合计	2290	3169	

无锡市"十二五"住房建设规划人才公寓项目一览表

区域	序号	项目名称	竣工套数（套）	建设规模（万平方米）	建设计划
崇安区	1	民族饭店改造	140	1.4	2011年启动
	2	莫家庄睦邻中心北侧	350	3.5	2011年启动
南长区	3	姚巷改造	500	5	2011年新建
北塘区	4	总部商务园配套	510	5.1	2011年新建
锡山区	5	东亭华发路人才公寓	1500	15	2012年新建
	6	科创服务中心	1000	10	续建
	7	东区（S-park）科技园			2012年新建
惠山区	8	惠山天一科技园人才公寓	1700	17	2011年新建
滨湖区	9	市级人才公寓	1000	10	2012年新建
	10	科教产业园二期许舍地区人才公寓	560	5.6	2011年新建
	11	科教产业园三期科教园南区人才公寓	1440	14.4	2011年新建
新区	12	太科园青年公社二期	600（二期）（一期已建成563套）	6（一期已建成约6万平方米）	续建
	合计		9863	约100	

第四章　商品房规划

1. 现状情况

2006—2010年间，市区商品房竣工和销售量均受2008年底金融危机的影响出现了较大的波动，2009年销售量反弹后2010年竣工量激增。2010年底，市区商品房总量为7300.82万平方米。2010年全市商品住宅成交价在7000～9400元之间浮动，在长三角中处于中等水平。

2006—2010年商品房建设与销售情况一览表表

年份	竣工量（万平方米）	销售量（万平方米）	商品房空置（万平方米）
2006年	340.50	412.13	—
2007年	285.73	549.30	—
2008年	221.77	273.68	14.41
2009年	250.52	567.58	105.30
2010年	563.73	556.55	128.76

资料来源：建设局。

2. 住房需求

从住房政策影响的历史经验来看，根据近五年的商品房销售形势，商品房需求受国家宏观调控的影响比较大，扣除国家政策的影响，市区每年商品房需求应为 500 万平方米左右。2010 年国家出台的"国 8 条"以及无锡出台的限购三套、二套停贷等政策，将继续对住房需求形成抑制作用，包括投资性需求和住房改善需求。为此，预计 2011 年和 2012 年住房需求将持续低迷，开发商也将放缓建设降低风险，预计竣工量为 400 万平方米左右；但考虑各地经济的持续发展，随后住房市场将适度回暖并逐渐趋于稳定，竣工量为 500 万平方米左右。

从城市化进程和人口构成来看，当前无锡工业化和城市化均处于中期向后期转变的阶段，在未来一个时期内，首先工业化与城市化速度将逐步放缓并趋于稳定，其次工业化和城市化将互动协调促进城市良性发展；同时，城市对于产业结构调整和对高端人才引进力度加大，短期将从两方面平衡商品房需求，长期则将使商品房需求逐步上升。

3. 建设目标

2011—2015 年间，商品房总计竣工 2500 万平方米，25 万套，其中，2011 年、2012 年分别竣工 400 和 450 万平方米，2013 年竣工 500 万平方米，2014 年竣工 550 万平方米，2015 年竣工 600 万平方米。

均衡高中低价位住房的供应比例，引导发展中低价位、中小套型普通商品住房；完善社区公共服务配套设施，提升商品房环境品质。提高住宅科技，大力推广可再生能源在住宅建筑上的应用，推广应用新技术、新材料，大力发展低碳节能型住宅，住房建设建筑节能 65%；推广成品装修住宅，按江苏省要求 2012 年新建中心城区达到 50%，其他区域达到 30%，到 2015 年，进一步提升以上水平，建设宜居无锡。

4. 空间布局

商品房分布在市区主城区的"18 个住区和 54 个住区"内，以及外围城镇地区；商品房建设的重点区域为太湖新城东降－雪浪住区，蠡湖新城蠡湖住区，科技新城鸿声住区、梅村片区，高铁新城高铁住区，以及马山社区、玉祁平湖城、城际铁路站点周边、洛社新城、鹅湖等地区。

城中三区崇安、北塘、南长三区分别完成 200 万平方米，2 万套的商品房建设。

滨湖区，拟竣工商品房 550 万平方米，5.5 万套，以蠡湖新城、太湖新城为重点区域。

新区，拟竣工商品房 450 万平方米，4.5 万套，以鸿声住区、梅村和硕放社区为重点区域。

锡山区，拟竣工商品房 550 万平方米，5.5 万套，以高铁地区为重点区域。

惠山区，拟竣工商品房 400 万平方米、4 万套，以堰桥、钱桥等住区为主。

2011—2015 年商品房建设计划

分　　区	竣工面积（万平方米）	竣工套数（万套）
崇安	200	2
北塘	200	2

续表

分　　区	竣工面积（万平方米）	竣工套数（万套）
南长	200	2
滨湖	550	5.5
新区	450	4.5
锡山	500	5
惠山	400	4

第五章　实施措施建议

1. 确定和提高规划的法律地位

强化住房建设规划的法律地位。一是强化住房建设规划与城市战略规划、城市总体规划的衔接与良性互动，强化住房建设规划的战略引导性与可实施性；城市总体规划居住用地规划充分考虑城市居住空间格局和宜居性建设。强化住房建设规划与控制性详细规划和近期建设规划的衔接，使控规、近期规划承担更多的选址、指标、年度计划、项目实施等任务，增强实施性。二是及时公布住房建设规划与年度计划，通过多种途径宣传规划成果，强化公众监督作用。三是引入社会监督机制，形成有效的信息反馈机制，及时发现新情况、解决新问题，确保住房建设规划落实到位。

2. 建立健全资金筹措机制

建立健全住房的资金筹措机制，特别是保障性住房，加大保障性住房规划的实施力度。一是加大政府投入，市、区政府通过直接投资、资本金注入、投资补助、贷款贴息等方式，加大对保障性住房建设和管理的投入；将住房保障资金纳入年度预算安排；住房公积金增值收益在提取贷款风险准备金和管理费用之后全部用于住房保障建设；土地出让净收益用于住房保障资金的比例不得低于10%，并根据实际情况适当提高比例。二是拓宽融资渠道，鼓励金融机构发放住房建设长期贷款，探索运用保险资金、信托资金和房地产信托投资基金拓宽保障性住房建设融资渠道；引入市场机制，按照"谁投资，谁受益"的原则，鼓励民间资本进入公共租赁住房领域。三是给予政策优惠，保障性住房建设涉及的行政事业性收费和政府性基金，按国家经济适用住房和廉租住房的相关政策执行，重点危旧房改造地块减免全部行政事业性收费及政府性基金。保障性住房的建设和运营，按国家有关规定享受税收优惠政策。

3. 强化住房动态更新与监管

完善计划实施的效能评估和动态管理机制，加强住房建设项目的全过程管理和监测力度。对计划执行情况及时进行跟踪检查，实施动态监管，对落实计划不力及违反计划的行为追究实施单位的责任。对于保障性住房，一应建立分层次、多形式的住房保障框架体系，加大保障力度；二应动态制定保障性住房类型与标准，动态核实保障对象的特征，并及时根据实际情况更正，以与根据城市居民收入和住房特征相吻合；三应提高保障性住房的多样性和可替代性，包括区位、套型等；四是及时公布保障性住房建设进度，与申请、认证信息。对于商品房，加大各类闲置土地的处理力度，对超出合同约定动工开发日期满1年未动工的，依法征收土地闲置费，满2年未动工开发的，依法收回土地使用权。

4. 加强住房建设用地的储备与供应

加强与发改委、国土、规划、交通等相关部门的衔接和沟通，以确保规划确定的住房建设目标得以实现，有序推进住房土地的储备与供应。对于保障性住房，市、区政府将保障性住房建设用地纳入年度土地供应计划，实行计划单列、专地专供，予以重点保障。由政府及政府所属住房保障部门投资的保障性住房建设用地实行划拨供应。其他方式投资的保障性住房建设用地采用出让、租赁或作价入股等方式有偿适用。坚持新增供应与潜力挖掘相结合，积极促进闲置土地的盘活；坚持以市场为导向，科学确定住房建设的用地总量和出让地块规模。

5. 加快完善住房相关配套

完善现状公共服务设施，提高新城居住环境的便捷程度，改变以往单纯的功能性扩张导向，实行以"宜居社区"建设为导向的空间手法，提供足够高效及价格低廉的交通手段；完善新区的生活设施，改善交通条件，培育新的综合性的居住就业中心等，解决替代性不够、配套不足等问题，形成住房供应与城市发展之间的长效机制。

6. 强化政策性住房建设及上市政策研究

近年无锡市安置住房建设量较大，并且呈现出了一些问题：一是拆迁安置小区建设标准较低，配套设施和环境较差，影响城市总体品质；二是大量集中供应容易造成城市土地、空间、住房的结构性问题，"十二五"期间第一批大批量建设的安置住房即将期满五年，其上市将对商品房市场造成很大的冲击，尽管目前上市政策尚未明确；三是拆迁过程中资产升值效益不均和各方利益主体之间的不公平分配将影响城市长远和整体效益。

面对安置住房带来的社会隐患，规划建议从以下三个方面完善政策性住房的建设和上市政策：

第一，逐步改变"拆1还1"的安置政策，采用更多的货币补偿手段进行安置补偿，缓解拆迁安置住房放量太大带来的城市空间结构问题和社会财富分配问题；

第二，加快制定期满五年的安置住房的上市政策，制定土地出让金补偿政策和标准，防止国有资产流失和居民利益受损失；尽快将安置住房作为中低价位商品房满足住房市场需求。

第三，强化安置住房小区的配套和环境建设，提高社区建设标准。

附件　2011年住房建设计划

1. 保障性住房

经济适用房，续建广石北地块，启动建设毛岸、潘婆桥和兴达泡塑地块，2011年开工 60 万平方米、7000 套。

廉租房，2011 年结合经济适用房竣工 400 套。

公租房，2011 年"十二五"期间规划公租房项目均启动，2011 年当年竣工 1.2 万套（2 万套间）约 78 万平方米。

危旧房改造，2011 年改造 10 万平方米。

老新村整治，深化整治 110 万平方米。

2. 政策性住房

安置住房，2011 年竣工约 650 万平方米，各区根据实际情况加紧建设。

人才公寓，2011 年"十二五"期间规划人才公寓项目均启动，2011 年当年开工 100 万平方米。

3. 商品房

2011 年商品房竣工 400 万平方米，4 万套，以太湖新城东降－雪浪住区、蠡湖新城蠡湖住区、科技新城鸿声住区、梅村片区和高铁新城高铁住区等为重点区域。

2011 年住房建设计划一览表

类 别	序 号	类 型	开工面积（万平方米）	竣工套数（套）	竣工面积（万平方米）
保障性住房	1	经济适用房	60	—	—
	2	廉租房	—	400	2.4
	3	公共租赁住房	—	1.2 万	78
	4	危旧房改造	改造 10 万平方米		
	5	老新村整治			110
政策性住房	1	安置住房		7.2 万	650
	2	人才公寓	100	—	—
商品房			—	4 万	400

扬州市住房保障和房地产业
"十二五"发展规划

一、"十一五"住房发展回顾

"十一五"期间，我市经济快速发展，城市建设成绩显著，市委、市政府高度重视住房保障和房地产业发展，不断加大住房保障工作力度，强化房地产市场管理，推进房地产业平稳健康发展，住房保障水平和居民居住水平迅速提高。

（一）住房保障水平全面提升

"十一五"期间，扬州市住房保障覆盖面不断扩大，住房保障水平明显提升。全市新增廉租房 8.78 万平方米，经济适用房 84.76 万平方米，解危房 9.35 万平方米，公共租赁住房 26.46 万平方米，发放购房政策性补贴 1816 万元，租赁补贴 554 万元，总计保障中低收入家庭 17650 户、5.3 万人，与"十五"期间相比，纳入住房保障的家庭数量增加了近三倍。其中市区：

1. 政策体系逐步完善

针对不断变化的住房保障要求，2006 年市政府出台了《扬州市市区低收入家庭购买住房政策性补贴办法》；2008 年市政府出台了《关于进一步解决市区低收入家庭住房困难的实施意见》；2009 年市政府出台了《〈关于进一步解决市区低收入家庭住房困难的实施意见〉的补充意见》，主管部门出台了《扬州市市区廉租住房保障实施细则》、《扬州市市区经济适用住房供应实施细则》；2010 年市政府出台了《〈关于进一步解决市区低收入家庭住房困难的实施意见〉的补充意见》和《关于大力发展市区公共租赁住房的实施意见》，主管部门修订了《扬州市市区廉租住房保障实施细则》、《扬州市市区经济适用住房供应实施细则》。

2. 操作程序规范透明

按照公开、公平、公正原则，我市建立了三级审核、两级公示程序，实行社区和街道初审、区级复审、市级认定，在审核认定后两次进行公示，层层把关，坚持严格规范管理，健全工作机制，真正做到阳光操作、公开透明。

3. 保障范围覆盖广泛

"十一五"期间，市区新增廉租房 3.4 万平方米，经济适用房 30.92 万平方米，解危房 9.35 万平方米，公共租赁住房 12.14 万平方米，发放购房政策性补贴 1816 万元，租赁补贴 318 万元，总计保障中低收入家庭 4413 户，1.32 万人，与"十五"期间相比，纳入住房保障的家庭数量增加了 3868 户、1.16 万人。

（二）房地产市场平稳健康发展

1. 房地产开发投资保持平稳增长

"十一五"期间，全市累计完成房地产开发投资 622.26 亿元，是"十五"期间的 2.76 倍，年平均增长 18.62％；市区累计完成房地产开发投资 319.91 亿元，是"十五"期间的 2.39 倍，年平均增长 12.31％。

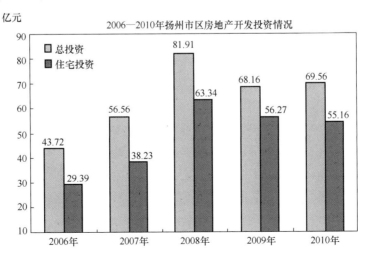

2. 市场供需基本保持平衡

"十一五"期间，全市累计新开工商品房 2607.7 万平方米，竣工商品房 1991.12 万平方米，合同成交商品房 2396.68 万平方米；其中，住宅新开工 2120.02 万平方米，竣工 1638.87 万平方米，合同成交 1992.71 万平方米。市区累计新开工商品房 1220.13 万平方米，竣工商品房 1037 万平方米，合同成交商品房 1112 万平方米；其中，住宅新开工 935.48 万平方米，竣工 838.26 万平方米，合同成交 866.47 万平方米。

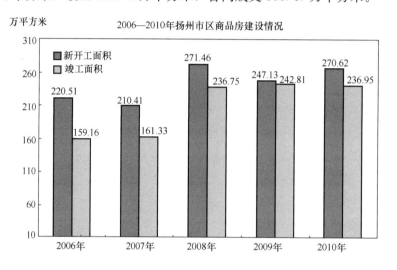

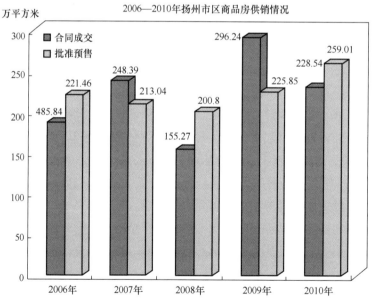

3. 商品房价格基本合理

"十一五"期间，全市商品房价格年均增长 11.9%，住宅价格年均增长 13.22%；市区商品房价格年均增长 14.96%，住宅价格年均增长 18.49%。比较而言，全市商品房价格年均增长率略高于同期城市居民可支配收入增长率的 11.6%；长期看我市房价仍处于合理的变化区间。

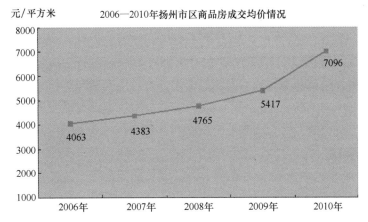

（三）房地产行业水平明显提升

1. 开发项目品质、品位明显提升

与"十五"相比，"十一五"期间我市开发建设的房地产开发项目无论是房屋的使用功能，还是小区配套设施建设水平都得到明显提升，涌现出了一批具有低碳节能、绿色环保、智能化等特征的科技型住宅小区，如帝景蓝湾、阳光美第、林溪山庄等。"十一五"期间，全市共有凯运天地、莱茵苑2个项目获得了"国家康居示范工程"称号，月亮园、奥都花城、帝景蓝湾、香格里拉、金天城大厦5个项目获得"国家广厦奖"。

2. 房地产企业综合实力明显提升

"十一五"期间，我市加大了对本地房地产企业的整合，也引进了一批具有相当开发实力和影响力的外来企业，全市房地产企业综合实力得到普遍了提升。全市一级资质房地产开发企业由1家上升为4家，二级资质房地产开发企业由35家上升为263家，涌现出了一批骨干房地产企业。江苏新能源置业集团、扬州恒通企业有限公司连续获得江苏省房地产开发综合实力50强称号，且名次不断提升，2010年江苏华利地产集团有限公司也加入到江苏省房地产开发综合实力50强企业行列。

3. 房地产行业管理水平明显提升

"十一五"期间我市对房地产市场的监管能力得到进一步加强，市政府专门成立了由市分管领导负责、各相关部门负责人参与的房地产市场管理领导小组，并设立办公室负责日常工作，加强对房地产市场的监管调控；形成了日、周、月、季、年完整的市场分析监测体系，建立了存量房交易网上管理系统，完善了商品房合同备案管理，开展了存量房交易结算资金托管和商品房预售资金监管，实施了商品房预售方案管理，实行了商品房交付使用备案制度，进一步规范了市场经营行为，切实促进房地产市场的平稳健康发展。

（四）居住水平明显提高

"十一五"期间，全市城镇居民居住水平明显改善，人均住房建筑面积平稳增长。到2010年底，扬州市城镇住宅存量总面积达到7292.68万平方米，与"十五"期末相比增加了近2000万平方米，城镇人均住房建筑面积达到34.43平方米，相比"十五"

期末增加了 6.87 平方米。其中市区：

1. 住房存量持续增长

至 2010 年底，扬州市区城镇住宅总建筑面积 3493.77 万平方米。住房存量平稳持续增长，其规模、增幅基本与扬州市的城市规模和经济发展状况相匹配。

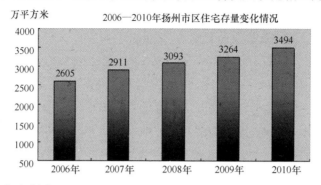

2. 人均指标稳步提高

近几年，随着经济发展，市区规模迅速扩大，住房建设成绩显著，广大居民的居住面积不断增加，住房条件得到较大改善。至 2010 年底，市区城镇人均住宅建筑面积已达 35.35 平方米，相比"十五"期末增加了 7.25 平方米，超过人均 35 平方米的小康标准。

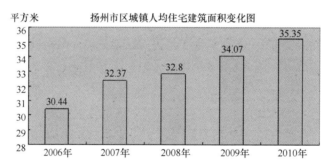

（五）配套行业水平明显提升

1. 物业服务管理不断优化

一是行业规模迅速扩大。物业管理企业从 2005 年的 126 家企业，增长至 210 家；从只有 2 家二级资质企业，增长至 1 家一级资质企业和 8 家二级资质企业；从业人员从近 5000 人，发展到目前的 20000 人左右。二是物业服务面积和范围迅速增长。全市实施物业管理面积从 2005 年的 1700 万平方米，扩大到 4800 万平方米。市区实施物业管理面积从 1240 万平方米，扩大到 2450 万平方米；其中住宅物业管理面积从 994.5 万平方米，扩大到 2050 万平方米；市区住宅物业管理覆盖率从 59％增长至 76％。服务对象从以住宅区为主，转变为住宅非住宅同步发展的良好势头。三是服务管理水平得到大幅度提升。"十一五"期间新增全国物业管理示范项目 5 个，其中住宅项目 3 个；省优秀物业管理项目 15 个，其中住宅项目 11 个。四是管理模式有了本质性的创新，已经从单一的专业化物业服务模式，转向以专业化物业服务模式为主，准物业服务模式和业主自治模式"三种模式"并存的良好态势。社区居委会、业主委员会和物业服务企业"三位一体"协调服务机制得到了有效推行。五是老小区整治初见成效。"十一五"期间,市委、市政府高度重视老小区整治工作,连续几年将其作为为民办实事的重点工作加以推进。2008—2010年,市区已累计投入1.8亿元,完成29个老小区(计3.25万户、996幢、214万平方米)的整治,直接受益居民达10.7万人。

2. 拆迁安置管理不断规范

一是拆迁管理机制得到健全。为了加强拆迁管理工作,经市政府批准,2008年我市拆迁管理办公室正式挂牌运行。二是拆迁管理政策体系得到健全。在广泛征求各方意见和进行深入调研的基础上,2009年我市出台了国有土地、集体土地两套拆迁补偿安置政策,形成了较为完备的拆迁管理政策体系。2010年出台了《关于加强市区集体土地拆迁安置房建设和管理的意见》,进一步加强了对集体土地拆迁安置房的建设和管理。三是拆迁行为得到规范。"十一五"期间,我市深入推进房屋拆迁规范化管理和"平安拆迁"创建活动,未发生一起重大的、产生不良社会影响的事件,连续五年被省住建厅评为房屋拆迁规范化管理优秀达标单位。

3. 产权测绘管理不断进步

在产权管理方面,我市产权管理水平得到明显提升,服务水平进一步提高,顺利通过了省住建厅组织的房地产交易与权属登记规范化管理先进单位预检。在测绘管理方面,建立了完善的测绘产品质量管理体系和测绘档案管理体系,测绘工作总体呈现出业务日趋规范、质量稳步提高、服务明显提升的特点。2007年,在全省同行中优先采用了ISO9000质量管理体系,2008年,完成全球定位系统GPS的升级,有效提高了测绘业务的工作效率和精确程度。

4. 房屋安全管理不断强化

"十一五"期间,我市房屋安全管理取得了明显成效,市政府出台了《扬州市城镇房屋安全管理办法》,建立了专门的房屋安全鉴定工作机构,引进了结构设计、施工管理、测量检测等各类专业技术人才,建立了专业化的房屋安全鉴定队伍,其业务范围正在不断向各行业、各领域推进延伸。

(六)"十一五"回顾综述

1. 对促进经济社会发展作出了显著贡献

(1)社会效益明显。一方面住房保障覆盖面和房地产业投资规模的扩大,使居民的居住水平得到明显提高,促进了社会和谐。另一方面,为社会就业拓宽了渠道;同时,房地产业发展也带动了旧城改造、新区开发,直接支持了城市的大规模建设,市容市貌得到了翻天覆地的变化,城市空间不断拓展,城市品位不断提升。

(2)带动了相关产业的发展。房地产业发展带动了一大批相关产业的发展,商品房的生产和消费促进了建筑、建材、钢铁、水泥、冶金、化工、机械、家用电器、家具、装修装饰、工程监理等产业的发展;同时涉房金融业长足发展,经济效益明显。

(3)增加了财政收入。实行"土地有偿使用"以来,伴随着房地产业的发展,各级政府通过土地出让金、城镇土地使用税、契税、土地增值税、与房地产有关的营业税金及附加等直接税收和间接税收方式，保证了地方财政收入不断增加，保障了经济社会发展。2010年，全市房地产业税收达到35.36亿元，其中市区房地产业税收达到20.53亿元。

2. 发展依然面临诸多问题

（1）住房保障方面，对中低收入家庭、外来务工人员、新就业人员的住房保障还未完全到位，保障水平仍有较大提升空间。

（2）群众满意度方面，主要受外部环境影响，"十一五"后期市区房价上涨速度偏快，居民对房价上涨过快的反响还比较多。

（3）开发水平和产业现代化方面，扬州的房地产开发企业实力总体不强，部分开发项目品位不高，与市场期望值有一定差距，尚不能符合宜居城市的建设要求。

（4）行业管理方面，与房地产发展相配套的物业服务、拆迁管理矛盾相对集中，人员素质有待进一步提高。

另外，还存在着居住空间分布不合理、居住区公共配套发展不快和旧城改造推进困难等问题。

二、"十二五"发展前景分析

从宏观经济形势，国家政策，区域发展和我市自身的社会经济发展等方面来看，"十二五"期间我市住房保障和房地产业发展面临着众多机遇和挑战。

（一）宏观背景

1. 经济增长和城市化是房地产业发展的直接动力，拉动着住房需求

改革开放以来，我国经济保持了长期的繁荣稳定，综合国力大幅提高，居民收入快速增加，居民对于住房的消费需求和消费能力全面提高，这是房地产业持续发展的基本前提。

伴随着经济的快速发展，城市化也进入了加速发展时期，人口大量进入城市带来了强大住房刚性需求。同时，房地产业市场化以后，国家宏观调控与市场共同作用于房地产业，使得房地产业成为社会焦点。目前，国家对房地产市场的调控不断深入，调控范围已涉及土地招标、房屋户型、买方控制、二手房交易和信贷等各个领域。由于GDP增长已不再作为发展的唯一目标，房地产作为支柱性产业的地位将有所减弱，但由于经过十几年的发展，我国房地产市场已具相当规模，市场经济规律使得未来五年房地产业的支柱地位仍无法取代。

与此同时，国家对于住房困难群体的住房保障问题也日渐重视。一方面，以人为本的执政理念要求，政府着重关注民生，包括关注住房保障问题；另一方面，建设和谐社会、实现包容性增长的目标要求，让经济发展成果惠及所有人群，在可持续发展中实现社会协调发展，具体体现在居住领域，就是要保证人人"住有所居"；同时，房地产业的自身健康发展也要求，应重点满足量大面广的普通居民的住房需求，而完善住房保障体系是平抑房价、引导和规范房地产业发展的有力抓手。

2. 长三角区域发展十分迅猛

2010 年国务院批准《长江三角洲地区区域规划纲要》,提出长三角地区功能定位为我国综合实力最强的经济中心、亚太地区重要的国际门户、全球重要的先进制造业基地和我国率先跻身世界级城市群的地区。

随着长三角地区协调发展进入新的阶段,我市房地产业发展面临新的机遇。一方面,由于经济发展较快,随着人均可支配收入的不断升高和住房支出比例的提高,长三角地区居民对居住水平的要求将逐渐提高,无论是本身的住房需求还是住房投资的愿望,对住房都将形成强势的有效需求;另一方面,随着区域经济的发展,基础设施不断完善,高速铁路、城际铁路、轻轨和不断加密的区域高速网络等交通项目陆续展开,极大地拉近了区域内各城市之间的时空距离,对区域内城市间的功能融合与资源共享将起到难以估量的作用,由于我市相对于上海、南京等城市住房价格还有巨大差距,而人居环境则十分优越,随着区域快捷交通体系的建设,长三角城市的部分住房需求有向扬州倾斜的可能。

3. 宁镇扬同城化建设已进入实施阶段

2002 年,江苏省首次提出构建"宁镇扬经济板块"的宏观发展战略,综合考虑地区现有经济实力、空间关联、交通条件及产业、文化构成等因素,宁镇扬板块内部具有强烈的融合性,在长三角地区又具有相对的独立性,我市是苏中融入苏南的最佳突破口。

随着宁、镇、扬三地交通联系的日益强化,特别是城际快速交通体系的不断完善,未来宁镇扬地区有望逐步实现"同城化",使得异地工作、异地置业、异地消费等同城化生活成为现实。

(二)扬州背景

"十二五"期间,我市将向工业化后期迈进,经济社会将进入一个新阶段,经济发展进入加速转型期,社会民生进入显著改善期,城镇化进入加快建设期,城市建设进入品质提升期,这将给我市住房保障和房地产业的发展带来大量的机遇和挑战。

1. 机遇众多,发展空间广阔

(1)"十二五"期间,我市经济的快速发展,财政收入的稳步增加,特别是市委、市政府贯彻以人为本、为民惠民、让百姓共享经济社会发展成果的执政理念,多渠道筹措住房保障资金,不断强化管理房地产工作,将给我市的住房保障工作和房地产发展提供强大支撑。

(2)"十二五"期间,我市将处于人均 GDP 跨越 10000 美元的发展阶段,我市国民经济所处的发展阶段与发展要求决定了我市房地产,尤其是住宅房地产仍将成为持久的消费热点。

(3)"十二五"期间,我市城镇化将处于速度加快、质量提升、内涵更加丰富的重要阶段,至规划期末,市域总人口将达到 535 万人,城镇人口达到 332 万人,全市城镇化水平将达到 62% 以上,比"十二五"期末提高 7.7 个百分点,这将带来大量的房地产市场需求。

（4）2014年是我市建城2500周年，对城市建设和环境品质的提升提出了更高的要求，市委、市政府已经明确提出加快"八老"改造，这将有利于推动城市居住空间的优化和居住品质的提升，加快了弱势群体住房问题解决，同时也将带来大量的房地产市场需求。

（5）我市作为联合国人居城市，国家旅游城市，"人文、生态、精致、宜居"已成为扬州城市特色，优越的人居环境、便捷的交通环境，使得扬州与长三角其他城市相比，在居住方面拥有更大的吸引力，这将给我市带来大量的房地产市场需求。

（6）按照《扬州市城市总体规划（2010—2020）》，扬州市域将形成"一带一轴"的城镇空间结构，即沿江城镇带和淮江城镇发展轴。沿江城镇带将按照"一体两翼"发展，推动扬州市区与仪征、江都城区的紧密对接和融合；淮江城镇发展轴将按照点轴发展模式，加强高邮、宝应城区的发展。城市规划的新构想将会为我市房地产业发展提供更广阔的空间。

2. 现实挑战，需要科学面对

（1）由于大中城市房价的快速上涨，国家加大对房地产市场的宏观调控力度，持续出台了一系列的调控政策，从当前的情况来看，下一步宏观调控政策将会更加细化完善，这对我市住房保障和房地产业的发展提出了更高要求。

（2）当前，人口、资源、环境发展存在的矛盾越来越突出，未来房地产业发展的主要课题将是紧凑集约发展、节能减排和节约高效使用土地资源，这给我市房地产发展提出了更高的要求。

（3）全市市域社会经济发展不平衡，南北差异明显，发展战略、发展模式各有不同，各县、市住房保障水平、房地产业发展水平差距较大，对全市的住房保障和房地产发展工作的引导带来了难度。

（4）我市宜居的城市特色，以及不断提高的知名度和美誉度，使得我市住房相比长江三角洲邻近地区拥有极大吸引力，购房需求的旺盛，给房价总体控制带来了较大压力。

（5）古城保护的特殊要求、旧城改造的现实困难、城市居民结构的变化趋势和外来务工人员、新就业人员的快速增加，给住房保障工作和房地产业发展带来了较大压力。

（6）城市规模依然不大、"一体两翼"有待培育、城市内部空间结构仍需优化调整、城市病初现以及为彰显城市特色，我市城市总体开发强度并不高，一定程度上制约了房地产业的发展空间。

三、"十二五"市区需求分析

鉴于全市区域较广，各地区发展并不平衡，住房需求各有差异，难以预测，本章着重对我市市区住房需求进行分析和预测。

（一）保障性住房需求预测

为更好的了解和掌握我市住房状况，特别是中低收入家庭、新就业人员和外来务工人员的住房状况和需求,按照有关要求,在 2010 年 5 月 20 日至 7 月 31 日期间,我市对市区中低收入家庭、新就业人员和外来务工人员的住房状况开展了调查。从调查的情况来看,"十二五"期间,我市市区约有 2.2 万户中低收入家庭需要保障,有 2.7 万外来务工人员和新就业人员需要保障。

(二)商品住房需求预测

市区新增商品房需求主要包括城市新增户籍人口住房需求、住房改善需求、住房淘汰更新、动迁所产生的被动住房需求和外来人员住房需求。

1. 新增户籍人口住房需求

根据公安部门提供的人口资料分析,扬州市区每年新增户籍人口常年平均近 1.0 万人,由此产生的住房需求每年在 35 万平方米以上。

2. 住房改善需求

2010 年扬州市区户籍人口约 123 万人,规划期内按每年增加 1.0 万人,人均住宅建筑面积指标每年增加 1.0 平方米计算,则平均每年约 120 万平方米左右。

3. 住房淘汰更新需求

2010 年底,扬州市区存量住宅总建筑面积 3493.77 万平方米。存量住房按每年 1.5% 的速度自然淘汰更新,规划期内每年住房需求近 50 万平方米。

4. 被动拆迁需求

在城市规划区范围内,市政府要求五年内完成的旧城以及城中村改造有 926.89 公顷,其中居住类地块 825.9 公顷,每年约 200 万平方米的建筑拆迁量,其中住房占 70% 左右;另外市政基础设施建设带来的拆迁量每年大概有 5 万平方米。目前我市拆迁安置虽已实物安置为主,但货币化补偿是一个大的趋势,我市也正在积极推进,由此带来的市场需求平均每年约为 40 万平方米。

5. 外来人口的住房需求

根据外来人口收入结构分析,外来常住人口中约 10% 的高收入者,如一些企业主管、公司的高级白领、一些外来经商者、高级技工等选择在扬州购房自住。同时考虑来扬州市的外来人口素质的不断提高和未来一段时期收入水平的增长,预计购买商品住房的外来人员比例将有所上升,这部分需求每年约 25 万平方米。

从上述情况综合分析,规划期内我市市区每年商品住房需求约为 270 万平方米。

(三)商业和旅游地产需求预测

1. 商业地产

根据对接城市中心体系的打造和与住宅建设相协调的原则,合理确定商业地产项目的规模,按照国家规范,住宅面积与商业面积的比率在 12∶1 到 15∶1 之间,则每年商业地产建设量应在 20 万平方米左右。

2. 旅游地产

旅游地产包含部分商业地产和高端房地产产品,按照国家产业导向,应根据实际情况严格控制在总量的 2% 以下。

四、"十二五"发展目标

（一）指导思想

坚持以科学发展观为指导，树立"以人为本"的发展理念，按照全面建设更高水平小康社会和构建和谐社会的目标要求，以解决中低收入家庭住房困难为重点，以满足不同收入层次居民住房需求为导向，完善促进住房保障和房地产业平稳健康可持续发展的政策措施，加大住房保障力度，优化房地产业发展环境，推进房地产业结构调整，强化房地产市场管理，健全房地产市场体系，改善市民居住条件，提升城市居住品位，实现住房保障全方位覆盖，形成与宜居城市相协调、与全面建设更高水平小康社会相适应的房地产业，推动我市经济社会又好又快发展。

（二）总体原则

住有所居、和谐宜居、可持续发展。

（三）目标要求

加大保障性住房建设力度，完善住房保障体系，全方位、多层次地解决住房困难家庭住房问题；坚持贯彻国家宏观调控政策，加大住房供应力度，优化住房供应结构，抑制房价过快上涨，确保房地产市场平稳健康发展，全面提升房屋品质品位，改善市民居住条件，为"三个扬州"的建设作出应有贡献。

——全市新增保障性住房415万平方米，是"十一五"期间的3.2倍；市区新增保障性住房236万平方米，是"十一五"期间的4.2倍。

市区住房保障规划　　　　　　　　　　　　　　表 4-1

年份	廉租房（万 m²）	经济适用房（万 m²）	公共租赁住房（万 m²）	限价商品房（万 m²）	危旧房改造（万 m²）	租赁补贴、政策性购房补贴（万元）
2011	1.4	8.0	23	21	10.0＋14.0	78.0＋136.0＋2250.0
2012	1.4	8.0	21	21	10.0＋14.0	93.0＋136.0＋2250.0
2013	0.55	7.5	18	21	5.0＋14.0	117.0＋204.0＋2250.0
2014	0.55	6.5	15	21	5.0＋14.0	140.0＋270.0＋2250.0
2015	0.55	6.0	15	21	5.0＋14.0	156.0＋340.0＋2250.0
总计	4	35.0	92	105	35.0＋70.0	13000

注：租赁补贴＝廉租住房租赁补贴＋低收入家庭住房租赁补贴

——全市和市区房地产开发投资平均每年增长10%，开发规模平均每年增长8%。

房地产开发规划　　　　　　　　　　　　　　表 4-2

年份	开发投资		开发规模			
	全市（亿元）	市区（亿元）	全　市		市　区	
			开工面积（万 m²）	竣工面积（万 m²）	开工面积（万 m²）	竣工面积（万 m²）
2011	120	65	500	480	250	240
2012	132	72	540	520	270	260

续表

年份	开发投资		开发规模			
			全　市		市　区	
	全市（亿元）	市区（亿元）	开工面积（万 m²）	竣工面积（万 m²）	开工面积（万 m²）	竣工面积（万 m²）
2013	145	79	580	560	292	280
2014	160	87	630	610	315	302
2015	176	95	680	660	340	326
总计	733	398	2930	2830	1467	1408

——全市和市区商品房销售规模平均每年增长 8%。

商品房、商品住房销售规划　　　　　　　　　　　表 4-3

	年份	2011	2012	2013	2014	2015	总计
全市	商品房销售面积（万 m²）	490	530	570	620	670	2880
	商品房销售额（亿元）	250	290	340	390	460	1730
	商品住宅销售面积（万 m²）	405	435	480	525	575	2420
	商品住宅销售额（亿元）	210	245	290	335	400	1480
市区	商品房销售面积（万 m²）	230	250	270	295	320	1365
	商品房销售额（亿元）	160	190	230	260	290	1130
	商品住宅销售面积（万 m²）	180	195	210	230	250	1065
	商品住宅销售额（亿元）	130	150	190	210	240	920

——城镇人均住房建筑面积平均每年增加 1 平方米，到 2015 年全市达到 38 平方米，市区达到 40 平方米。

——加快老庄台、老小区、老宿舍、老宅子的改造步伐，完成老庄台的改造、老小区的整治、老宿舍中的自管公房危房和老宅子中的直管公房危房的解危。

——加大新材料、新技术、新工艺、新设备的推广和运用，大力发展低碳、节能、省地、绿色、环保、生态住宅，每年新开工建设 2—3 个在节能环保、住宅科技运用、精装修等方面具有示范作用的高品位开发项目。

——形成一支以几个大型骨干企业（年开发规模在 30 万平方米以上）为代表，一批成长型企业（年开发规模在 20 万平方米以上）为基础的现代化房地产企业群。

——创新建设 3—6 个集都市产业、商业、金融、办公等多种城市功能于一体的"产城综合体"。

五、"十二五"建设用地

建设用地供应总量、供应结构及供应方式对住房保障和房地产市场的影响巨大，完善建设用地供应机制是保证住房保障工作推进和房地产业平稳健康可持续发展的必要条件。

（一）建设用地供应原则

1. 集约利用，紧凑节约

认真贯彻落实国家相关政策措施，提高土地使用强度，积极发展省地型住宅，提高有限土地资源的使用效率。

2. 需求拉动，科学有序

坚持以满足基本住房需求为原则，与城市发展方向、发展目标相适应，优化城市功能、空间结构，促进分区土地供应均衡，各种功能用地合理分布，房地产整体价值提升，房地产市场协调发展。

3. 规模适度，结构合理

土地供应规模是影响当前住房供应的一个重要因素。要加强对土地供应时效性的管理，使政府的土地供应及时转化为有效的住房供应，从而提高政府土地供应的效率。制定土地供应计划和住宅用地供应结构时，综合考虑市场与保障的互动影响机理、住房市场的发展阶段以及经济发展水平，科学确定住宅用地供应结构。

（二）建设用地供应规模

1. 保障性住房建设用地

以切实解决中等偏下收入家庭、新就业人员、外来务工人员住房困难为重点，以减少对完全市场化的商品房市场的影响为原则，大力发展公共租赁住房、适度建设经济适用住房、少量建设廉租住房、加快危旧房改造。区分轻重缓急，分区建设和发展时序，优先安排群众需求迫切的项目，优先解决群众反映强烈的问题，有计划有步骤地安排建设用地供应计划。

市区保障住房土地供应规划　　　　　　　　　　表 5-1

年份	廉租房（亩）	经济适用房（亩）	公共租赁住房（亩）	限价商品房（亩）	危旧房改造（亩）	合计（亩）
2011	15	92	250	242	195	794
2012	12	92	220	242	195	761
2013	6	85	200	242	185	718
2014	6	75	173	242	185	681
2015	6	66	173	242	185	672
总计	45	410	1016	1210	945	3626

2. 商品房建设用地

充分满足市场基本需求，引导、规范房地产市场良性发展，统筹考虑社会经济发展水平、财政承受能力、土地资源条件，统筹兼顾改善现有家庭住房条件和解决城市化加快带来的住房新问题，协调好商品房建设和保障性住房建设之间的关系，保证房地产市场健康平稳可持续发展。"十二五"期间，市区商品房开发用地总规模控制在 15000 亩，每年 3000 亩左右。

3. 集体土地拆迁安置房建设用地

根据扬州市城市建设、拆迁安置的需求，以及土地指标计划，安排集体土地征用规模，大约每年为 1500 亩。

4. 商业地产建设用地

根据国家配套指标和相关规划预测，"十二五"期间商业地产的建设用地应保持在每年 300 亩左右。

5. 高端地产建设用地

利用扬州得天独厚的优势资源，引导发展少量高端地产项目，总量控制在商品房供应总量的 2%，"十二五"期间每年约为 60 亩左右。

（三）建设用地空间布局

1. 居住空间布局原则

根据居住用地布局的影响因素、不同住宅空间区位的选择指向、扬州市社会经济发展与自然环境结构以及上位规划的要求，"十二五"期内居住用地布局遵循以下原则：

一是遵照城市发展的总体格局。我市的居住空间布局应与现阶段城市发展方向和城市空间结构的调整相适应。

二是体现土地区位价值和环境价值。我市环境优美，应尽可能根据景观资源的差异，合理布局不同类型的住宅，充分体现我市自然环境的价值。

三是重视与文昌路、古运河、大运河景观带建设、快速交通系统建设、文化教育设施建设等公共开发相结合，增加土地收益。

四是与当地历史文脉结合，体现地方特色。我市有较大规模的古城，应该与历史传统相协调，以保持历史文脉的传承与延续。

2. 居住板块划分

根据《扬州市城市总体规划（2010—2020）》确定的城市空间结构，按照经济发展差异、居住资源特色、交通便利情况，以及远期居住空间发展趋势，将规划范围内居住空间进行划分，形成四大区域，20 个居住板块的居住空间布局。

3. 居住板块住房建设规模

各居住板块人口的实际住房需求规模、总体规划中对本居住板块确定的居住规模以及板块内的资源环境承载能力共同框定了居住板块的住房建设规模。

由于扬州中心城区遵循团块状发展的模式，住房的开发建设同生活服务配套和交通便利性等因素有着很大的关系，因此近几年内扬州的住房开发仍较多地分布在东、西两个基础设施比较成熟分区。

规划期内各居住板块各类住房建设量　　　　单位：万平方米

	居住板块	普通商品住房	拆迁安置房	经济适用房	廉租房、解危解困房	公共租赁住房	合计
中部分区	老城区居住板块		—	—	—	—	—
	梅岭居住板块		—	—	—	—	—
	风景区居住板块		—	—	—	—	—
	双桥居住板块（东部）		—	—	—	—	—
	合计	15.03	—	—	—	—	15.03
西部分区	江阳居住板块		9	—	—	1.5	10.5
	蜀岗居住板块		18	—	—		18
	京华城居住板块		15	3	1.5	—	19.5
	邗上居住板块		9	—	—		9
	双桥居住板块（西部）		—	—	—	—	—
	蒋王居住板块		15	—	—	1.5	16.5
	二城居住板块		9	—	—		9
	汊河居住板块		15	—	—	1.5	16.5
	阳光居住板块		15	—	—	1.5	16.5
	合计	171.51	105	3	1.5	6	287.01
东部分区	黄金居住板块		21	15	6	1.5	43.5
	曲江居住板块		9	—	—	—	9
	文峰居住板块		18	12	7.5	—	37.5
	汤汪居住板块		21	—	—	1.5	22.5
	广陵新城居住板块		21	—	—	1.5	22.5
	合计	261.71	90	27	13.5	4.5	396.71
南部分区	滨江居住板块		15	—	—	1.5	16.5
	施桥居住板块		15	—	—	1.5	16.5
	瓜洲居住板块		9	—	—	1.5	10.5
	合计	97.74	39			4.5	141.24

4. 各类住房空间布局规划

考虑到在住房建设布局中防止贫富隔离、协调居住与就业的关系，以及各居住片区的发展特点、潜力和对住房类型的需求，现对各类型住房进行如下空间布局考虑。

（1）商品住房：商品住房的空间布局（开发选址）更多的遵循市场规律，政府对其适当进行调控。结合城市重点拓展方向、城市空间结构调整、人口分布、商品住房需求结构分析，未来五年商品住房建设的重点仍是东、西两个分区中的居住板块；同时考虑"产城互动"和打造南部城市副中心，滨江居住板块也列入建设重点。

（2）拆迁安置房：拆迁安置房主要结合"八老改造"和城市动迁需求（城中村、旧城改造和市政基础设施建设）就近按行政区域布局。另外，为配合古城保护工作，规划通过各种措施鼓励老城区动迁居民外迁,以缓解老城压力。

(3)保障性住房:根据区域均衡、产城互动、调控市场、体系完善的原则优化保障性住房的空间布局。考虑到建设统筹的便利,大部分廉租房、解危房与经济适用住房同步、同区域建设;同时在普通商品住房小区中适当配建部分保障性住房,探索解决贫富分离的社会问题;公共租赁住房应主要依据我市产业布局和劳动力需求的实际情况分区布置。

六、"十二五"发展思路

(一)多层次解决住房困难群体,全力提升住房保障水平

1.进一步完善住房保障体系

多层次解决住房困难家庭住房困难,完善住房保障政策措施,健全以廉租住房实物配租、租赁补贴保障"低保"、"特困"家庭以及城市最低收入住房困难家庭,以经济适用住房实物供应、政策性购房补贴以及"夹心层"租赁补贴保障低收入住房困难家庭,以公共租赁住房保障中低收入家庭、新就业人员和外来务工人员的住房保障体系框架。加强住房保障信息化建设,探索建立以货币补贴为主要保障形式的住房保障模式;继续采取多种形式加大住房保障政策宣传力度,确保各项政策家喻户晓;强化住房保障工作的常态化管理和动态管理,严格把好审核关,公开、公平、公正贯彻落实保障政策,切实做到阳光操作,让住房困难家庭感受到实实在在的温暖。

2.加大保障性住房建设力度

按照政府组织、社会参与,因地制宜、分层决策,统筹规划、分步实施的原则,精心组织,加大投入,积极稳妥地推进廉租住房、经济适用住房和公共租赁住房等保障性住房建设。加强保障性住房建设、供应和后期管理,规范准入审核,强化使用监督,加强交易管理,完善监督机制。

3.加快推进危旧房改造

坚持从实际出发,充分发挥企业、职工以及广大居民的积极性,加快直管公房、单位自管公房、破产企业危旧房以及破旧房改房的改造。关于直管公房中的住宅用房解危方面,对全危房 8.06 万 m^2、局部危房 11.9 万 m^2,在"十二五"期间全部解危结束。关于自管公房危房解危方面,计划用 4 年时间将现存 10.8 万 m^2 危房解危结束。

4.积极推进老住宅小区综合整治

以改善低收入家庭居住环境为宗旨,遵循政府组织、居民参与的原则,注重集中整治和分步整治相结合、重点整治和一般整治相结合、前期整治和后期管理相结合、整治改造和社区建设相结合,积极进行房屋维修养护、配套设施完善、环境整治和建筑节能改造,重点优化人居环境,提升城市功能,改善城市面貌。十二五期间计划实施老小区整治 478.72 万 m^2,其中 2012 年前完成 1996 年前开发建设规模在 2 万 m^2 以上老小区的整治任务,2014 年前完成 1996 年前开发建设规模在 2 万 m^2 以下和 1996—2000 年建成规模 2 万 m^2 以上小区的整治任务。

(二)加快房地产业转型发展,提升房地产行业发展水平

1. 加大供应力度，稳定价格预期

（1）加强土地市场的供应与管理。根据土地利用总体规划、房地产业和住宅建设规划等要求，合理确定土地供应总量、结构和布局，编制土地使用权年度出让计划，增强土地供应的计划性和合理性，保持土地市场供求总体平衡和价格相对稳定。多渠道筹措资金，增加政府土地储备数量，努力增强土地一级市场调控能力。进一步加大闲置土地清理力度，遏制投机囤地等违法违规行为。加强土地供应前的调查和科学论证，杜绝不公平交易行为的发生，确保房地产项目用地公开、公平、公正。

（2）优化房地产市场供应结构。引导开发企业建设符合市场需求的住房户型和商品房种类，优化供应结构。以科技创新为动力，运用行政、税收和金融等手段，大力发展低碳、节能、省地、绿色、环保、生态住宅；以人居城市为品牌效应，依托宜居、精致的城市优势，把地产和休闲、度假、旅游结合在一起，适度发展休闲、旅游等特色地产项目；以发展楼宇经济、总部经济为重点，加强商业地产规划、研究和开发。

（3）建立健全房地产市场信息发布体系。及时向社会公布住房建设计划和住房用地年度供应计划，加强市场引导，通过全面真实透明的市场信息，引导购房者形成合理心理预期和理性消费，进一步正确引导大众树立科学的住房消费理念；加快个人住房信息系统的建设，摒除各类干扰因素，研究真实的供应关系所引发的价格变化，发布反映不同区位、不同类型住房价格变动的指数信息，稳定住房价格预期。

2. 加强市场监管，规范经营行为

（1）强化商品房市场监管。加强商品房销售许可监管，规范商品房销售许可行为，健全预售资金监管制度，加强商品房预售资金监管，确保全部用于商品住房项目工程建设。逐步提高商品房预售门槛，鼓励房地产开发企业销售成品住房，逐年提高成品住房的销售比例。加强房地产市场价格秩序的监管，严禁价外收费、搭车收费。依法严肃查处房地产开发、销售和中介服务中的价格欺诈、哄抬房价以及违反明码标价规定等行为。进一步加大行政执法和处罚力度，对圈地不建、捂盘惜售、囤积房源、哄抬房价、发布虚假销售广告等违法违规行为，依法予以查处。加强房地产开发企业资质管理，提高开发企业的开发业绩、人才队伍、管理经验、社会信誉等方面的准入门槛，降低新设立企业的资质等级，严格执行与资质等级相符的开发建设规模的要求。建立和完善房地产诚信体系建设，对企业和相关从业人员在房地产开发经营环节的失职失信行为，记入信用档案并予以曝光。

（2）规范房地产中介市场的秩序。积极贯彻落实国家有关房地产中介的法律法规政策，加快建立房地产中介机构的日常监管机制，切实履行政府监管职能，规范中介服务行为，研究建立房产中介纠纷处理机制。严格执行房地产经纪人员职业资格准入制度，提高从业人员素质，建立中介机构准入制度，严把审核关，并建立长效的检查机制。

（3）培育房屋租赁市场的发展。房屋租赁市场是房地产市场的重要组成部分，培育和完善房屋租赁市场对解决部分买不起房的低收入人群住房问题，盘活存量房的使用具有十分重要的意义。积极出台各项政策措施，营造有利于房屋租赁市场发展的政策环境，推动房屋租赁市场的发展，引导居民正确理解"居者有其屋"的含义，引导百姓消费观念，在资金实力不强、收入不稳定、工作地点不固定、生活状态不安定的情况下，通过房屋租赁市场解决住房问题，逐步形成住房消费的梯级结构，发挥住房租赁市场对住房投资和消费的双向拉动作用。

3. 引导企业整合，提升行业综合竞争力

大力整合现有房地产市场资源，鼓励骨干企业利用资金、技术、人才、信誉等优势，通过兼并、收购和重组，形成大型企业和企业集团，提高产业的集中度。不断完善公司治理结构，鼓励一批有竞争力的房地产企业完成股份制改造，通过发行股票、债券和信托基金等方式，增强企业投融资能力。积极吸引外地有资金、有技术、有人才的大型房地产开发企业来扬投资发展，支持和引导民间资本投资建设经济适用住房、公共租赁住房等政策性住房，参与旧城区和城中村改造，享受相应的政策性住房建设优惠政策。通过引导，逐步增加企业社会责任感，提高我市房地产开发企业的品牌竞争力。

4. 推进住宅产业化进程，实现节能减排目标

建立健全节能产品设计标准，构建一整套行业标准体系，实现土建、设计、施工、装修的一体化，加强从生产到施工各环节的质量监管，全力推进节能省地型住宅建设，加快我市住宅产业化步伐。推进住宅性能和产品认证制度，逐步实现商品住宅建设标准化、规模化和专业化，促进技术和产品的集成。按照《江苏省"优秀住宅示范工程"及"成品住房装修示范工程"管理办法》的要求，抓好示范工程的建设，带动行业的发展。在保证住宅工程质量的前提下，促进成品住房建设，进一步提高成品住房在市场供应结构中的比例。初步建立以产业化、信息化为基础的成品住房生产组织体系，积极开展成品住房的住宅部分质量认证，不断提高成品住房的开发水平。以示范工程为载体，带动和推动我市成品住房的建设。

5. 加快人才培养和人员培训，提高行业整体素质

发挥行业管理的优势，大力提高房地产从（执）业人员综合素质，对行业内的管理人员及经营人员，全面开展专业知识和相关知识培训，实行职业准入制度，房地产企业的关键工作岗位要持证上岗，提高行业整体管理和经营水平。房地产企业更要采取多种方式培养和积蓄优秀人才，提高企业的核心竞争力。

（三）强化"四项管理"，确保协调发展

1. 物业服务管理

引导房地产开发项目将物业服务作为产品后期管理的重点，积极培育一批优秀的具有社会责任感的物业服务企业，探索物业服务上水平、促和谐的新路径；进一步完善物业服务管理政策体系，重点提升拆迁安置小区、保障性住宅小区的物业服务水平；以市场化、专业化物业服务为主导，保障性物业服务和业主自治管理为补充，大力推进住宅物业服务全覆盖。

2. 拆迁安置管理

强化科学合理拆迁，拆迁规模要适应城市化建设进程，与商品房建设、保障性住房

建设速度相一致。完善拆迁政策体系，规范拆迁行为，实行阳光操作，确保到期安置。加强对拆迁实施单位、拆迁从业人员的培训、管理和监督。

3. 产权测绘管理

产权登记方面，利用现代科技手段，构建防范风险的技术和信息化屏障；规范业务办理流程，提高登记质量和效率；积极探索建立房屋登记工作责任机制，着力解决房产登记工作中出现的问题。房产测绘管理方面，坚持业务管理平台、标准、流程"三统一"，严格落实质量管理体系要求，确保测绘产品质量合格率。

4. 房屋安全管理

加大房屋安全宣传力度，明确房屋安全管理责任，提升社会各领域、各方面房屋安全管理意识。加强多部门沟通协调，突出对学校、公共建筑、装修拆改、安全性不明房屋的安全管理，建立和完善全市房屋安全管理工作网络和体系。深入开展房屋安全鉴定工作，全面提升房屋安全鉴定水平。

七、保障机制

（一）建立完善规划的实施机制

贯彻落实国家政策，规范管理，确保住房保障和房地产业规划的顺利实施，强化规划的指导作用，规划一经批准，必须严格执行。积极发挥市房地产市场管理领导小组的作用，贯彻落实国家、省各项宏观政策，完善推进住房保障和促进房地产业平稳健康发展的各项政策措施，加强发改、财政、规划、国土、建设、物价、房管等各相关部门在规划实施过程中的衔接配合，把改善居住环境、提高居住水平、满足人民群众不断增长的居住需求纳入工作目标责任制，确保规划顺利实施。

（二）建立完善保障性住房的供应和退出机制

落实保障性住房投资的稳定资金来源和税收优惠的措施，在土地出让收益中明确用于保障性住房建设的资金比例，对涉及保障性住房建设、管理等各个环节的政府收费和税收继续实施优惠政策。完善住房公积金制度，合理安排廉租住房和经济适用住房建设规模，积极建设公共租赁住房。建立健全住房保障房源和资金筹措机制。按照政府主导、社会参与、市场运作的原则，在政府建设适量的保障性住房外通过收购商品住房、回购经济适用住房和二手房等方式，形成以中低价位、中小套型为主的多元化保障性房源筹措机制。通过财政安排、公积金增值收益、社会捐赠等途径多渠道筹集住房保障资金。加强申请住房保障的资格审查，探索制定保障性住房尤其是廉租住房和公共租赁住房的退出机制。

（三）建立完善房地产业发展的引导和创新机制

引导购房人群树立正确的住房消费观念，促进产品的科技创新和品质品位的提升，推动房地产业的可持续发展。充分发挥电视、广播、报刊、互联网等媒体的作用，在保障公众对住房建设规划的知情权、参与权和监督权的同时，针对目前扬州市购房户偏向于选择中大户型住房的消费心理，加强引导，使购房户转向购买中小户型的住房，为规划实施奠定良好的社会基础。同时通过各种引导和鼓励措施，推动开发企业对小区规划和建筑进行设计创新和品质提升，其中重点是鼓励对 90 平方米以下中小户型的创新设计。

（四）建立完善房地产政策研究和法规建设机制

在贯彻落实国家相关政策的同时，结合实际对房地产市场的新动态和新问题（如房产税、物业税）开展研究，创新思路，完善相关地方政策，推动房地产管理工作的法制化、规范化。重点完善房地产统计和信息披露制度，建立官方权威的房地产信息发布制度，实时发布商品房开发投资、开竣工面积、销售面积、空置面积等信息，通过信息披露、政策解释和趋势分析，引导理性消费。

玉溪市"十二五"住房建设规划

第一章 总 则

第一条 规划背景

为认真落实党中央、国务院各项方针政策，促进玉溪经济社会全面、协调、可持续发展，大力推进"三湖生态城市群"、"现代宜居生态城市"以及"滇中城市经济圈"、"昆玉一体化"的建设步伐，加强对玉溪市近期、中期住房建设，特别是廉租住房、经济适用住房、普通商品房、公共租赁住房建设的指导与统筹，调整住房结构、稳定住房价格，不断健全玉溪市多层次住房梯级供应和消费体系，满足不同层次居民家庭的住房需求，努力做好"住有所居"各项工作，保持玉溪市房地产市场的持续健康平稳发展，进一步完善住房供应机制，结合本市实际，编制本规划。

第二条 规划范围

本次住房建设规划范围包括市辖 9 个行政区，分别为红塔区、通海县、江川县、澄江县、华宁县、易门县、峨山县、新平县、元江县。本规划所指玉溪市或全市是指市辖 9 个行政区。

第三条 规划期限

本次住房建设规划的期限为 2011—2015 年。

第四条 规划依据

1. 1999 年玉溪市城市总体规划及 2010 年玉溪市城市总体规划；

2. 国务院《关于坚决遏制部分城市房价过快上涨的通知》（国发〔2010〕10 号）；

3. 国务院办公厅《关于促进房地产市场平稳健康发展的通知》（国办发〔2010〕4 号）；

4. 《国务院办公厅转发建设部等部门关于调整住房供应结构稳定住房价格意见的通知》（国办发〔2006〕37 号）；

5. 《关于进一步加强房地产市场监管完善商品房预售制度有关问题的通知》（建房

[2010] 53 号);

6.《关于落实新建住房结构比例要求的若干意见》(建住房 [2006] 165 号);

7.《关于解决城市低收入家庭住房困难的若干意见》(国发 [2007] 24 号);

8.《关于做好住房建设规划与住房建设年度计划制定工作的指导意见》 (建规 [2008] 46 号);

9.《云南省人民政府关于促进房地产市场健康平稳发展的实施意见》 (云政发 [2010] 18 号);

10.《云南省人民政府关于切实做好稳定住房价格工作的若干意见》 (云政发 [2010] 84 号)

11.《玉溪市人民政府关于转发〈云南省人民政府关于切实做好稳定住房价格工作的若干意见〉的通知》(玉政发 [2010] 170 号);

12. 我市的经济社会发展水平和城市化进程;

13. 2009 年玉溪市城市低收入住房困难家庭住房状况情况。

第五条 规划指导思想

以邓小平理论和"三个代表"重要思想为指导,全面贯彻落实科学发展观和构建社会主义和谐社会的重大战略思想,坚决贯彻中央宏观调控政策,以调整住房供应结构、稳定住房价格、解决中低收入群众住房困难为工作重点,建立健全诚信、规范、透明、法治的房地产市场体系以及分层次、多渠道、成系统的住房保障体系,引导和促进房地产业持续、健康、稳定发展,为玉溪市民提供更多适宜的住房,促进和谐社会建设。实现住房供求总量基本平衡、结构基本合理、价格基本稳定。

第六条 规划原则

1. 住房建设与经济社会发展相一致原则。根据玉溪市经济社会发展总体水平的发展方向,结合土地利用总体规划和城乡规划,并与城市国民经济和社会发展规划相协调,合理确定玉溪住房的建设规模和发展速度,发挥好住房建设对经济社会发展的促进作用,把我市建设成为"现代宜居生态城市"。

2. 住房建设与市民多层次的住房需求相适应原则。切实落实《关于坚决遏制部分城市房价过快上涨的通知》(国发 [2010] 10 号)、《关于促进房地产市场平稳健康发展的通知》(国办发 [2010] 4 号)、《关于进一步加强房地产市场监管完善商品房预售制度有关问题的通知》(建房 [2010] 53 号)、《云南省人民政府关于促进房地产市场健康平稳发展的实施意见》(云政发 [2010] 18 号)、《云南省人民政府关于切实做好稳定住房价格工作的若干意见》(云政发 [2010] 84 号)、《玉溪市人民政府关于转发〈云南省人民政府关于切实做好稳定住房价格工作的若干意见〉的通知》(玉政发 [2010] 170 号)等文件精神,从土地供应管理和城乡规划管理的角度出发,科学构建与经济社会发展水平和居民收入层次相适应的多层次住房供应和消费体系,改善住房供求关系。根据房地产市场情况,以优先保障有效住房需求为原则合理确定商品住房供应规模,保证住房价格基本稳定。促进住房一、二、三级市场均衡发展,保持房地产市场健康、稳定。

3. 住房建设与资源环境承载力相协调原则。结合玉溪人口总量、结构发展趋势和规模，以建设资源节约型、环境友好型社会为导向，以全面建设节能省地型住房为抓手，大力推进住宅产业现代化，降低资源和能源消耗，积极推行和引导合理的住房建设和消费模式，促进人口、资源、环境协调发展。

4. 住房建设与房地产市场调控相结合原则。坚持"以居住为主、以市民消费为主、以普通商品住房为主"的原则，加强供应和需求双向调控，发挥好住房建设对稳定房地产市场的促进作用。

5. 节约集约高效利用土地资源的原则。积极盘活各类存量土地，优先供应民生用地。结合旧城改造等制定年度住房用地供应计划，着力改善老城区人居环境。按"科学合理、生态优先、宜居为重"的要求，合理布局居住用地，引导住房建设与现代宜居生态城市建设的相互促进，相互协调。

6. 遵循房地产市场运行规律的原则。根据房地产市场运行情况和土地储备情况，合理制定和实施年度住房建设计划；着力创新房地产市场管理手段，运用信息化技术实现对房地产开发项目的全程监管，进一步规范房地产市场秩序，切实维护群众的合法权益。

第七条　规划目标

规划以实现住有所居、促进社会和谐为根本目标。

1. 在 2015 年底前全部解决登记在册的 8929 户以及每年"提标扩面"的新增城市低收入家庭的住房困难问题。

2. 商品住房供应结构与居民收入层次结构相适应。用于商品住房开发建设的新增用地，要结合城市总体规划、城市控制性详规，保证中小套型普通商品住房和经济适用住房、公共租赁住房、廉租住房的土地供应。

3. 住房价格与经济社会发展水平、居民收入水平相适应，保持基本稳定。

4. 住房建设和供应规模与区域内居民实际住房需求相适应，优先保障自住型、改善型等合理住房需求，抑制投资性、投机性需求。

第八条　规划组织实施

1. 各相关部门认真履行职责，密切配合，形成工作合力，共同抓好组织实施。同时，将规划目标任务分解下达，使规划的各项要求落到实处。

2. 各县区建设、发改部门要认真做好各县区每年城镇保障性住房建设计划的上报工作，于上一年 12 月 20 日前将各县区次年的城镇保障性住房建设计划上报市建设和发改部门。

3. 各级发改部门要按照近期城镇保障性住房建设计划，于上一年 11 月 20 日前完成次年城镇保障性住房建设项目的立项批复，确保我市城镇保障性住房建设顺利推进。

4. 各级国土资源主管部门要按照确定的近期城镇保障性住房建设用地规模，搞好土地供应，并于上一年 11 月 30 日前完成次年城镇保障性住房建设项目实施地块的各项报批手续，确保我市城镇保障性住房建设用地的顺利供给。

5. 市级发改、建设部门要认真做好城镇保障性住房建设投资计划上报工作，确保我市的城镇保障性住房建设项目纳入中央、省的投资计划，争取中央、省的资金支持。

第二章　住房现状和需求预测

第九条　住房建设现状

2001—2009 年 9 年间，全市房地产累计开发总建筑面积 1655.21 万平方米。至 2009 年底，全市城镇人均住房建筑面积 42.1 平方米。

第十条　"十一五"期间住房保障情况及存在问题

1. 住房保障基本情况

（1）按照国家、省对廉租住房保障工作的安排部署以及市民政局、市建设局印发的《玉溪市城镇低收入住房困难家庭资格认定办法（试行）》，至 2009 年年末，全市申请住房保障登记总户数为 8929 户，其中：租赁补贴 8155 户，实物配租 774 户。

（2）2005—2009 年末，已实施住房保障的总户数 7541 户。其中：实行租赁补贴的有 7127 户；累计发放租赁补贴资金 2313 万元；实行实物配租的有 414 户。

（3）2005—2009 年，全市新建廉租住房 20.3493 万平方米，总投资约 2.9 亿元。

2. 存在问题

（1）建设材料、人工费价格上涨造成保障性住房建设投资成本增加，地方还需配套大量的建设资金，地方财政有很大的压力及困难。

（2）由于征地难度大，导致部分保障性住房建设项目建设用地滞后，影响了保障性住房建设的进程。

（3）缺乏专职的住房保障工作管理机构。工作人员为兼职或临时抽调，工作临时性、不稳定性较大，难以确保工作顺利开展，不利于住房保障工作的开展。

第十一条　住房需求情况

1. 城市化进程的加快带动住房需求增长。玉溪将进一步加快中心城区及县城、重点镇规划建设，构建布局合理的城镇体系，大力推进城镇化。城市化进程的加快，将导致城镇人口的大量增加，带来较大的住房需求。

2. 随着国民经济的持续稳定增长，城镇居民可支配收入的稳定增长，将促进消费结构升级。消费结构升级速度加快，居民改善住房条件的要求日益迫切，特别是原来住房条件较差的职工改善性住房需求较大，通过房改购房的城市居民也将进入换购期，住房消费增长有较大空间。

3. 城镇居民住房不平衡问题较为突出。同期还有相当部分中低收入家庭住房水平低于平均水平，这部分人的住房需求，将会随收入状况的改变逐渐释放出来。

4. 现代宜居生态城市的建设形成住房需求增长。城镇化是现代化的重要基础，市委、市政府将坚持环境优先、生态立市的原则，把玉溪建设成为现代宜居生态城市。随着玉溪居住环境的不断完善，我市住房建设仍将处于总量增长型发展时期，需求的日益扩大为我市房地产业发展创造了有利的条件。

第三章　住房建设目标及年度目标

第十二条　住房建设总量目标

规划期内建设各类住房约 9.08 万套，总建筑面积约 1152.92 万平方米。其中：

1. 按照各县区调查在册符合城市低收入住房困难条件的家庭有 8929 多户，考虑规划期间符合当前保障条件的低收入住房困难家庭新增量，住房保障扩面后的新增量和限价商品房解决部分"夹心层"住房问题，在规划期内保障性住房（含廉租住房、经济适用住房、公共租赁住房等）计划新建约 8892 套，建筑面积约 50.78 万平方米。其中：计划新建廉租住房 5572 套，建筑面积约 27.88 万平方米；计划新建经济适用住房 1420 套，建筑面积约 11.9 万平方米；计划新建公共租赁住房 1900 套，建筑面积约 11 万平方米。

2. 预计规划期内新建的商品住房 80052 套，建筑面积为 1087.45 万平方米。

3. 预计规划期内棚户区改造可新增住房约 1897 套，建筑面积 22.14 万平方米。

第十三条　住房建设结构指引

规划期内，单套套型建筑面积 90 平方米以下的新建住房总建筑面积应达到新建住房总建筑面积的 40%。廉租住房单套套型建筑面积应当控制在 50 平方米以内；经济适用住房和公共租赁住房单套套型建筑面积应当控制在 60 平方米左右。

第十四条　政府保障性住房建设原则及建设目标

以政府为主导建设廉租住房、经济适用住房、公共租赁住房，探索由政府建设限价房的模式。

1. 开发建设主体应更加多元化，积极探索政府建设、社会投资建设和在商品住房建设项目中配建等多种模式。

2. 在每年的土地供应计划中优先安排保障性住房用地。保障性住房用地涉及新增建设用地的，优先安排用地计划指标，及时办理用地报批手续。

3. 建立保障性住房建设用地长效供应机制。根据保障性住房建设计划，做好建设用地的储备工作。

4. 保障性住房选址在符合城市规划要求的前提下遵循以下原则：

（1）以方便低收入住房困难家庭的生活和出行为原则，选址一般为中心城区、县城或乡镇所在地。

（2）为使低收入住房困难家庭能享受到市政基础设施、公共服务设施的均等化服务，选址优先考虑公共基础设施规划和建设较为完善的地区。

（3）用地选址充分考虑公共交通的便捷程度，将交通的低成本和可达性作为用地选址的重要因素。

5. 规划期内，建设保障性住房 8892 套、建筑面积 50.78 万平方米。其中，廉租住房 5572 套、建筑面积 27.88 万平方米；经济适用住房、公共租赁住房 3320 套，建筑面积 22.9 万平方米。

第十五条 商品住房建设原则及建设目标

1. 政府通过掌握商品住房用地供应规模和时序、控制套型结构比例、培育商品住房二、三级市场、加强房地产市场监管等措施对商品住房市场进行宏观调控。优先发展中小套型、中低价位普通商品住房，满足中等收入阶层自住型住房需求，引导树立节约、理性的住房消费理念；坚持以市场调节为主导发展面向高收入阶层的其他商品住房。

2. 规划期内，建设商品住房建筑面积1087.45万平方米，约8万套。

第十六条 住房建设年度计划

1. 2011年，各类住房建设总建筑面积208.96万平方米，约1.67万套。其中：

廉租住房2052套，建筑面积10.28万平方米。

经济适用住房200套，建筑面积1.8万平方米。

公共租赁住房300套，建筑面积1.8万平方米。

棚户区改造新增住房约354套，建筑面积5.82万平方米。

建设商品住房约1.38万套，建筑面积189.26万平方米。

2. 2012年，各类住房建设总建筑面积260.15万平方米，约2.09万套，其中：

廉租住房建设1576套、建筑面积7.88万平方米。

经济适用住房建设460套，建筑面积3.7万平方米。

公共租赁住房建设400套，建筑面积2.3万平方米。

棚户区改造新增住房约687套，建筑面积7.58万平方米。

建设商品住房约1.78万套，建筑面积238.69万平方米。

3. 2013年，各类住房建设总建筑面积204.49万平方米，约1.58万套。其中：

建设廉租住房700套、建筑面积3.5万平方米。

经济适用住房建设280套，建筑面积2.3万平方米。

公共租赁住房建设400套，建筑面积2.3万平方米。

棚户区改造新增住房约232套，建筑面积2.28万平方米。

建设商品住房约1.42万套，建筑面积194.11万平方米。

4. 2014年，各类住房建设总建筑面积244.81万平方米，约1.9万套。其中：

建设廉租住房636套、建筑面积3.18万平方米。

经济适用住房建设280套，建筑面积2.3万平方米。

公共租赁住房建设400套，建筑面积2.3万平方米。

棚户区改造新增住房约400套，建筑面积4.26万平方米。

建设商品住房约1.72万套，建筑面积232.77万平方米。

5. 2015年，各住房建设总建筑面积241.96万平方米，约1.84万套。其中：

建设廉租住房608套、建筑面积3.04万平方米。

经济适用住房建设200套，建筑面积1.8万平方米。

公共租赁住房建设400套，建筑面积2.3万平方米。

棚户区改造新增住房约224套，建筑面积2.2万平方米。

建设商品住房约 1.7 万套，建筑面积 232.62 万平方米。

第十七条　住房建设投资计划

规划区内，住房建设计划投资约 248.0939 亿元，其中：住房保障计划投资约 8.167 亿元，包括廉租住房计划投资 4.432 亿元，经济适用住房计划投资 1.785 亿元，公共租赁住房计划投资 1.95 亿元；商品住房计划投资 236.8044 亿元；棚户区改造计划投资 3.1225 亿元。

1. 2011 年住房建设计划投资。总计划投资约 43.2653 亿元，其中：保障性住房建设计划投资 2.017 亿元，包括廉租住房计划投资 1.477 亿元，经济适用住房计划投资 0.27 亿元，公共租赁住房计划投资 0.27 亿元；商品住房计划投资 40.5091 亿元；棚户区改造计划投资 0.7392 亿元。

2. 2012 年住房建设计划投资。总计划投资约 52.3174 亿元，其中：保障性住房建设计划投资 1.923 亿元，包括廉租住房计划投资 0.948 亿元，经济适用住房计划投资 0.555 亿元，公共租赁住房计划投资 0.42 亿元；商品住房计划投资 49.4057 亿元；棚户区改造计划投资 0.9887 亿元。

3. 2013 年住房建设计划投资。总计划投资约 45.3018 亿元，其中：保障性住房建设计划投资 1.458 亿元，包括廉租住房计划投资 0.693 亿元，经济适用住房计划投资 0.345 亿元，公共租赁住房计划投资 0.42 亿元；商品住房计划投资 43.4735 亿元；棚户区改造计划投资 0.3703 亿元。

4. 2014 年住房建设计划投资。总计划投资约 53.0558 亿元，其中：保障性住房建设计划投资 1.425 亿元，包括廉租住房计划投资 0.66 亿元，经济适用住房计划投资 0.345 亿元，公共租赁住房计划投资 0.42 亿元；商品住房计划投资 50.9635 亿元；棚户区改造计划投资 0.6637 亿元。

5. 2015 年住房建设计划投资。总计划投资约 54.1536 亿元，其中：保障性住房建设计划投资 1.344 亿元，包括廉租住房计划投资 0.654 亿元，经济适用住房计划投资 0.27 亿元，公共租赁住房计划投资 0.42 亿元；商品住房计划投资 52.4526 亿元；棚户区改造计划投资 0.357 亿元。

第四章　住房建设用地规划

第十八条　居住用地布局

规划期内，在加强土地资源节约、集约、高效利用的前提下，按照用好增量、盘活存量的原则优先安排民生居住用地，重点保证保障性住房和中小套型、中低价位普通商品住房的用地供应；坚持区域住房发展合理布局，根据城市建设发展方向，以加快建设现代宜居生态城市为目标，合理抽疏旧城区过于集中的人口和建筑密度，改善旧城区人居环境；在发展新区住宅建设的同时，加强交通、教育、医疗等公共配套设施建设，提高新区宜居程度，进一步引导住房需求与城市规划导向相一致。

红塔区以玉溪大河以北片区、金钟山片区、北城片区、大营街、高仓镇、研和工业园区等为新增居住用地主要地区；其他八县以县城新区为新增居住用地主要地区，同时结合旧城改造盘活旧城区土地。居住用地布局注重与城市综合交通系统、公共交通网络以及重大基础市政设施相结合，城市建设优先完善上述地区的基础设施，完善居住配套，改善居住环境；同时加大对中心集镇等地区的居住用地储备，逐步解决新增人口的居住问题。

第十九条 居住用地供应总量及结构

规划期内，居住用地供应总量为 513.81 公顷。具体为：

1. 保障性住房用地供应总量为 26.29 公顷。其中：廉租住房用地 14.55 公顷，经济适用住房用地 5.9 公顷，公共租赁住房用地 5.84 公顷。

2. 棚户区改造新增用地 14.24 公顷。

3. 商品住房用地供应总量为 473.28 公顷。

第二十条 住房建设用地供应年度计划

1. 2011 年，各类居住用地供应总面积 115.74 公顷。其中：廉租住房用地 5.04 公顷；经济适用住房用地 0.9 公顷；公共租赁住房用地 1 公顷；商品住房用地 106.37 公顷；棚户区改造新增用地 2.43 公顷。

2. 2012 年，各类居住用地供应总面积 112.49 公顷。其中：廉租住房用地 4.81 公顷；经济适用住房用地 1.82 公顷；公共租赁住房用地 1.24 公顷；商品住房用地 101.36 公顷；棚户区改造新增用地 3.26 公顷。

3. 2013 年，各类居住用地供应总面积 83.27 公顷。其中：廉租住房用地 1.7 公顷；经济适用住房用地 1.14 公顷；公共租赁住房用地 1.24 公顷；商品住房用地 76.51 公顷；棚户区改造新增用地 2.68 公顷。

4. 2014 年，各类居住用地供应总面积 100.49 公顷。其中：廉租住房用地 1.53 公顷；经济适用住房用地 1.14 公顷；公共租赁住房用地 1.12 公顷；商品住房用地 93.23 公顷；棚户区改造新增用地 3.47 公顷。

5. 2015 年，各类居住用地供应总面积 101.82 公顷。其中：廉租住房用地 1.47 公顷；经济适用住房用地 0.9 公顷；公共租赁住房用地 1.24 公顷；商品住房用地 95.81 公顷；棚户区改造新增用地 2.4 公顷。

第五章 规划实施的保障措施

第二十一条 建立住房建设规划实施的分级负责制

加强政策的传递能力和与基层的沟通能力，增强政策的执行力，强化各级政府、各相关部门的住房管理责任。

第二十二条 强化住房建设规划的年度实施计划

根据实际，每年编制住房建设规划的年度实施计划，实现对住房建设规划进行适时调校，以滚动实施住房建设规划，增强住房建设规划的可操作性和指导性。

住房建设规划年度实施计划应明确住宅建筑套密度（每公顷住宅用地上拥有的住宅

套数）和住宅建筑净密度（每公顷住宅用地上拥有的住宅建筑面积）两项强制性指标，指标的确定必须符合本规划及其年度实施计划中关于住房套型结构比例的规定。应依据控制性详细规划和住房建设规划年度实施计划，出具套型结构比例和容积率、建筑高度等规划设计条件，并作为土地出让前置条件，落实到新开工商品住房项目。

第二十三条 建立住房建设规划实施跟踪机制

加强规划实施情况评价工作，建立住房建设规划实施情况动态跟踪机制，对住房建设年度计划实施绩效分析和评价，通过对每年廉租住房、经济适用住房、公共租赁住房、商品住房用地供应、开工建设量、上市销售量和实际成交量的统计分析，确定下一年度住房建设用地供应量、空间分布和建设量（住房建设年度计划），使住房建设规划编制、实施与管理有机结合起来，形成动态、互动的反馈环。

第二十四条 加强对住房建设项目的审查

依据住宅建筑套密度、住宅面积净密度、容积率等相关控制指标，对建设项目进行严格的审查，凡不符合要求的项目，原则上不予审批，同时加强住房建设项目实施进展情况的监控。

第二十五条 加强住房建设规划的监督管理

建立健全规划实施监督制度以及行政纠正与行政责任追究制度，同级人大和政府、上级建设、规划、国土资源部门有权对住房保障规划中强制性内容的执行情况进行监督，同时充分发挥新闻媒体的舆论监督作用，接受社会公众的监督。对没有按要求进行土地、规划和建设审批的单位和个人，要及时予以严肃查处；属于失职、渎职的，应依法追究有关人员的责任。

第二十六条 其他相关政策

1. 为确保"十二五"住房建设规划的及时、有效落实，规划涉及的市级建设、规划、国土、发改等相关部门，要结合住房建设目标、土地供应目标、住房结构调整目标等，进一步制定详细的实施方案，认真落实各自职责，建立考核和责任追究制度，确保工作进度。在规划实施过程中，市有关职能部门可根据土地储备和房地产市场运行情况，对年度计划作适当调整。

2. 发挥税收、金融政策对房地产市场的调节作用。有效落实金融政策，改善金融服务，创新金融产品，围绕《"十二五"住房建设规划》要求，努力发挥辖区金融在支持房地产市场发展中的积极作用。

3. 加强与价格、税务部门的联动。价格主管部门要强化商品住房价格监管，依法查处在房地产开发、销售和中介服务中的价格欺诈、哄抬房价以及违反明码标价规定等行为。税务部门要进一步加大对房地产开发企业税收的征收力度。

第六章 附 则

第二十七条 本规划自公布之日起实施。

第二十八条 本规划由玉溪市建设局负责解释。

大庆市住房建设规划（2011—2015）

第一章　总　则

第1条　规划背景

大力调控促进住房市场健康发展和提高住房保障水平成为我国改善民生的首要任务，根据住房城乡建设部开展"十二五"住房发展规划编制工作的决定及省住建厅《关于开展"十二五"住房发展规划编制工作的通知》，结合大庆市住房建设的实际情况，遵循"生态、自然、现代、宜居"的理念，进一步健全住房供应体系、改善住房供求关系，加大住房保障力度、切实改善民生，尊重房地产市场运行规律，促进房地产市场健康发展，科学规划控制土地供应总量，有序推进和有效引导大庆市住房建设，切实完善、优化和提升大庆市的城市功能、人居环境，特编制本规划。

第2条　规划范围

规划范围：大庆市区，总用地面积 $5107km^2$。

第3条　规划期限

本次规划的期限为 2011—2015 年。

第4条　规划依据

4.1　《中华人民共和国城乡规划法》（2008 年 1 月）；

4.2　《城市规划编制办法》（2006 年 4 月 1 日）；

4.3　《关于调整住房供应结构稳定住房价格的意见》（国办发［2006］37 号）；

4.4　《关于落实新建住房结构比例要求的若干意见》（建住房［2006］165 号）；

4.5　《关于解决城市低收入家庭住房困难的若干意见》（国发［2007］24 号）；

4.6　《大庆市城市空间发展战略规划》（2009 年）；

4.7　《国务院办公厅关于促进房地产市场平稳健康发展的通知》（国办发［2010］4 号）；

4.8　《关于坚决遏制部分城市房价过快上涨的通知》（国发［2010］10 号）；

4.9　《国土资源部关于加强房地产用地供应和监管有关问题的通知》（国土资发［2010］34 号）；

4.10　《关于进一步加强房地产用地和建设管理调控的通知》（国土资发［2010］151 号）；

4.11　《大庆市城市总体规划（2011—2020 年）》；

4.12　《大庆市近期建设规划（2011—2015 年）》；

4.13　《大庆市房地产业发展"十二五"规划》；

4.14　《城市住房建设规划编制导则》；

4.15 　其他相关法律、法规和技术规范及相关规划。

第5条 　指导思想

"十二五"时期是我市加快经济转型和城市转型、建设全面小康社会、推进可持续发展的关键时期，稳定住房价格，抑制住房投机，保证住房建设和供应规模与居民的实际住房需求相适应，优先保障自住型、改善型等合理住房需求。科学构建与经济社会发展水平和居民收入层次相适应的多层次住房供应和消费体系，促进住房一、二、三级市场均衡发展，实现房地产市场健康、稳定。

第6条 　规划原则

6.1 　坚持住房建设与城市"十二五"发展规划相协调原则

城市住房建设规划应以城市国民经济与社会发展规划、城市总体规划、土地利用总体规划为依据，与城市近期建设规划和其他专项规划相衔接，重点突出对土地、财税、金融等关联资源配置和调控的引导，确保住房发展目标的实现。

6.2 　坚持住房建设与人居环境改善相结合的原则

在住房建设的过程中，注重规划建设布局合理、基础设施配套齐全、环境清洁优美、居住条件舒适的生态型社区，创造良好的人居环境，提高人民群众的生活质量。

6.3 　坚持土地资源节约、集约、高效利用的原则

要坚持住房建设新增用地与存量用地结合、开发和节约并举，加快推进土地利用方式转变，切实落实相关政策文件精神，科学构建土地供应结构，因地制宜地引导住房建设项目的开发与空间落位。

6.4 　坚持政府引导与市场配置相结合的原则

合理调控各类住房的供应比例，满足不同层次居民的居住需求，坚持总量平衡、区域协调、结构合理，不断提高和改善居民居住条件。

6.5 　坚持住房建设统筹规划，法制保障的原则

统筹处理好近期与远期、保障与市场、需求与供给、住房建设与设施配套、规划刚性与弹性的关系，结合生态城市建设实际，研究制定符合市情及可持续发展要求的政策和规范性文件，努力做好制度创新和法制保障。

6.6 　坚持前瞻性与可操作性有机统一的原则

既要考虑当前的实际，使规划具有可操作性，又要考虑发展的需要，使规划具有一定超前性。

第二章　现行城市住房建设规划实施情况评估

第7条 　规划目标落实情况

我市现行住房建设规划目标确定 2008—2010 年建设住房建筑面积为 1260hm²，实际完成建设量为 1478hm²，规划政策性住房建筑面积 60hm²，实际完成经济适用住房建筑面积 82hm²，完成规划既定目标，达到了指导我市住房建设的目的。

第8条 　保障性住房规划与建设情况

"十一五"期间，共完成职工住房货币化补贴补差 9079 户，发放货币化资金 3.3 亿元；住房公积金缴纳覆盖达到 77％；经济适用房建设累计完成投资额达到 11.8 亿元，累计建设经济适用住房 82.01hm²，共解决 11350 户中低收入家庭住房问题；累计对 8695 户、16899 人符合条件的廉租户家庭进行了补贴，补贴总额累计 938.5 万元。

第 9 条 商品住房规划与建设情况

"十一五"时期，城市人均住房建筑面积逐年增长，由 2006 年的 34.89m² 增至 2010 年的 39.14m²，增加了 4.25m²。房地产开发投资由 2006 年的 56.6 亿元增加到 2010 年的 119.5 亿元，年均涨幅 20.54％。

"十一五"期间，新建商品房累计销售面积达到 1197.8hm²，成交金额 429.96 亿元；房改房交易推动了住宅二、三级市场的活跃，存量房交易面积 650.54hm²，成交金额 154.37 亿元。房地产投资对经济增长拉动作用明显，成为推动大庆市国民经济快速发展的重要动力之一。

第 10 条 住房发展政策的实施情况

严格行业管理，对房地产开发、中介、物业服务企业加强行业监管，逐步规范大庆市房地产市场。"十一五"期间，加大检查监管力度，开展商品房开发现场巡检工作；开展全市房地产估价机构、经纪机构年检工作，建立健全房地产估价机构信用档案；加强商品房销售和中介市场管理，依法严格实施商品房预售许可，实行网上预售，网上签订合同，联机备案制度，规范房地产销售环节；加强市场监测分析，及时有效的实施宏观调控，引导居民住房理性消费，促进市场健康发展。

第 11 条 实施保障机制的建立与运行情况

"十一五"以来，我市房产主管部门通过加强商品房预售监管、建立健全房地产估价机构信用档案、加强房产测绘机构的管理、加快保障性住房建设等方面建立规章制度、管理法规，确保房地产市场的稳定健康发展；严格廉租住房保障对象和经济适用住房供应对象认定，健全三级核准机制。完善经济适用住房申请、审核、公示制度。实行廉租住房准入、复核、退出动态管理。相关规划、土地、建设、财政等部门紧密配合，保障了当前住房建设规划的有效实施。

第 12 条 住房建设年度计划的制定与执行情况

现行大庆市住房建设规划确定目标：

2008 年：市区房地产开发住宅建筑面积 480hm²；

2009 年：市区房地产开发住宅建筑面积 400hm²；

2010 年：市区房地产开发住宅建筑面积 380hm²。

大庆市年度工程建设统计公报：

2008 年：市区房地产开发住宅建筑面积 440.20hm²；

2009 年：市区房地产开发住宅建筑面积 417.88hm²；

2010 年：市区房地产开发住宅建筑面积 653.66hm²。

土地管理部门按照住房建设用地与棚户区改造结合、以挖潜城区内存量土地为基础，按照新增住房用地供应与存量闲置挖潜相结合的原则，完成用地供应任务，保障了年度住房建设任务。

第13条 现行住房建设规划的实施成效与存在问题

现行住房建设规划基本达到了"总量控制、区域平衡、项目落实"的总体要求，建立了住房建设预报预审制度；实行了年度住房建设总量总体控制，结构套型比例设置总体平衡。

存在问题：

13.1 商品房有效供应不足，中低价位、中小户型比例相对较少。

房地产开发投资增速加快，而商品住房市场的有效供应不足，主要体现在多层、小户型商品住宅在市场上需求较大，但供应却不足，高层、大户型商品住宅销售已显疲态，但供应量依然节节攀升，中低价位、中小套型住房供应比例较低。

13.2 经济适用住房建设区域分布不合理，供应对象相对单一。

由于我市行政区划的特殊性，集中建设的经济适用住房只能满足少部分家庭住房需求，房源建设位置固定，居民选房余地较小。

13.3 城市组团间发展不够均衡、基础设施不够完善。

大庆作为典型的组团型城市，各主要组团在形象、功能、环境、配套设施等方面差距较大。

13.4 城市管理的长效机制还不到位、住房保障管理机构不健全。

城市"三分建设七分管理"的理念还需要强化，全民参与城市管理的氛围还没有形成，城市管理责任机制还未建立，政府、企业、社会共同管理城市的模式还有待落实。

13.5 中低收入家庭住房问题凸显、住房保障政策体系还需进一步完善。

特定阶层中矛盾相对集中，除无业、失业、下岗家庭外，市属、区属企业职工未就业并已结婚的子女家庭或未婚大龄青年，以及来庆灵活就业、已成家无住房的大中专毕业生家庭住房问题亟须政府加大住房保障力度，创新住房保障制度，予以妥善解决。

第三章 住房发展目标

第14条 住房发展总体目标

稳步增加中低价位、中小套型的普通商品住房和限价商品住房、经济适用房、公共租赁住房等政策性住房的供给比例，逐步提高廉租住房保障水平，满足不同收入层次居民的住房需求，进一步完善以市场为主导、多渠道、多层次的住房分类供应体系，引导居民住房的合理消费。

到2015年，在基本解决城市低收入人群住房保障的基础上，在套型面积、功能要求、环境设施等方面更好地满足舒适性的居住需求，使大庆市居民的居住条件得到进一步提档升级。

第15条 住房发展的分项目标

15.1 住房建设总量目标

规划"十二五"期间住房建设总量为 2700hm², 面向市场的商品住房 2150hm², 政府、石油石化等企业建设政策性商品房 470hm², 经济适用住房 61.5hm², 公共租赁住房 18.5hm²。

15.2 居住水平目标

人均住房建筑面积达到 42.5m², 住宅成套率≥98%, 物业项目获省级示范项目称号或达到省级（含国家级）标准≥70%, 新建住宅小区配套建设完成后年平均达标率达到 70%。

15.3 住房保障目标

基本实现"住有所居"的住房保障目标。保障性住房覆盖面≥20%, 最低收入家庭的住房实现"应保尽保", 即保障率为 100%。

15.4 质量与环境目标

不断优化住房建设规划方案设计, 完善住宅质量管理机制, 严格住房建筑标准化管理, 全面推进住宅产业化, 鼓励使用新材料、新技术, 促进节能建设, 进一步提高新建住宅的综合性能。引导住宅工程质量创优, 深入开展住宅工程质量分户验收工作, 落实住宅验收规程, 探索分户验收监督制度创新, 全面提升住宅工程质量。

引入市场竞争机制, 大力推行物业管理市场化、社会化、专业化, 实施物业管理招投标和业主委员会制度, 提高小区物业管理水平和业主自治意识, 使市民享受方便快捷、周到细致、优质高效、安全可靠的物业服务。

第 16 条 住房发展指标体系

大庆市住房建设发展指标体系表

指标分类	指标名称	规划期末	指标属性
总量和居住水平指标	城镇新建住房总量	2700hm²	预期性
	人均住房建筑面积	42.5m²	预期性
	城镇住房成套率	≥98%	预期性
	新建住宅物业管理覆盖率	≥90%	预期性
住房保障指标	保障性住房覆盖面	≥20%	约束性
	保障性安居工程建设规模	80hm²	约束性
	住房公积金制度实施覆盖面	≥80%	预期性
质量和环境指标	住宅工程质量验收优良率	≥80%	约束性
	新建住宅节能比率	≥80%	预期性
	存量住宅节能改造比例	≥50%	预期性
	新建住宅小区物业管理覆盖面	100%	预期性
关联资源配置指标	新增城镇住宅用地供应量	1800 万 hm²	预期性
	保障性住房、棚户区改造和中小套型普通商品住房用地占住房建设用地供应总量比重	70%	约束性
	居民出行交通便捷度	公交车站距离≤500m	预期性
	居民公共服务便利程度	公共服务设施水平普遍提高且能够方便快捷地享受	预期性

第17条 住房发展中长期目标

未来十年，"转型"、"调整"和"发展"将是大庆城市发展的主旋律，将使经济能级、产业结构、发展质量和社会稳定再上新水平。按照创建现代化国际化城市的目标与要求，力争到 2020 年，全面实现现代化，确立初步迈进国际化城市地位的发展目标，形成完善的住房保障体系，房地产业健康发展，资源节约集约利用，人居环境良好，人民群众居住质量和水平达到全新高度，争取从"居者有其屋"向"居者优其屋"的过渡。

第四章 主 要 任 务

第18条 住房供应体系和供应结构

18.1 控制住房供应体系

按照"高端有调节、中端有市场、低端有保障"的原则，适度发展非普通商品住房，重点发展中低价位、中小套型的普通商品住房；全市房源供应分别针对不同人群提供不同类型的住房。针对低保户、低收入且住房困难户、创业人群等住房困难群体，提供廉租房；针对低收入人群，提供经济适用房；针对中等收入及高收入群体提供不同价位的中高档商品房来解决住房问题。

18.2 调整住房供应结构

保持市场性住房供应和保障性住房供应的合理比例，逐步建立和完善多元化住房供应体系。重点发展满足广大群众基本住房消费需求的中低价位、中小套型普通商品住房，优先保障 90m² 以下中小户型、中低价位住宅供应量，年度新审批、新开工的套型面积 90m² 以下住房所占比重，必须达到住房建设总面积的 70% 以上。

18.3 优化存量房供应

通过优化存量房供应来调节市场供求关系，通过加大二级市场开放力度，优化配置现有的住房资源，解决中低收入住房困难家庭住房问题。

第19条 住房保障

19.1 住房保障方式与标准

建立以经济适用住房、廉租住房为主体的多渠道供应、多层次救助、市区全覆盖、满足基本需求的住房保障机制，积极探索并轨管理、无缝衔接、梯度保障的原则，简化租赁途径，分类实施保障，扩大了住房保障面，完善了住房保障体系。

19.2 政策性住房规划与建设

政策性住房由市政府统一规划，市、区政府相关部门统一组织建设。新增政策性住房的建设规模、套数、户型、面积标准、装修标准，以及出售、出租、使用管理的相关办法，由市住房管理部门统一制定。

19.3 政策性住房建设资金的筹措

政策性住房建设资金由市、区两级政府专项拨款或专项贷款，各大企业自行进行政策性住房建设的，给予相关的优惠政策，将全市年度土地出让净收益的一定比例及住房公积金增值收益考虑用于租赁住房建设，并研究制定出台相应资金运用和监管措施。

19.4 廉租住房管理

采取廉租住房认定、实物配租、租赁住房补贴、面积差额租赁补贴等方式开展廉租住房工作，扩大廉租赁住房的来源，拓宽廉租住房保障范围，解决在实际中出现的新问题。

19.5 完善经济适用房的建设和管理

严格执行国家经济适用房管理的各项政策，加大经济适用房建设与销售过程的监管，进一步落实经济适用房签订购买合同起 5 年内不得转让的相关规定。

19.6 探索公共租赁住房保障

积极探索公共租赁住房建设，制定灵活管理机制缓解其他保障性住房建设压力。

第 20 条 房地产市场发展

20.1 健全市场体系

推动房地产三个层级市场联动发展，坚持积极稳妥发展一级市场，全面开放二级市场，精心培育三级市场。按照控制总量、优化结构、打造精品、提升形象的原则，对增量房的开发进行调控，对二、三级市场放宽准入条件，降低门槛，简化程序，缩短时限，提速办证，出台相关政策等激活房地产二、三级市场的政策，促使房屋交易量不断攀升。

20.2 加强市场监管

在全市范围内集中开展整顿和规范房地产市场秩序的专项整治工作，完善市场交易规则使房地产二、三级市场交易行为有章可循，有规可依。全面加强房屋租赁市场管理，建立租赁房屋非住宅与住宅分类管理制度、房屋租赁协管制度，使房屋租赁管理覆盖面达到 85％以上。

20.3 提高服务水平

应以构筑房屋服务体系为核心，积极发展中介服务、精心搭设房源配对的信息桥梁，同时取缔无证中介机构，对中介无证人员进行持证上岗培训；积极推进政务公开，全面放开全部产权和部分产权住房交易，搞活住房二级市场。规范住房装饰装修市场，严格执行国家标准。

第 21 条 住房建设消费模式

构建鼓励居民住房梯度消费的政策体系，抓紧完善节能省地的经济政策，重视生态环境保护，引导全市居民树立合理、健康的住房消费观念，全面推行购租结合、理性适度、满足自住需求的住房梯度消费模式。

第 22 条 住房空间布局

依据城市总体规划，坚持"东移北扩"、"西拓南进"的城市发展战略，拉开城市框架，拓展城市空间，完善重大基础设施，加强城市环境保护和生态环境建设，营造良好的人居环境。

按照整体融合、局部分散的空间分布模式，鼓励和引导各种类型、各个层次、不同群体住房的相对混合布局，促进相互交流和社会和谐。充分考虑居民生活对公共服务设施、公共交通及市政公用设施的需求，合理安排服务半径，创造舒适方便的生活环境。

第 23 条 既有住区更新改善

23.1 整体环境宜居改造

整体性改造老城，集成化推进老居住区、城中村、棚户区改造，实现基础设施、功能项目、环境面貌、房屋本体整体升级。拆除沿街低档商服和主要道路两侧破旧厂区，整理老居住区，优化提升小区功能形象。实施美化、绿化、亮化、净化工程。

23.2 单体建筑节能改造

改造后实现节能 65％的节能标准，规划期末实现既有建筑节能改造率达到 50％。

23.3 盘活用地推进保障房建设

把旧城改造与城市存量土地挖潜结合起来，大力推进主城区内闲置土地清理工作，对闲置土地积极予以盘活，收回的国有土地和储备土地要优先安排保障性安居工程建设。

第 24 条 社区环境与住宅质量的提升

24.1 高要求建设社区

提升社区服务水平；加强社区环境卫生清洁力度，倡导绿色环保、文明和谐的生活方式；加强社区文化建设，规范文化团体组织，以实现和谐社区为目标，建设社会各阶层混居型社区，注重居住区基础设施和公共服务设施的配套建设，进一步加强社区公共服务体系建设，维护社区安宁的生活秩序，营造优美的社区环境，提升社区质量和品质，加快推进和谐社区的建设。

24.2 高标准设计户型

户型设计应体现舒适性、功能性、合理性、私密性、美观性和经济性，应在社交、功能、私人空间上有效分隔。

24.3 高质量建设住宅

全面提高居住品质，建设功能完备、配套齐全、方便安全、拥有智能化、现代化的设施条件，全面实现"以人为本"的居住理念；居住区规划设计水平体现不同区域风格特点、处理好人与环境、建筑与环境的关系。

24.4 高品质服务社会

到 2015 年全市所有住宅小区，70％获省级示范项目称号或达到省级（含国家级）标准。新建住宅小区配套建设完成后年平均达标率达到 70％。

第五章 空间布局与用地规划

第 25 条 住房建设的总体空间布局

25.1 重点发展地区

（1）东部城区：重点发展庆东新城地区、青龙山地区、三永湖地区。

（2）西部城区：重点发展大庆西站地区、经济技术开发区、明湖南部地区、庆西新城地区和创业城地区。

（3）庆南新城：重点发展红岗新区、大同新区和林源新区。

（4）庆北新城：重点发展北国之春梦幻城、兰德湖周边地区和春雷地区。

重点发展地区的各项开发建设应统筹安排，充分发挥城市的集聚效应，在土地供应、基础设施、公共设施等方面应给予优先安排。

25.2 重点改善地区

重点改善地区包括区位重要但需要重点改善和提升的建成区以及油田产能区内的建成区。

东部城区：重点改善区域包括龙凤东部片区、万宝地区、东风新村经一街片区、东风新村老居住小区、高新区核心区、高新产业一、二区等重点区域、经三街西部地区。

西部城区：重点改善区域包括大庆西站地区、计量局地区、让胡路商厦地区、富强地区、北方汽配城地区、让胡路工业开发小区乘风庄中心区及龙十路两侧区域。

第 26 条 保障性住房的空间布局

各类保障性住房布局总体遵循"均衡分布、便于出行、配套齐全、规模适中"的原则，经济适用房主要用于城市危陋房拆迁和城中村改造的安置；其他保障性住房宜与其他商品房配建、混合布局，宜布局在交通要道周边，重点考虑与小学、幼儿园、托老所等社区服务设施相邻。

第 27 条 商品住房的空间布局

27.1 城市新开发建设的住房建设用地

东部城区重点建设：青龙山片区、三永湖片区、兰德湖片区和庆东新城片区等区域。

西部城区重点建设：明湖片区、创业城片区。

27.2 城市改造更新的住房建设用地

随着城市发展，用地总体布局调整，对现状部分重点区域进行综合的改造建设，对建设用地布局进行科学调整。

在城市改造建设区域内重点建设的区域包括广电大厦北侧片区、万宝湖西侧片区、大庆西站片区、技术监督局片区、富强片区。

第 28 条 居住用地供应总量与建设要求

规划住房建设用地供应总量为 1800hm²，其中新增住房建设用地面积约为 1300hm²，通过旧城更新改造盘活存量土地 500hm²。

要严格控制用地总量，根据区域性房地产市场变化情况，适时调整土地供应结构，合理调控新增商品住宅土地供应，活化市场存量，适度控制增量，促进全市房地产业健康有序发展；完善土地管理制度，强化规划和年度计划管控，严格用途管制，健全节约土地标准，加强用地节地责任和考核。大力发展节地型住宅，提高土地利用率。大力回收闲置土地，积极盘活存量土地，加大对盐碱地、废弃地开发利用，提高科学合理利用土地水平。

第六章　年度时序安排

第29条　住房建设年度时序安排

规划期内住房建设分为三个阶段：

29.1　增加供应总量阶段

2011年和2012年重点是结合国家抑制房价过快增长的政策，合理增加住房供应总量，平衡供求关系，规划建设住房建筑面积1400hm²。

2011年：规划市区住房建设总量目标为900hm²。

住房建设结构目标：

　　商品住房建设面积：674hm²

政策性住房建设面积：226hm²

　　其中：政策性商品住房：180hm²

　　　　　经济适用住房：37.5hm²

　　　　　公共租赁住房：8.5hm²

2012年：规划市区住房建设总量目标为500hm²。

住房建设结构目标：

　　商品住房建设面积：343hm²

政策性住房建设面积：157hm²

　　其中：政策性商品住房：150hm²

　　　　　经济适用住房：7hm²

29.2　调整供应结构阶段

2013年和2014年重点是根据市场发展规律，在实现稳定房价，住房供应充足的基础上，遵循"控制总量，消化存量，调控增量，提升质量"的理念，针对实际需求，调整住房供应结构、套型面积等，分层次满足市民实际需求，规划建设住房建筑面积700hm²。

2013年：规划市区住房建设总量目标为300hm²。

住房建设结构目标：

　　商品住房建设面积：240hm²

政策性住房建设面积：60hm²

　　其中：政策性商品住房：50hm²

　　　　　公共租赁住房：10hm²

2014年：规划市区住房建设总量目标为400hm²。

住房建设结构目标：

商品住房建设面积：350hm²

政策性住房建设面积：50hm²

　　其中：政策性商品住房：40hm²

经济适用住房：10hm²

29.3　稳定发展阶段

2015年实现房地产市场的平稳发展，规划建设住房建筑面积600hm²。

2015年：规划市区住房建设总量目标为600hm²。

住房建设结构目标：

商品住房建设面积：543hm²

政策性住房建设面积：57hm²

其中：政策性商品住房：50hm²

经济适用住房：7hm²

第30条　住房用地供应年度时序安排

2011年：规划住房建筑面积900hm²，规划提供建设用地面积470hm²（新增住房建设用地400hm²，旧城更新用地70hm²），用于中小套型普通商品住房、保障性住房供地不得小于330hm²。

2012年：规划住房建筑面积500hm²，规划提供建设用地面积380hm²（新增住房建设用地280hm²，旧城更新用地100hm²），用于中小套型普通商品住房、保障性住房供地不得小于270hm²。

2013年：规划住房建筑面积300hm²，规划提供建设用地面积250hm²（新增住房建设用地160hm²，旧城更新用地90hm²），用于中小套型普通商品住房、保障性住房供地不得小于175hm²。

2014年：规划住房建筑面积400hm²，规划提供建设用地面积300hm²（新增住房建设用地190hm²，旧城更新用地110hm²），用于中小套型普通商品住房、保障性住房供地不得小于210hm²。

2015年：规划住房建筑面积600hm²，规划提供建设用地面积400hm²（新增住房建设用地270hm²，旧城更新用地130 hm²），用于中小套型普通商品住房、保障性住房供地不得小于280hm²。

第七章　政策保障措施

第31条　确保住房建设土地的有效供应

实施高效、集约的住房用地供应政策。通过土地调控措施优先保证中低价位、中小套型普通商品住房和政策性住房建设年度土地供应，其年度供应量不得低于居住用地供应总量的70％，严格控制占用农用地搞住房开发建设；防止土地资源闲置和开发商囤积土地的现象发生。继续停止别墅类住房开发项目土地供应，严格限制低密度，大套型住房土地供应。

第32条　进一步优化住房供应结构

优化住房供应结构应符合实际、统筹兼顾、综合考虑，协调好远期的比例关系。优先发展中小套型、中低价位普通商品住房，满足中等收入阶层自住型住房需求，引导树立节约、理性的住房消费理念；从空间布局上综合考虑各方面因素，确保中小套型住房和其他住房的合理空间布局比例。在宏观调控中，要合理把握政府与市场的关系，一方面加强政府的调控和保障作用，另一方面要防止直接干预市场的微观经济活动，协调好保障性住房和商品住房的比例关系。

第33条 大力发展存量房市场

切实整治住房交易环节违法违规行为，严格规范住房市场外资准入和管理。进一步促进住房二级市场发展，促进住房梯度消费，优化住房资源配置。相关部门应加强住房中介服务行业的管理，完善住房市场的中介服务体系，完善二手房网上交易系统，继续提高二手房交易、办证效率。

第34条 加快住房租赁市场发展

积极引导购买与租赁并重的二元化住房消费观念，提倡和鼓励通过租赁住房解决居住问题，把培育房屋租赁市场作为拉动消费和促进经济增长的重要举措。开辟中低价位住房租赁通道，通过各种渠道有效增加租赁住房的市场供应，不断完善租赁住房供应体系。进一步促进房屋租赁市场发展，通过税收、金融优惠政策，鼓励机构经营租赁住房，相关部门应制定房屋租赁综合税费征收办法，继续扩大租赁管理覆盖面，建立动态的中低收入家庭住房状况信息库，建立全市统一的流动人口和出租屋信息资源库。建立房屋租赁市场综合管理长效机制，规范商品房屋租赁行为，维护商品房屋租赁双方当事人的合法权益。

第35条 强化差别化住房金融信贷、税收等政策的执行

加大差别化信贷、税收的执行力度，支持居民自住型和改善型住房消费，抑制投资、投机型住房需求，严格按照国家调控政策，征收住房转让环节的营业税、个人所得税等税费，防止漏征和随意减免；严格住房开发信贷条件，有区别地适度调整住房消费信贷政策。继续出台和落实刺激住房消费的政策，选择适当时机对不动产开征统一规范的物业税，适当提高使用和占有环节的税赋水平。促进搞活住房二级市场，进一步减免税费，建立宽松、畅达的住房交易市场环境。

第36条 进一步整顿和规范住房开发市场秩序

实施住房建设项目的全过程监管，采取跟踪、调查、掌握住房建设进度、上市时间、数量，全面规范住房市场秩序，保护住房消费者的利益。加强对住房企业的市场准入和清出管理，严厉查处住房市场的各种违法、违规行为；加强和改善住房市场的宏观调控，建立健全房地产价格政策体系，建立在宏观调控下的市场价格形成机制，稳定住房价格。

第37条 加快健全保障性住房运作的管理机制

贯彻落实国家和省相关政策，加强土地、财税、金融政策调节，加快住房信息系统建设，合理引导住房需求。优化住房供给结构，扩大中低价位、中小户型普通商品房供给，重点建设经济适用房，积极发展公共租赁住房，满足居民多层次住房需求，建设市场与保障并重的双轨原则，引导可租可售、租售并重的消费理念，建立可进可出、进出

灵活的保障制度。

第 38 条　倡导环保型、节能型住房建设

倡导节约型住宅开发模式和科学居住理念，积极探索建筑节能、节地、节水和节材的有效途径，全面推动绿色建筑和低能耗建筑发展，大力发展成品住房，进一步提高成品住房在市场供应结构中的比例，对成品住房给予相应的优惠政策支持，建设节约型住宅示范小区。

第 39 条　推动住宅产业化发展

提高住宅质量，加速推进住宅产业化步伐，采取相应的技术措施和技术政策，促进科技成果的转化，保证住宅建设的整体技术进步。强化政府在产业化推进工作中的主导作用，通过税收、价格、信贷等经济杠杆，鼓励推广、应用有利于环境保护、节约资源的新技术、新材料、新设备和新产品等。重视产业布局和规模效益，统筹规划，合理布点，发挥现代工业生产的规模效应，培植住宅产业基地，形成行业领先企业及组建产业集团。有效利用环境资源，降低能耗，保护生态，提高住宅建设的经济效益、社会效益和环境效益，实现可持续发展的战略目标。

第 40 条　加强物业管理、提升居住环境质量

大力发展物业管理，提高物业管理水平和覆盖率，拓展物业管理的服务内容，使已建成的住宅品质及其环境在使用过程中不断得到提升。积极引导物业服务企业从集成化管理向集约化服务转变。整合物业管理市场资源，利用现代科技的支撑，实施专业管理与专业服务的分离，走集约化、规模化和专业化的道路，为业主提供优质服务。完善物业服务企业治理结构，逐步建立项目管理经理人制度，增强市场竞争能力和企业抗风险能力，促进物业管理服务行业健康良性地发展。

第八章　规 划 实 施 机 制

第 41 条　规划实施的管理机制

规划期内，应制定全市住房发展战略，建立完善的住房保障制度体系，进一步加强住房市场法制建设，建立较为完善的住房与房地产业发展法制体系。以年度实施计划作为落实本规划的重要手段，年度住房实施计划确定的住房目标和住房建设用地的调控指标，是规划许可和用地审批的具体依据。建立住宅建设项目年度预报制度，上一年度下半年，各区、大企业及相关部门根据系统配套容量、结合实际，向房产主管部门申报下一年度住宅开发计划，由市政府综合平衡后，确定下一年度开发计划，凡未列入计划的项目不予审批和立项。

第 42 条　规划实施监督和考核奖惩机制

加强规划运行监督，制定考核制度，对于规划提出的发展目标、主要任务，特别是约束性指标和年度实施计划，主要政策措施落实等进行监督检查，同时要将住房建设的各项内容按部门进行任务分解，明确责任，建立考核和责任追究制度。

第 43 条　规划公众参与机制

采取多种措施，加强对住房调控政策的宣传，引导广大群众树立正确的住房消费观念，切实维护社会稳定。年度计划审批通过后向全市公示；详细规划批复后，在建设现场设立公示牌，公示规划方案及强制性指标，接受社会监督。

第44条 住房建设年度计划的编制要求

编制年度实施计划，应增强可操作性和指导性。住房建设规划年度实施计划应明确住宅建筑套密度和容积率两项强制性指标，指标的确定必须符合本规划及其年度实施计划中关于住房套型结构比例的规定。应依据控制性详细规划和住房建设规划年度实施计划，出具套型结构比例、容积率和建筑限高等规划设计条件，并纳入土地出让合同，落实到新开工商品住房项目。

第45条 规划中期评估和动态调整机制

加强规划实施评估工作，建立住房建设规划实施情况动态跟踪机制，使住房建设规划、实施和管理有机结合起来。建立建设、规划、国土、房管、发展改革等部门的合作机制，对全市住房建设数据定期摸底普查，加强信息、数据的交流和统一。在规划实施中，对涉及规划局部调整的问题，由市房管局会同有关部门按照法定程序进行调整。

第46条 规划实施保障机制

本规划是我市"十二五"期间住房建设工作的基本依据，一经批复，相关部门应按照规划确定的住房建设总量目标、供地目标、空间布局原则等内容严格执行，市政府成立领导小组，负责整体推进和督办落实。各成员单位安排专人负责，遵照规划制定的计划、方案、序时和进度，认真部署、扎实推进，保障实施。

第九章 附 则

第47条 生效日期
本规划自规划批准之日起生效。

第48条 解释权限
本规划由大庆市房产管理局负责解释。

宜兴市住房建设规划（2010—2015 年）

第一章 总 则

第1条 为贯彻国家、江苏省和宜兴市房地产调控的决策和部署，依据《宜兴市城市总体规划（2008－2020）》和《宜兴市土地利用总体规划》以及相关政策法规，与《宜兴"十二五"城乡建设规划》相衔接，加强对近期城市住房建设的统筹和指导，特制定本规划。

第2条 本规划的规划区为宜兴市行政区范围，面积1996.6平方公里，重点为城市总体规划所确定的规划城市建设用地范围（包括宜城城区（含新庄）、丁蜀城区（含陶瓷产业园）、环保科技工业园（含新街）和经济开发区（含芳亭）），规划期限为 2010 年至 2015 年。

第 3 条　在规划期限内，凡在规划区范围内进行的各项住房建设活动，应符合本规划及本规划的年度实施计划；与住房建设相关的各项政策、计划，应与本规划协调。

第 4 条　住房建设指导思想

深入贯彻落实科学发展观，以实现"住有所居"为宗旨，加快建立与经济社会发展相适应，多渠道、多层次的住房分类供应体系，满足住房需求，统筹优化布局，促进集约发展，提升居住水平，引导和促进房地产市场平稳健康发展，为构建和谐社会创造良好的居住环境。

第 5 条　住房建设基本原则

1. 供给平衡原则：科学制定供给总量标准，保持总量供求平衡，保持房地产市场的稳定持续发展。

2. 结构合理原则：促使房地产市场的供应结构基本合理，满足各收入阶层特别是中低收入阶层的住房消费要求。

3. 资源节约原则：加强规划统筹引导，结合城市建设发展合理布局，发展集约高效的建设模式，倡导节约合理的住房消费观念。

4. 环境友好原则：尊重本地现状和特点，构建环境友好、生态宜居的居住环境，为打造宜居城市夯实基础。

第 6 条　住房建设总体目标

在优先保障解决中低收入群体住房困难的前提下，调整住房供应结构，增加住房有效供给，完善由保障性住房、安置住房、商品房等组成的满足不同层次居民居住需求的住房供应与保障体系，逐步形成合理和谐的住房布局，积极创造生态宜人的居住环境，全面实现"住有所居"并建设成为长三角生态宜居城市，为率先实现基本现代化奠定基础。

第 7 条　本规划成果包括规划文本（含图件）和说明两个部分。

第二章　住房现状和需求

第 8 条　宜兴市住房现状

至 2009 年底，全市常住人口约 127.4 万人，城市化水平为 55.88%；城镇人口约 71.19 万人，其中城镇户籍人口约 56.49 万人，城镇半年及以上暂住人口约 14.7 万人；城镇居民人均住房建筑面积约 36.61 平方米，城镇半年及以上暂住人口人均住房建筑面积约 10.98 平方米。至 2009 年底，宜兴市城镇居民住房总建筑面积约为 2069 万平方米，城镇半年及以上暂住人口人均住房总建筑面积约 162 万平方米。棚户区（危旧房）和城中村改造在"十一五"期间已全面完成。

第 9 条　规划期内住房需求

依据《宜兴市实现"两个率先"行动要点》等相关政策文件精神和《宜兴市城市总体规划（2008—2020)》预测目标，并与《宜兴市"十二五"城乡建设规划》相协调，2015 年规划常住人口约为 145 万，城市化水平达到 66%；城镇人口约为 95.7 万，其中城镇户籍人口约 78.9 万人，城镇半年及以上暂住人口约 16.8 万人；城镇人均住房建筑面积约为 39~40 平方米左右，城镇半年及以上暂住人口人均住房建筑面积约为 18 平方米左右。我市城镇居民住房需求约 3156 万平方米，城镇半年及以上暂住人口住房总需求约为 302 万平方米；规划期内住房缺口约为 1227 万平方米，结合安置住房建设约 500 万平方米（因城市化进程农村拆迁住房的安置建设量约 380 万平方米，已包括在住房缺口总量内；城镇拆迁住房的安置建设量约 120 万平方米，为住房缺口以外的建设增量），共需建设住宅总量约为 1347 万平方米。根据"十二五"期末不同收入水平家庭结构比例，规划期内，应建设（含新建、购买、改建和租赁）保障性住房约 112 万平方米（其中廉租住房约 2.4 万平方米，经济适用住房约 49.5 万平方米，公共租赁住房约 60 万平方米），建设安置住房约 500 万平方米，建设商品住房约 735 万平方米。

第三章 住房建设目标和计划

第 10 条 住房建设总量目标

1. 规划期内，全市建设各类住房约 15.5 万套，总建筑面积约 1347 万平方米。其中，建设（含新建、购买、改建和租赁）保障性住房约 1.59 万套，建筑面积约 112 万平方米；建设安置住房约 6.41 万套，建筑面积约 500 万平方米；建设商品住房约 7.5 万套，建筑面积约 735 万平方米。

2. 规划期内，城区建设各类住房约 13.15 万套，总建筑面积约 1139 万平方米。其中，建设（含新建、购买、改建和租赁）保障性住房约 9300 套，建筑面积约 71 万平方米；建设安置住房约 5.32 万套，建筑面积约 413 万平方米；建设商品住房约 6.9 万套，建筑面积约 655 万平方米。

第 11 条 住房建设结构要求

1. 廉租住房保障城市低收入住房困难家庭的住房需求；经济适用住房满足城市中低收入住房困难家庭的住房需求；公共租赁住房保障城市中等偏下收入住房困难家庭、新就业人员和外来务工人员住房困难群体的住房需求；安置住房保障因城市化推进和城市建设而拆迁安置家庭的住房需求；中低价位、中小套型普通商品住房满足城市中低收入住房困难家庭的住房需求，其他商品住房满足中等和中等以上收入家庭住房需求。

2. 规划期内，城市新审批、新开工的住房建设，套型建筑面积 90 平方米以下住房面积所占比重，必须达到开发建设总面积的 70% 以上。保障性住房以及安置住房和商品住房的中小套型住房建设用地不低于用地供应总量的 70%。

3. 结合宜兴市实际情况，保障性住房的单套套型建筑面积应严格控制，其中廉租住房控制在 50 平方米左右，经济适用房控制在 90 平方米左右，公共租赁住房控制在 60 平方米左右。

第 12 条　保障性住房建设原则、建设目标及设施配套目标

1. 保障性住房建设原则

（1）完善体系、应保尽保原则。完善分层级、多渠道的住房保障体系，有效提高保障性住房供应量，纳入保障体系的人群应保尽保。

（2）以人为本、合理布局原则。保障性住房选址布局合理，与城市公共设施布局吻合，完善配套设施，方便被保障人群生活和就业。

（3）专项建设、分步实施原则。专项落实保障性住房建设的支撑措施，优先安排群众需求迫切的项目，有计划分步实施建设计划。

2. 保障性住房建设目标

切实解决城市中低收入家庭住房困难问题，纳入保障体系人群应保尽保。规划期内，全市建设（含新建、购买、改建和租赁）保障性住房约 1.59 万套，建筑面积约 112 万平方米。其中，建设廉租住房 400 套，建筑面积约 2.0 万平方米；建设经济适用住房 5500 套，建筑面积约 49.5 万平方米；建设公共租赁住房 1 万套，建筑面积约 60 万平方米。

城区建设（含新建、购买、改建和租赁）保障性住房约 9300 套，建筑面积约 71 万平方米。其中，建设廉租住房 300 套，建筑面积约 1.5 万平方米；建设经济适用住房 5000 套，建筑面积约 45 万平方米；建设公共租赁住房 4000 套，建筑面积约 24 万平方米。

3. 保障性住房设施配套目标

完善保障性住房居住的交通出行条件和文化、教育、体育、卫生、社会福利等公共服务设施配套，切实增强保障性住房的宜居性，利用城市有限公共资源更好地解决城市中低收入人群住房问题，方便居民生活和就业。

第 13 条　商品住房建设原则及建设目标

1. 商品住房建设原则。

（1）优化布局，集约发展原则。商品房建设应与城市重点发展方向吻合，相对集中成片发展，以优化城市空间结构，促进集聚集约发展。

（2）完善结构，提升品质原则。优先保证中低价位、中小套型商品房建设，适度建设与基础环境建设相协调的精品住宅，提升居住环境品质。

（3）节能环保，生态宜居原则。提升房地产业发展水平，以引导发展节能省地环保型住宅为重点，逐步加大成品住宅供应比例，倡导生态宜居的生活理念。

2. 商品住房建设目标

促进城市重点地区建设，稳步提升居民居住水平。规划期内，建设商品住房约 7.5 万套，建筑面积约 735 万平方米。其中，建设中低价位、中小套型普通商品住房约 4.5 万套，建筑面积 380 万平方米。

城区建设商品住房约 6.9 万套，建筑面积约 655 万平方米。

第 14 条　住房建设年度计划

依据《宜兴市城市总体规划（2008—2020）》，与《宜兴市国民经济和社会发展第十二个五年规划纲要》以及《宜兴市"十二五"城乡建设规划》相协调，规划期内，住房建设年度目标为：

2010 年，廉租住房建设（含新建、购买、改建和租赁）100 套，建筑面积 5000 平方米；经济适用住房建设 1500 套，建筑面积 13.5 万平方米；公共租赁住房建设 3000 套，建筑面积 18 万平方米；安置住房建设 1.43 万套，建筑面积 100 万平方米；商品住房建设 1.2 万套，建筑面积 120 万平方米；

其中，城区廉租住房建设（含新建、购买、改建和租赁）50 套，建筑面积 2500 平方米；经济适用住房建设 1500 套，建筑面积 13.5 万平方米；公共租赁住房建设 1000 套，建筑面积 6 万平方米；安置住房建设 1.26 万套，建筑面积 88 万平方米；商品住房建设 1.1 万套，建筑面积 105 万平方米。

2011 年，廉租住房建设（含新建、购买、改建和租赁）60 套，建筑面积 3000 平方米；经济适用住房建设 800 套，建筑面积 7.2 万平方米；公共租赁住房建设 1400 套，建筑面积 8.4 万平方米；安置住房建设 1.48 万套，建筑面积 120 万平方米；商品住房建设 1.3 万套，建筑面积 130 万平方米；

其中，城区廉租住房建设（含新建、购买、改建和租赁）50 套，建筑面积 2500 平方米；经济适用住房建设 700 套，建筑面积 6.3 万平方米；公共租赁住房建设 600 套，建筑面积 3.6 万平方米；安置住房建设 1.36 万套，建筑面积 110 万平方米；商品住房建设 1.15 万套，建筑面积 110 万平方米。

2012 年，廉租住房建设（含新建、购买、改建和租赁）60 套，建筑面积 3000 平方米；经济适用住房建设 800 套，建筑面积 7.2 万平方米；公共租赁住房建设 1400 套，建筑面积 8.4 万平方米；安置住房建设 1 万套，建筑面积 80 万平方米；商品住房建设 1.4 万套，建筑面积 135 万平方米；

其中，城区廉租住房建设（含新建、购买、改建和租赁）50 套，建筑面积 2500 平方米；经济适用住房建设 700 套，建筑面积 6.3 万平方米；公共租赁住房建设 600 套，建筑面积 3.6 万平方米；安置住房建设 8800 套，建筑面积 75 万平方米；商品住房建设 1.25 万套，建筑面积 120 万平方米。

2013 年，廉租住房建设（含新建、购买、改建和租赁）60 套，建筑面积 3000 平方米；经济适用住房建设 800 套，建筑面积 7.2 万平方米；公共租赁住房建设 1400 套，建筑面积 8.4 万平方米；安置住房建设 1 万套，建筑面积 80 万平方米；商品住房建设 1.3 万套，建筑面积 130 万平方米；

其中，城区廉租住房建设（含新建、购买、改建和租赁）50 套，建筑面积 2500 平方米；经济适用住房建设 700 套，建筑面积 6.3 万平方米；公共租赁住房建设 600 套，建筑面积 3.6 万平方米；安置住房建设 8200 套，建筑面积 65 万平方米；商品住房建设 1.25 万套，建筑面积 120 万平方米。

2014 年，廉租住房建设（含新建、购买、改建和租赁）60 套，建筑面积 3000 平方米；经济适用住房建设 800 套，建筑面积 7.2 万平方米；公共租赁住房建设 1400 套，建筑面积 8.4 万平方米；安置住房建设 7500 套，建筑面积 60 万平方米；商品住房建设 1.25 万套，建筑面积 120 万平方米；

其中，城区廉租住房建设（含新建、购买、改建和租赁）50 套，建筑面积 2500 平方米；经济适用住房建设 700 套，建筑面积 6.3 万平方米；公共租赁住房建设 600 套，建筑面积 3.6 万平方米；安置住房建设 6000 套，建筑面积 48 万平方米；商品住房建设 1.15 万套，建筑面积 110 万平方米。

2015 年，廉租住房建设（含新建、购买、改建和租赁）60 套，建筑面积 3000 平方米；经济适用住房建设 800 套，建筑面积 7.2 万平方米；公共租赁住房建设 1400 套，建筑面积 8.4 万平方米；安置住房建设 7500 套，建筑面积 60 万平方米；商品住房建设 1.05 万套，建筑面积 100 万平方米；

其中，城区廉租住房建设（含新建、购买、改建和租赁）50 套，建筑面积 2500 平方米；经济适用住房建设 700 套，建筑面积 6.3 万平方米；公共租赁住房建设 600 套，建筑面积 3.6 万平方米；安置住房建设 5900 套，建筑面积 47 万平方米；商品住房建设 1 万套，建筑面积 90 万平方米。

住房建设年度目标所确定的指标，由于客观因素未能实现，其年度目标在总指标不变的情况下可跨年度使用或年际之间调整。

第四章　住房建设用地规划

第 15 条　住房用地供应指导思想

坚持土地资源节约、集约高效利用，重点保证保障性住房和中小套型普通商品房用地供应；坚持住房建设发展合理布局，与城市建设同步协调发展；坚持新增供应与存量挖潜相结合，积极盘活闲置土地；坚持加强土地供应管理，合理确定土地供应总量、结构和时序。

第 16 条　住房用地供应布局

统筹协调住房用地供应布局，与城市建设重点区域发展方向吻合，优先在基础设施到位、公共设施完善和环境资源良好的地区加强住房用地供应。住房用地供应重点集中在宜城城区（含新庄）、丁蜀城区（含陶瓷产业园）、环保科技工业园（含新街）和经济开发区（含岐亭）。宜城城区（宜城）和丁蜀城区（含陶瓷产业园）以改造挖潜、完善配套为主；宜城城区（新庄）、环保科技工业园（含新街）和经济开发区（含岐亭）以增加土地供应，集约新建为主。

1. 经济适用房和廉租住房用地布局在配套设施较为成熟地区，公共租赁住房用地布局在居住区与产业区结合部，方便保障对象的生活和工作。

2. 中低价位、中小套型普通商品住房用地布局在新城和老城区结合部，以缓解老城区内住房供应压力。

第 17 条　住房用地供应总量

规划期内，全市城镇住房用地供应总量约为 1023 公顷；其中，保障性住房用地约为 81 公顷，安置住房用地约为 417 公顷，商品住房用地约为 525 公顷。

城区住房用地供应总量约为 880 公顷；其中，保障性住房用地约为 51 公顷，安置住房用地约为 361 公顷，商品住房用地约为 468 公顷。

第 18 条 住房用地供应结构指引

1. 保障性住房用地。规划期内，全市 81 公顷的保障性住房用地中，廉租住房用地约 2 公顷，经济适用住房用地约 36 公顷，公共租赁住房用地约 43 公顷。

城区 51 公顷的保障性住房用地中，廉租住房用地约 1 公顷，经济适用住房用地约 32 公顷，公共租赁住房用地约 18 公顷。

2. 商品住房用地。规划期内，全市 525 公顷商品住房用地中，272 公顷的住房用地用于供应中低价位、中小套型普通商品住房。城区商品住房用地约为 468 公顷。

第 19 条 住房用地供应年度计划

2010 年，全市供应保障性住房用地 23.2 公顷（廉租住房 0.5 公顷，经济适用住房 9.7 公顷，公共租赁住房 13 公顷），安置住房用地为 83.4 公顷，商品住房用地 85.8 公顷；

其中，城区供应保障性住房用地 14.2 公顷（廉租住房 0.2 公顷，经济适用住房 9.7 公顷，公共租赁住房 4.3 公顷），安置住房用地为 73.4 公顷，商品住房用地 75 公顷。

2011 年，供应保障性住房用地 11.5 公顷（廉租住房 0.3 公顷，经济适用住房 5.2 公顷，公共租赁住房 6 公顷），安置住房用地为 100 公顷，商品住房用地 92.9 公顷；

其中，城区供应保障性住房用地 7.3 公顷（廉租住房 0.2 公顷，经济适用住房 4.5 公顷，公共租赁住房 2.6 公顷），安置住房用地为 91.7 公顷，商品住房用地 78.6 公顷。

2012 年，供应保障性住房用地 11.5 公顷（廉租住房 0.3 公顷，经济适用住房 5.2 公顷，公共租赁住房 6 公顷），安置住房用地为 66.7 公顷，商品住房用地 96.5 公顷；

其中，城区供应保障性住房用地 7.3 公顷（廉租住房 0.2 公顷，经济适用住房 4.5 公顷，公共租赁住房 2.6 公顷），安置住房用地为 62.5 公顷，商品住房用地 85.8 公顷。

2013 年，供应保障性住房用地 11.5 公顷（廉租住房 0.3 公顷，经济适用住房 5.2 公顷，公共租赁住房 6 公顷），安置住房用地为 66.7 公顷，商品住房用地 92.9 公顷；

其中，城区供应保障性住房用地 7.3 公顷（廉租住房 0.2 公顷，经济适用住房 4.5 公顷，公共租赁住房 2.6 公顷），安置住房用地为 54.2 公顷，商品住房用地 85.8 公顷。

2014 年，供应保障性住房用地 11.5 公顷（廉租住房 0.3 公顷，经济适用住房 5.2 公顷，公共租赁住房 6 公顷），安置住房用地为 50 公顷，商品住房用地 85.8 公顷；

其中，城区供应保障性住房用地 7.3 公顷（廉租住房 0.2 公顷，经济适用住房 4.5 公顷，公共租赁住房 2.6 公顷），安置住房用地为 40 公顷，商品住房用地 78.6 公顷。

2015 年，供应保障性住房用地 11.5 公顷（廉租住房 0.3 公顷，经济适用住房 5.2 公顷，公共租赁住房 6 公顷），安置住房用地为 50 公顷，商品住房用地 71.5 公顷。

其中，城区供应保障性住房用地 7.3 公顷（廉租住房 0.2 公顷，经济适用住房 4.5 公顷，公共租赁住房 2.6 公顷），安置住房用地为 39.2 公顷，商品住房用地 64.3 公顷。

第五章　政　策　与　策　略

第 20 条　加强住房用地管理。

依据相关法律法规，结合本地房地产市场实际情况，适度增加居住用地供应总量，加快处置闲置房地产用地，优先确保保障性住房土地供应。

第 21 条　优化调整住房结构。

将住房销售套数、套型面积、保障性住房配建比例等纳入土地出让合同，确保中小套型住房供应结构严格按照有关规定落实到位；努力降低住房空置率，引导住房类型结构和住房套型结构趋向合理，不断满足人民群众多层次住房需求。

第 22 条　加大保障范围和力度。

多渠道增加保障性住房房源，适度提高保障性住房补贴标准，逐步扩大保障对象范围；加快中低价位、中小套型普通商品房建设，切实落实保障性住房相关优惠政策，合理、节约使用建设资金。

第 23 条　多渠道改善居住条件。

以改善低收入家庭居住环境为宗旨，积极进行房屋维修养护、配套设施完善、环境整治和建筑节能改造。重视维护城市传统风貌特色，提升城市功能，改善城市面貌，促进城市全面协调可持续发展，稳步推进旧住宅区综合整治。

第 24 条　推进居住生态宜居化。

减少资源浪费型住房供应，严格执行差别化信贷政策和住房税费政策，积极宣传引导居民树立合理、节约的住房消费观念；大力推广新技术、新材料和可再生能源在住宅建设上的应用，提升住房建筑节能比例，提高新建住宅中成品住宅的比例，倡导生态宜居的居住理念。

第六章　规划实施保障措施

第 25 条　规划实施组织保障。

将任务分解到政府年度工作计划之中，在市政府的统一领导下，明确住房建设的相关管理部门责任，落实工作进程，综合协调，有序推进，确保任务按期完成。

第 26 条　规划实施政策法规保障。

进一步加强房地产市场法制建设，完善相关政策法规体系，建立较为健全监督的住房与房地产业发展法制体系。制定完善相关住房保障管理办法；落实相关税费调控政策，优化住房信贷政策。

第 27 条　规划实施运行监督保障。

完善规划实施的效能评估和动态运行管理机制，加强住房建设项目的全过程管理和监测力度。落实目标责任制，建立严格的运行监管机制，加大对规划落实情况的检查、监督和考核。

第 28 条 规划实施信息监测保障。

建立健全房地产市场信息系统和信息发布制度，建立多部门参与的房地产市场分析监测机制，积极引入社会监督机制，形成有效的信息反馈机制，确保住房建设规划落实到位。

第七章 附 则

第 29 条 本规划自批准之日起实施。

第 30 条 本规划由宜兴市住房保障和房产管理局负责解释。

附表 1

宜兴市住宅建设量估算表（2010—2015年）

年份	常住人口（万人）	城市化水平 %	城镇户籍人口 人口数（万人）	面积指标（m²/人）	住宅量（万m²）	城镇半年及以上暂住人口 人口数（万人）	面积指标（m²/人）	住宅量（万m²）	住宅总量（万m²）	较2009年住宅缺口量（万m²）	2010年起城镇拆迁住房安置建设总量（万m²）	合计（万m²）
2009	127.4	55.88	56.49	36.61	2069	14.7	10.98	162	2231	（现状）	（现状）	—
2012	136	63	70.28	38	2670	15.4	15	230	2900	669	80	749
2015	145	66	78.9	40	3156	16.8	18	302	3458	1227	120	1347
备注												

附表 2

宜兴市住房建设年度面积指标表（2010—2015年）

年份	保障性住房 总数 面积（万m²）	套数（套）	廉租住房 面积（万m²）	套数（套）	经济适用住房 面积（万m²）	套数（套）	公共租赁住房 面积（万m²）	套数（套）	安置住房 总数 面积（万m²）	套数（套）	其中90m²以下户型 面积（万m²）	套数（套）	占总量的百分比	商品住房 总数 面积（万m²）	套数（套）	其中90m²以下户型 面积（万m²）	套数（套）	占总量的百分比	合计 总数 面积（万m²）	套数（套）	其中90m²以下户型 面积（万m²）	套数（套）	占总量的百分比
2010	32	4600	0.5	100	13.5	1500	18	3000	100	14300	90	11300	90%	120	12000	55	6500	45.83%	252.	30900	177	22400	70.24%
2011	15.9	2260	0.3	60	7.2	800	8.4	1400	120	14800	110	13800	91.67%	130	13000	65	7500	50%	265.9	30060	190.9	23560	71.8%
2012	15.9	2260	0.3	60	7.2	800	8.4	1400	80	10000	75	9400	93.75%	135	14000	70	8500	51.85%	230.9	26260	160.9	20160	70%
2013	15.9	2260	0.3	60	7.2	800	8.4	1400	80	10000	75	9400	93.75%	130	13000	65	7500	50%	225.9	25260	155.9	19160	70%
2014	15.9	2260	0.3	60	7.2	800	8.4	1400	60	7500	55	6900	91.67%	120	12500	70	8500	58.33%	195.9	22260	140.9	17660	71.92%
2015	15.9	2260	0.3	60	7.2	800	8.4	1400	60	7500	55	6900	91.67%	100	10500	55	6500	55%	175.9	20260	125.9	15660	71.57%
合计	111.5	15900	2.0	400	49.5	5500	60	10000	500	64100	460	57700	92%	735	75000	380	45000	51.7%	1346.5	155000	951.5	118600	70.66%

注：保障性住房套型面积均在90m²以下。

附表3

宜兴市住房建设年度用地指标表（2010—2015年）

年份	保障性住房				安置住房			商品住房			合计		
	总数	廉租住房	经济适用住房	公共租赁住房	总数	其中		总数	其中		总数	其中	
	用地面积	用地面积	用地面积	用地面积	用地面积	90m²以下户型		用地面积	90m²以下户型		规划用地	保障性住房和安置住房、商品住房中90m²以下户型	
						用地面积	占总量的百分比		用地面积	占总量的百分比		用地面积	占总量的百分比
	(hm²)	(hm²)	(hm²)	(hm²)	(hm²)	(hm²)		(hm²)	(公顷)		(hm²)	(hm²)	
2010	23.2	0.5	9.7	13	83.4	75	89.93%	85.8	39.3	45.80%	192.4	137.5	71.47%
2011	11.5	0.3	5.2	6	100	91.7	91.7%	92.9	46.5	50.05%	204.4	149.7	73.24%
2012	11.5	0.3	5.2	6	66.7	62.5	93.7%	96.5	50	51.81%	174.7	124	70.98%
2013	11.5	0.3	5.2	6	66.7	62.5	93.7%	92.9	46.5	50.05%	171.1	120.5	70.26%
2014	11.5	0.3	5.2	6	50	45.9	91.8%	85.8	50	58.28%	147.3	107.4	72.91%
2015	11.5	0.3	5.2	6	50	45.9	91.8%	71.5	39.3	54.97%	133	96.7	72.71%
合计	80.7	2	35.7	43	416.8	383.5	92.01%	525.4	271.6	51.69%	1022.9	735.8	71.94%

附表4

宜兴市城区住房建设年度面积指标表（2010—2015年）

年份	保障性住房									安置住房		商品住房		合计	
	总数		廉租住房		经济适用住房		公共租赁住房			总数		总数		总数	
	面积	套数	面积	套数	面积	套数	面积	套数		面积	套数	面积	套数	面积	套数
	(万m²)	(套)	(万m²)	(套)	(万m²)	(套)	(万m²)	(套)		(万m²)	(套)	(万m²)	(套)	(万m²)	(套)
2010	19.75	2550	0.25	50	13.5	1500	6	1000		88	12600	105	11000	212.75	26150
2011	10.15	1350	0.25	50	6.3	700	3.6	600		110	13600	110	11500	230.15	26450
2012	10.15	1350	0.25	50	6.3	700	3.6	600		75	8800	120	12500	205.15	22650
2013	10.15	1350	0.25	50	6.3	700	3.6	600		65	8200	120	12500	195.15	22050
2014	10.15	1350	0.25	50	6.3	700	3.6	600		48	6000	110	11500	168.15	18850
2015	10.15	1350	0.25	50	6.3	700	3.6	600		47	5900	90	10000	147.15	17250
合计	70.5	9300	1.5	300	45	5000	24	4000		433	55400	655	69000	1158.8	133400

注：城区包括宜城城区（含新庄）、丁蜀城区（含陶瓷业园）、环保科技工业园（含新街）和经济开发区（含屺亭）。

宜兴市城区住房建设年度用地指标表（2010—2015 年）　　　　附表 5

年份	保障性住房				安置住房	商品住房	合计
	总数	廉租住房	经济适用住房	公共租赁住房	总数	总数	总数
	用地面积	用地面积	用地面积	用地面积	用地面积	用地面积	规划用地
	（hm²）	（hm²）	（hm²）	（hm²）	（hm²）	（hm²）	（hm²）
2010	14.2	0.2	9.7	4.3	73.4	75	162.6
2011	7.3	0.2	4.5	2.6	91.7	78.6	177.6
2012	7.3	0.2	4.5	2.6	62.5	85.8	155.6
2013	7.3	0.2	4.5	2.6	54.2	85.8	147.3
2014	7.3	0.2	4.5	2.6	40	78.6	125.9
2015	7.3	0.2	4.5	2.6	39.2	64.3	110.8
合计	50.7	1.2	32.2	17.3	361	468.1	879.8

注：城区包括宜城城区（含新庄）、丁蜀城区（含陶瓷产业园）、环保科技工业园（含新街）和经济开发区（含
　　屺亭）。

宜兴市保障性住房建设规划一览表（2010—2015 年）　　　　附表 6

区域	序号	项目名称	住宅类型	建设性质	建设规模	
					2010—2012 年	2013—2015 年
宜城城区（宜城）	1	尚福公寓	廉租住房	新建	4.5 万 m²	
宜城城区（新庄）	2	钱墅人家一期	廉租住房 经济适用住房	续建	12.5 万 m²	
	3	钱墅人家二期	廉租住房 经济适用住房	新建	8.5 万 m²	
	4	城东保障房	经济适用住房	新建	启动	总规模 20 万 m² 建设 15 万 m² 预留 5 万 m²
丁蜀城区（含陶瓷产业园）	5	新城嘉园一期	廉租住房 经济适用住房	续建	5.4 万 m²	
	6	新城嘉园二期	廉租住房 经济适用住房 公共租赁住房	续建	5.04 万 m²	
	7	新城嘉园三期	廉租住房 经济适用住房 公共租赁住房	新建	7.03 万 m²	
	8	政府西侧保障房	廉租住房 经济适用住房 公共租赁住房	新建	启动	总规模 20 万 m² 建设 15 万 m² 预留 5 万 m²
环保科技工业园（含新街）	9	生活配套园	公共租赁住房	新建	6.8 万 m²	
经济开发区（含屺亭）	10	人才公寓	公共租赁住房	新建	4 万 m²	

续表

区域	序号	项目名称	住宅类型	建设性质	建设规模	
					2010—2012 年	2013—2015 年
重点镇	11	重点镇保障房	廉租住房、经济适用住房	新建	1.92 万 m²	2.88 万 m²
	12	蓝领公寓	公共租赁住房	新建	9.6 万 m²	14.4 万 m²
一般镇	13	蓝领公寓	公共租赁住房	新建		
合计					65.29 万 m²	47.28 万 m²

注：保障性住房结合实际地块安排建设总量约 112.59 万 m²，略高于规划 111.5 万 m² 建设总量。

宜兴市安置住房建设规划一览表（2010—2015年）　　附表 7

区域	序号	项目名称	建设性质	建设规模	
				2010—2012 年	2013—2015 年
宜城城区（宜城）	1	长圩安置房地块	新建	5 万 m²	
	2	龙潭路安置房地块	新建	2 万 m²	
	3	阳羡路安置房地块	新建	1 万 m²	
宜城城区（新庄）	4	安置 A 地块	新建	12 万 m²	
	5	安置 B 地块	新建	12 万 m²	
	6	安置 C 地块	新建	7 万 m²	
	7	安置 D 地块	新建	13 万 m²	
	8	安置 E 地块	新建	20 万 m²	
丁蜀城区（陶瓷产业园）	9	蜀山安置地块	新建	5.6 万 m²	城区安置住房建设总量约 160 万 m²
	10	通蜀路北侧地块	新建	9 万 m²	
	11	陶瓷城南地块	新建	10 万 m²	
环保科技工业园（含新街）	12	西花园二村北侧地块	新建	1.2 万 m²	
	13	西花园五村南侧地块	新建	2 万 m²	
经济开发区（含芳亭）	14	广汇三期	在建	26 万 m²	
	15	东郊二期	新建	20.6 万 m²	
	16	东郊三期	新建	48.6 万 m²	
	17	五星三期	新建	20 万 m²	
外围乡镇	18	各镇安置住房	在建、新建	27 万 m²	40 万 m²
合计		至 2010 年 8 月底已建设安置住房 58 万 m²			
				300 万 m²	200 万 m²

注：安置住房 2013—2015 年地块结合城乡建设实际情况具体安排。

宜兴市商品住房建设规划一览表（2010—2015 年）　　　　附表 8

	序号	项目名称	建设性质	建设规模	
				2010—2012 年	2013—2015 年
宜城城区（宜城）	1	乐祺家苑	在建	6.6 万 m²	
	2	华润景城	在建	5.4 万 m²	
	3	颐景东方	在建	9.4 万 m²	
	4	金帝东郡	在建	17 万 m²	
	5	宜兴中堂	在建	11.5 万 m²	
	6	碧水华庭	在建	6.8 万 m²	
	7	东氿一号	在建	11.2 万 m²	
	8	东氿一号南郡	在建	9 万 m²	
	9	荆邑山庄	在建	10 万 m²	
	10	青少年活动中心地块	在建	6.48 万 m²	
	11	商品 A 地块	新建	启动	37.9 万 m²
	12	商品 B 地块	新建	启动	65 万 m²
	13	商品 C 地块	新建	启动	13.8 万 m²
	14	商品 D 地块	新建	启动	23.5 万 m²
	15	商品 E 地块	新建	启动	14.5 万 m²
	16	商品 F 地块	新建	启动	12 万 m²
	17	商品 G 地块	新建	启动	35 万 m²
	18	商品 H 地块	新建	启动	5.2 万 m²
宜城城区（新庄）	19	农机厂及周边地块	新建	16 万 m²	
丁蜀城区（陶瓷产业园）	20	万丽置业	在建	44.5 万 m²	
	21	新城嘉园以西地块	新建	启动	23 万 m²
环保科技工业园（含新街）	22	景湖天成	在建	30 万 m²	
	23	江南和院	在建	4.3 万 m²	
	24	金汇熙院	在建	6.3 万 m²	
	25	荆溪人家二期	在建	3.85 万 m²	
	26	水岸豪庭东区	在建	4.7 万 m²	
	27	车辆厂地块	新建	3.65 万 m²	
	28	制药厂地块	新建	16.7 万 m²	
	29	东河路南侧地区	新建	启动	46.5 万 m²
经济开发区（含屺亭）	30	白领公寓一期	新建	10 万 m²	
	31	白领公寓二期	新建	8.6 万 m²	
	32	东郊开发	新建	6.2 万 m²	
	33	科创新城地区	新建	启动	40 万 m²
外围乡镇	34	各镇商品住房	在建、新建	40 万 m²	55 万 m²
合计		至 2010 年 8 月底已建设商品住房 90 万 m²			
				378.18 万 m²	371.4 万 m²

注：商品住房结合实际地块安排建设总量约 749.58 万 m²，略高于规划 735 万 m² 建设总量。

附录三 《绵阳市城市住房建设规划》 的技术方法特点

为应对绵阳当前住房发展面临的各类问题和挑战，强化政府在住房发展方面的公共职能，绵阳市住房和城乡建设局与绵阳市城乡规划局委托中国城市规划设计研究院主持编制《绵阳市城市住房建设规划》，并由清华大学建设管理系、绵阳市地方规划设计机构和城市调查机构共同参与。

一、规划范围、期限与工作框架

考虑到住房建设规划作为城市专项性近期规划的属性特征，需要依据上位住房发展规划、国民经济和社会发展规划、城市总体规划和近期建设规划进行编制，因此在规划范围及工作重点、期限与工作框架内容均与上述规划进行衔接。

（一）规划范围及工作重点

在规划范围上对接绵阳市城市总体规划和近期建设规划的工作层次和四川省住房发展规划的任务要求，从市域和中心城区两个层面分别进行研究，并确定工作重点。

1. 市域层面

市域层面包括涪城区、游仙区、安县、北川县、梓潼县、三台县、盐亭县、平武县和江油市的全部行政辖区，工作重点对全市住房建设规模和居住水平进行基础研究，并对住房市场和保障性住房的发展提出引导性指标，保证全市保障性安居工程任务落实省内的相关要求。

2. 中心城区层面

范围与绵阳市城市总体规划的中心城区一致，包括所有的街道、磨家镇、新皂镇、永兴镇、青义镇、游仙镇、小枧沟镇、松垭镇、塘汛镇、石塘镇、城郊乡的全部辖区；河边镇、龙门镇、石马镇、吴家镇的部分辖区，总面积为 488.7 平方公里。工作重点对中心城区各类住房现状、供需关系、质量提升和空间布局进行研究和规划。

（二）规划期限及分期目的

在规划分期限上对接四川省住房发展规划、绵阳市国民经济和社会发展规划以及绵阳市近期建设规划的时序安排，从规划期和展望期两个阶段分别进行规划研究。

1. 规划期：2013—2015 年

规划期与"十二五"同步，规划在于明确各项目标任务，并落实上位规划的要求，并在城市规划规定的范围内进行住房建设。

2. 展望期：2016—2020 年

展望期与"十三五"城市总体规划的远期同步，规划对绵阳远期住房发展的方向和下一轮住房建设规划的编制提供技术支撑。

（三）规划工作框架

规划在分析绵阳住房现状问题的基础上，根据相关政策和规划要求，综合考虑经济、社会走向和资源环境承载能力要求，对绵阳住房发展趋势进行把握和判断，确定住房发展的目标和指标，优化住房供应体系和结构，预测各类增量住房的规模，提出城中村、棚户区和危旧房等存量住房改造整治的任务、方式和策略，落实居住用地并促进其合理布局，与配套服务设施协同建设，结合具体项目制定年度实施计划，并通过探索和完善相关配套政策措施和实施机制保障规划目标得以落实。

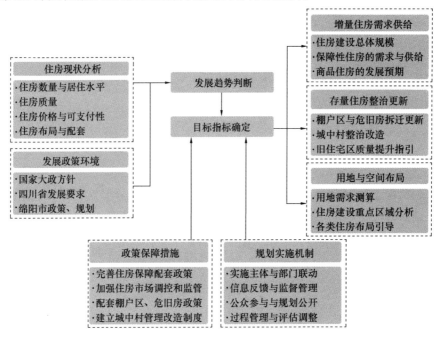

图 1-1 规划技术路线

二、现状分析重点技术内容与方法

由于全国各地长期以来未开展过系统性的住房普查工作，与住房相关的基础统计数据散布于各个部门，统计口径也不一致，造成对住房现状认识上的混乱，本规划将住房现状研究作为最主要的基础性工作，探索了若干数据来源和采集校核方法，并通过比较研究和问卷调查等手段，较为全面地掌握绵阳住房发展的多方面特征和问题。

（一）研究的主要内容

现状研究从人房关系的角度出发，构建各类人群与不同类型住房的关系模型，并从住房数量和居住水平、住房质量、价格和可支付性、空间布局等方面分析绵阳住房发展总体状况以及各群体的住房需求。

1. 住房的类型及人房关系

由于历史原因，绵阳中心城区存在并仍在进行多种类型的住房建设，这也是绵阳地方住房供给的特点，主要分为正规住房与非正规住房两大类型，其中正规住房包括单位公房、房改房、拆迁安置房、商品住房以及廉租房、公租房、经适房、限价房等保障性住房；而非正规住房则包括城中村、农民安置房、小产权住房、企业员工宿舍等。上述各类住房子系统分别承载着不同社会阶层的家庭，也反映出不同家庭特有的住房需求，而对于每个子系统的供给政策也会不同程度地影响到其他各类住房的供需。因此，本规划不仅仅关注城市正规住房和家庭，而且将非正规住房和家庭纳入研究范围，这样更能全面地反映绵阳的住房供需和居住水平。

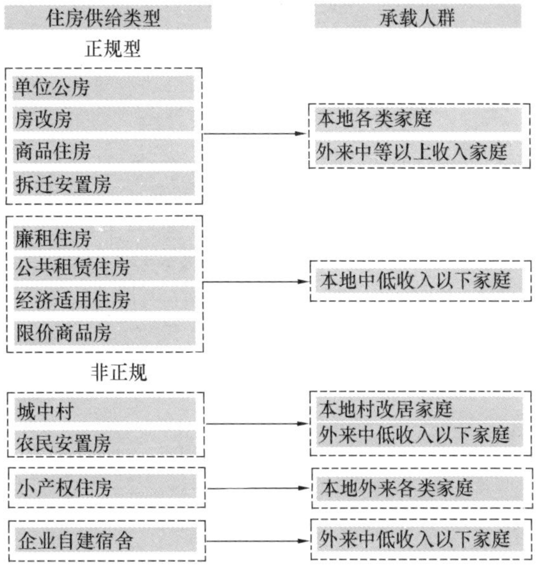

图 2-1 现状住房类型与承载人群关系示意

2. 住房及居住的若干特征

针对住房数量和居住水平，研究从正规住房和非正规住房两方面展开，分别测算住房保有总量、空置水平、相应的户均住房套数、户（人）均居住面积以及不同收入群体家庭住房占有水平，对近年来商品住房开竣工、交易情况和保障性住房的供给规模和结构进行梳理，并就上述量化指标与省内外同类城市进行比较分析。研究结果表明绵阳中心城区正规住房供需基本平衡，空置率处于合理水平，各类家庭居住水平差异性不大，居民对中大户型改善型住房需求增长较快；而非正规住房存量规模大、承载人口多、人均居住水平较低，并部分进入保障性住房供给系统。

针对住房质量，研究从水、电、气及厨、卫等设施配套情况，房屋房龄、结构、高度和建设强度等方面进行比较分析，并统计整理了居民对住房和居住环境的满意度。研究显示，绵阳中心城区正规住房总体质量较好，但存量部分棚户区和危旧房，特别是近年来新建居住小区开发强度过高，对整体居住环境带来较多负面影响；非正规住房同样建设强度过高，同时出现了质量上的分化，新建住房设计建造相对规范，设施齐全，居住环境满意度高，而早期建造的则较差，空置率也比较高。

针对住房价格，研究从历年住房销售与租赁价格、涨幅两方面分析不同群体居民对于绵阳商品住房、保障性住房、城中村等的可支付性。研究显示，绵阳中心城区住房价格水平相对不高，涨幅平稳，可支付性较好，城中村相对于城市私人正规出租住房和保障性住房具有价格优势，但随着保障性住房地价机制调整，优势正逐步消失。

针对住房布局与配套，研究从居住用地分布及基础教育、医疗等设施总体覆盖情况，保障性住房、棚户区、危旧房和城中村等的分布与设施可达性，新增各类住房项目建设与规划引导的匹配性等方面进行分析。认为，公共服务设施对现状居住用地的覆盖较好，城中村区位优势明显，但部分新区和保障性住房项目设施可达性较差，并且由于供给主体辖区和经济利益等原因，保障性住房实际选址与总体规划选址及近期重点建设区域存在较大差异。

（二）数据采集与调研方法

由于现状研究包括城市正规住房和非正规住房两方面，其中正规住房及家庭的情况在人口普查、抽样调查以及各相关部门的统计资料中涉及较多，数据也较为规范，但需要就统计口径方面进行校核，同时研究还就信息欠缺部分采取问卷调查的方式加以补充；而非正规住房及家庭则普遍缺乏相应的统计数据，本规划主要通过问卷调查和抽样深度访谈的方式获取信息。

1. 统计数据的来源及校核

住房现状的相关数据主要有两个来源，即统计部门的普查、抽样调查数据和其他各部门的年度统计数据：

（1）普查、抽样调查数据

研究利用绵阳第五、第六次人口普查数据，其中包含常住人口及家庭居住情况长表。该数据可以较全面地分析绵阳市和中心城区各乡镇、街道的住房存量、住房条件等现状问题，同时也可以辅助预测未来的需求总量。

2010年城镇居民基本情况抽样调查数据（简称"十等分收入组数据"）。该数据样本共包括中国200余个地级及以上城市50多万个家庭。研究整理了各城市按家庭总收入十等分组统计数据，并分别计算了这十组家庭的人口规模、家庭总收入以及住房面积等，并以此进行城市间比较。

（2）各部门的年度统计数据

包括规划部门的近年居住项目审批建设情况、居住用地布局和公共服务设施配套情况；房管部门的现状各类存量住房规模、近年来商品住房的开竣工及交易规模、结构和价格；住房保障部门的现状保障性住房申请轮候情况、保障性住房建设与管理情况、近年来年各类保障性住房开竣工和征收规模；房屋征收部门的城中村、棚户区及危旧房摸底调研情况；国土部门的居住用地储备、供给情况及土地开发指导价格分布情况；人力资源与社会保障部门的流动人口来源、就业、收入、居住等情况。

另外，研究还分别从绵阳市投资控股（集团）有限公司、绵阳科技城发展投资（集团）有限公司、涪城区政府、游仙区政府四大主体处了解棚户区、危旧房分布和改造情况；从经开、科创和高新三大园区管理部门了解了农民拆迁安置住房情况。

2. 问卷设计及深度访谈

本次规划的问卷调查工作由中国城市规划设计院和绵阳城调大队联合组织实施，包括两个独立的调查，一是1100个样本的城市住房居民调查，问卷涉及居民家庭基本信息、居民住房基本现状、居民家庭自有住房现状、居民租赁房屋现状、未来3年居民住房需求等，共计38个问题；二是300个样本的村改居（城中村）居民调查，问卷涉及居民家庭基本信息、居民住房基本现状、有房屋产权的城中村居民基本情况、租房人员基本情况等，共计34个问题。调查空间范围为绵阳中心城区，对象包括居住在中心城区的常住居民家庭（包括居住6个月以上的非户籍居民），每个家庭调查一名家庭成员，被调查年龄选定在 25 岁至 65 岁之间，其性别、学历、职业、收入水平在总体上能代表绵阳城市居民的总体情况。调查以 2010 年人口普查资料和城中村居委会摸底数据为依据，搜集绵阳中心城区主要城镇、城中村居民家庭户数资料，以此确定调查的样本框并按照分层、多阶段、等距的 PPS 抽样方法进行抽样。

深度访谈则重点针对各村改居（城中村）居委会，按照空间分布均衡、特点突出的原则，研究选取沿江、御营坝、六里、平政和黄家祠五个行政单元，涵盖中心城区近半的自然村。深度访谈包含与社区组合字管理人员座谈，重点了解城中村的用地性质、建设规模、房屋出租、人口构成、就业去向、收入水平及与城镇居民的差异等；以及入户走访，重点了解家庭人口、经济状况、就业类型、住房基本、拆迁改造意愿、租金水平等。

三、规划研究重点技术内容与方法

（一）住房供给体系的完善

1. 打通正规与非正规住房供给系统

研究基于绵阳中心城区住房类型和人房关系现状，认可各类非正规住房在满足低收入流动人口基本居住条件的积极作用，并遵照国家在扩大住房保障覆盖面，将流动人口纳入住房保障覆盖范围以及鼓励社会资本参与保障性住房建设的政策精神，提出盘活和有效利用当前城中村、企业自建宿舍、农民安置房等非正规住房资源，通过征收、租赁等方式，将其逐步"正规化"作为保障性住房统一管理和维护，作为解决低收入流动人口基本居住问题的过渡性手段，建立健全符合绵阳特点的正规与非正规相结合的住房供给体系，并有效缓解绵阳市政府在住房保障方面的财政、土地供给压力。

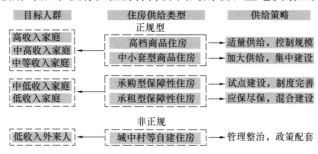

图 3-1 住房供给体系架构建议

2. 优化需求导向的住房供给结构

根据住房消费生命周期理论，新增人口大量外部住房需求将主要集中在满足基本生活需求的中小套型住房上，这类产品在过去几年一直是商品住房建设和销售的主体，在未来几年此类需求预计仍将持续。对现有的居民家庭来说，随着可支配收入的提高，对改善型住房需求日益增长，并会置换出若干中小套型住房流向二手房市场。同时随着国家对别墅等高端住房市场的政策收紧，抑制了此类住房的有效需求。因此，规划提出维持 90 平方米以下中小套型住房供给比重，适当增加 90～120 平方米中大套型住房供给比重，适当减少 120 平方米以上高档商品住房供给比重。

另一方面，公共租赁住房成为保障性住房供给主体，但目前这类住房的设计建设过程中，缺乏对供给对象需求的深入了解，特别是针对流动人口的居住特点缺乏充分认识，因而在户型比例、地段选择、建设规模，定价机制等均存在缺陷，导致形成"供需错位"。因此，规划提出未来应对公租房产品类型的设计深化调整的策略，更多地供给适合单身、两人等小型家庭需求的户型，并探索户型设计上的灵活性，便于今后两套或多套合并重组。

（二）增量住房的需求与供给

规划研究主要从住房的总量以及保障性住房、商品住房两大系统研究正规增量住房的需求与供给，各部分采取多种方法（模型）相互校核，综合取值。

1. 住房总需求预测

对于住房总需求预测，研究在不考虑住房系统内部调整（住房存量的过滤效应）的前提下，住房总需求即等于人口总规模乘以人均住房建筑面积，可以通过分别预测这两类因素的变化而实现对住房总需求的测算。

（1）人口预测

人口增长可以分为两部分，即自然增长和机械增长。自然增长预测基于所掌握现状人口规模以及年龄结构，采用年龄移算法进行预测。基于该方法思路下建立的 PDE 模型将人口着作时间的函数，考虑性别、年龄、受教育程度等对人口生育率、死亡率❶的影响，随着时间推移，人口的年龄在其不断地转组过程中规模也就相应地发生变化。

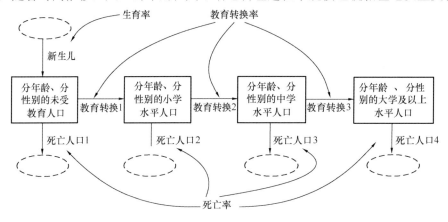

图 3-2　PDE 模型示意图

机械增长测算主要通过 Logistic 模型分析城镇化率的变化得出，研究构造机械增

❶　死亡率基于人口预期寿命进行预测，根据 2010 年普查数据，计算得到绵阳城区人口男性的预期寿命为80.04，女性的预期寿命为81.93，本规划假设预期寿命不变，即分年龄段的死亡率保持不变。新生儿性别比例假设在未来 10 年内保持 2010 年水平不变。生育率通过第六次普查数据可以得到基本的生育率数据，并结合中国普遍存在的生育率漏报现象，从绵阳城区人口的五普和六普数据对比可以计算 2000 年 0～4 岁儿童的漏报率为11.41%。考虑受到 2008 年地震影响，绵阳城区可能存在部分外来迁入人口，真实的人口漏报率有可能低于11.41%。

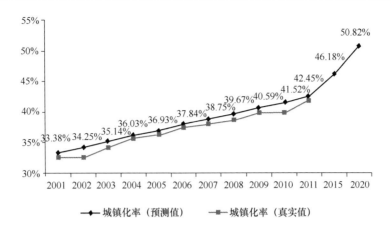

图 3-3 绵阳城镇化率预测

长弹性 e，表示为 $e=\Delta P/\Delta R$，其中 ΔP 表示机械人口增长变化百分比，ΔR 表示城镇化率变化百分比。具体而言，机械增长人口变化的百分比可通过绵阳五普和六普数据计算人口在 2000～2010 年间的自然增长，用期间的实际人口减去预测的自然增长人口（采用中值），可以得到历史机械人口的增长情况。根据绵阳历史城镇化率，计算得到机械增长弹性 e，再根据预测的城镇化率，求得 2010～2020 年间的机械人口增长规模。

（2）人均住房面积预测

有关人均住房面积的预测，研究主要基于住房需求方程，考察住房需求量（因变量）与收入、住房价格、其他商品价格和其他影响住房需求的因素（自变量）之间的函数关系[1]。由于经典的住房需求方程需要大量微观调研数据，且要求微观样本属于全样本的随机抽样，为了解决这种弊端，研究采用了三种方法对最终结果进行校核。

第一种方法：基于住房需求方程，利用全国 287 个地级市截面数据，通过城市与城市之间的横向对比，估算随着人均可支配收入、市辖区人口规模以及商品房价格等因素的变化而导致的住房需求量的调整，模型为：城镇人均住房建筑面积＝C＋C1×城镇人均可支配收入＋C2×（城镇人均可支配收入[2]^2）＋C3×市辖区人口＋C4×（市辖区人口^2）＋ C5×log（商品房销售价格[3]）＋城市及年份控制变量

基于 287 个城市数据的住房需求方程回归结果　　　　　　　　　　　　表 3-1

	回归系数	T 统计量
城镇人均可支配收入（元/年）	1.18E－03	6.83＊＊＊
（城镇人均可支配收入）^2	－1.58E－08	－4.6＊＊＊
市辖区人口（万人）	1.55E－02	1.28
（市辖区人口）^2	－9.22E－06	－1.26

[1]　见郑思齐、刘洪玉，住房需求的收入弹性：模型、估计与预测，土木工程学报，2005，38。
[2]　采用线性趋势外推法预测城镇人均可支配收入。
[3]　利用城房指数－绝对值，进行商品房销售价格的递推。

续表

	回归系数	T 统计量
Log（商品房销售价格）（元/m²）	−3.29E＋00	−3.59＊＊＊
时间固定效应	是	
年度固定效应	是	
常数项	15.22＊＊＊	22.31＊＊＊
	(2.987)	(3.445)
样本量	1664	
R-squared	0.75	

第二种方法：基于住房需求方程，利用绵阳市 1100 份微观调研样本，通过控制城市内不同家庭结构的差异，分析随着收入的变化，住房需求量的调整，模型为：Log（人均建筑面积）＝ C＋ C1×Log（家庭收入）＋ C2×f（其他特征）

基于家庭调查数据的住房需求方程回归结果 表 3-2

变量含义	Log（人均住房建筑面积）		
	(1)	(2)	(3)
Log（家庭收入）	0.0699＊＊＊	0.157＊＊＊	0.0980＊＊＊
	(0.0177)	(0.0140)	(0.0124)
常住人口	否	−0.285＊＊＊	−0.291＊＊＊
	否	(0.00982)	(0.00811)
拥有的住房套数	否	0.0586＊	0.0592＊
	否	(0.0313)	(0.0258)
户主年龄	否	否	是
户籍属性	否	否	是
住房类型	否	否	是
房屋建成年代	否	否	是
购买方式	否	否	是
Constant	3.242＊＊＊	4.016＊＊＊	3.638＊＊＊
	(0.0301)	(0.0471)	(0.0798)
样本量	1，100	968	968
R-squared	0.014	0.472	0.660

第三种方法：基于数据外推法，根据可得到的绵阳历史数据，在实际外推中用城镇人均住房使用面积表征人均住房面积，利用 2006～2011 年区域统计年鉴中"城镇人均住房建筑面积"，采用最优拟合率（R2）的递推方程，推算 2015 年和 2020 年数据住房总需求预测，预测结果如下：

由于三种方法各有利弊，因此本研究最终采用三种方法的算术平均值作为最终的测算结果。

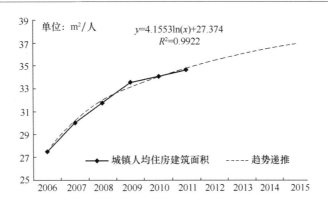

图 3-4 绵阳中心城区人均住房面积递推模型

2. 保障性住房的需求与供给

目前，国家统计局公布的家庭收入、住房状况以及其他重要经济变量主要为分组统计的数据结构，边界值的划分不够灵活，同时由于缺少交叉统计数据表，只能针对单一特征（如收入，人均住房面积等）进行计算，无法准确估计多维特征相互关联的情况下符合准入条件的家庭范围，而绵阳市制定的保障性住房准入标准同时设定收入和现有住房面积两个条件❶。因此，研究利用家庭收入和人均住房面积❷的分组数据，选择合适的分布函数形式，拟合两个变量各自的概率分布函数，即通过估计两个变量的联合分布函数，给定准入标准，测算符合要求的家庭比例。

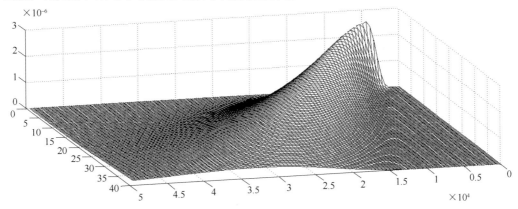

图 3-5 绵阳中心城区家庭收入和人均住房面积联合分布模型

具体操作过程中，主要使用两套数据，分解为三个方法。一套是基于"六普"和大样本抽样调查的数据，该类数据可以分别估计收入和住房面积的分布。另一套则来源于本研究进行的绵阳市中心城区 1100 份问卷调研。其中，方法一利用微观样本的收入和面积关系，直接预测总需求，方法二和方法三所分别测算收入和面积的联合分布，并基

---

❶ 结合廉租住房和公共租赁住房并轨政策，统一采用公共租赁住房准入条件测算。

❷ 本文测算过程中所采用的"住房面积"均指的是建筑面积，与人口普查数据的统计口径一致，同时也与地方制定的保障房申请条件中对居住条件的界定一致。

于二者的联合分布估测总需求。

通过对三种方法所测算出来的结果进行汇总可以最终得到绵阳市中心城区保障性住房需求总量。

3. 商品住房发展预期

预测采用住房需求方程和历史递推两种方法。

需求方程即对住房需求量（因变量）与收入、住房价格、其他商品价格和其他影响住房需求的因素（自变量）之间的函数关系进行研究。实际运用的住房需求方程为：商品房需求面积＝C＋C1×log（收入）＋C2×log（城市人口）＋C3×log（房价）＋C4×log（城市经济发展水平）。根据《区域统计年鉴 2006－2011》287 个城市的数据，实际计算中采用城镇商品房年成交面积表征商品房需求面积，用城镇人均可支配收入表征收入，用市辖区人口来表征城市人口，用市辖区生产总值表征城市经济发展水平，采用 logistic 模型预测，即：城镇商品房年成交面积＝C＋C1×城镇人均可支配收入＋C2×（城镇人均可支配收入^2）＋C3×市辖区人口＋C4×（市辖区人口^2）＋C5×log（商品房销售价格）＋C6×市辖区生产总值＋C7×（市辖区生产总值^2）＋城市及年份控制变量。

基于 287 个城市数据的住房需求方程回归结果   表 3-3

	回归系数	T 统计量
城镇人均可支配收入（元/年）	1.73E－04	4.17＊＊＊
（城镇人均可支配收入）^2	－3.10E－09	－3.08＊＊＊
市辖区人口（万人）	3.64E－03	3.82＊＊＊
（市辖区人口）^2	－1.33E－06	－2.72＊＊＊
Log（商品房销售价格）（元/m²）	－1.27E－01	－0.76
市辖区生产总值（万元）	2.79E－08	2.82＊＊＊
市辖区生产总值^2	－1.68E－16	－3.82＊＊＊
常数项	3.65E＋00	2.66
样本量＝278	R²＝0.49	

选用历史递推法同时进行预测检验。结合数据的发展趋势，通过模拟最优拟合曲线的方法，推测未来商品房成交面积。基于以上两种方法，可以发现本报告预测出来的商品房总需求，能够较好地吻合住房总需求预测的结论。

（三）存量住房的提质与更新

存量住房的提质与更新直接影响规划期内住房和土地供应规模，对于提升城市人居环境品质、改善城市面貌也具有积极意义。绵阳市的存量住房主要包括棚户区和危旧房、城中村、旧住宅区三种类型，总体规模大、现状类型多样、问题较为复杂，规划基于问卷调查、现场踏勘、重点访谈等方式，充分了解三类存量住房的特征和问题，结合绵阳市政府对存量住房提质更新的工作安排，分别提出具体策略与指引。

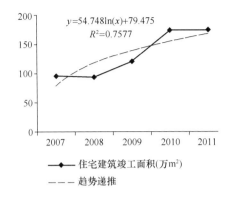

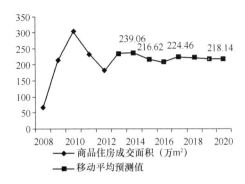

图3-6 基于趋势递推法的竣工面积推算　　图3-7 基于趋势递推法的成交面积推算

1. 棚户区和危旧房拆迁更新

棚户区与危旧房是新一届中央政府着力推动的一项重要工作，绵阳市按照国家和四川省的要求制定了2013～2017年的棚户区（危旧房）改造计划任务。本次规划通过与市、区两级政府的充分对接，在明确规划主体和总体任务的基础上，从项目区位、城市规划要求、现状条件、居民构成和主要诉求等角度，对棚户区与危旧房的具体改造模式提出了建议：

（1）对于地理位置较好、交通便捷、片区面积较大的棚户区，可采取住宅、商业、物业联动开发的模式；

（2）对于被规划为绿地等非居住和商业用地的项目，可采取与邻近资金回报能力较强项目捆绑改造的模式；

（3）对于具有丰富文化底蕴或重要历史遗存，整体风貌与城市环境冲突较小的棚户区，可采用局部微调的方式，重点改善居住环境和设施条件。

为进一步摸清棚户区和危旧房底数，便于制定针对性的拆迁更新措施，本次规划还根据房屋建设年代、建筑面积、建筑结构与安全性等指标提出了危旧房和棚户区认定标准：

（1）建议将符合以下条件的认定为危旧房：1）城市规划区内20世纪80年代以前建造，破损严重，存在安全隐患的房屋；2）集中连片面积5000平方米以上，或危旧房住户100户以上、危旧房比重达70％以上的区域。

（2）建议将城市规划区内国有土地上，符合下列条件之一的集中居住区认定为棚户区：1）房屋破损严重，房龄超过40年的房屋占50％以上；2）符合《建设部城市危险房屋管理规定》的三、四类房屋占50％以上；3）基础设施配套不全，公共排水、供热、供气、消防等设施达不到规定标准，存在严重安全隐患的房屋。

2. 城中村整治改造

绵阳中心城区共计有80余处城中村，常住人口近25万，其中外来人口占比超过70％。城中村建设强度大，容积率相对较高，总体布局也较为混乱，违规加盖、私搭乱建、私宅违规挤占公共空间的问题较为普遍。同时，由于区位条件、建设年代、村集体管理水平等方面的差异,绵阳市城中村的环境质量、设施条件、经济状况、居民诉求等都存在较大的差异,部分城中村房屋和设施老旧、房屋空置、收入来源缺乏等问题较为突出,居民要求改造的呼声较高,而部分村庄房屋和设施条件较好、整体规划建设较为合理、集体经济具备一定实力,居民对城中村的改造和发展有着不同的诉求。

项目组多次就"城中村"改造模式、组织领导、规划管理、用地供应、资金筹集、搬迁补偿等问题与绵阳市相关部门进行讨论;为更好地了解城中村居民的基本情况和主要诉求,项目组选取300个城中村居民家庭进行抽样调查,详细了解了城中村居民对改造方式、改造主体、改造中需要注意的事项等各方面的诉求和建议。

在充分调研的基础上,结合绵阳市对存量住房提质更新的总体安排,规划对提出了城中村分期分类整治改造策略:

近期重点是基于详细的摸底调查开展城中村综合整治,并纳入政府统一管理,包括:1)通过整治使城中村房屋满足各类城市建筑规范;2)按照市区基础设施布局的总体要求和计划,逐步推进城中村基础设施改造;3)按照《城市抗震防灾规划标准》等相关规范标准的要求,通过加固、修缮等方式,使城中村房屋满足防灾要求;4)结合城市规划的要求,严控新建扩建,防止出现新的城中村。

远期逐步推进城中村改造。由于交通区位、建设强度、周边关系、规划要求的差异,规划对现状绵阳市区8余处城中村采取分类引导的方式:1)对于地处城市重要景观节点的城中村,应重点推进整体改造,使地块整体风貌与城市景观环境相融合;2)对位于城市规划确定的非居住用地中的城中村,应逐步推进拆迁改造,促进城市功能布局的优化;3)对毗邻污染工业或存在灾害隐患等不利因素的城中村,应加快推进整体改造,改善居民的居住条件;4)对于现状建筑质量较好、周边配套设施较为完善、用地功能符合城市规划的城中村,应重点改善设施条件、排除内部和外部安全隐患,实现整体功能提升;5)有条件的城中村,可基于村民意愿,考虑将部分房屋纳入城镇保障性住房供应体系。

规划还对建立城中村整治管理制度、完善城中村改造政策提出了策略,包括出台城中村管理办法、设立管理机构、推动部门联动管理、规范改造流程机制、基于规划分类引导、优化完善土地政策等。

3. 旧住宅区质量提升

规划从环境综合整治、房屋维修养护、基础设施和公共服务完善、建筑节能改造、建筑适老化改造、整体风貌优化等六个方面提出了旧住宅区质量提升的重点与方向,此外还从组织协调、基础信息平台建设与规划引导、主体权责界定、投融资方式、公众参与等角度提出了旧住宅区质量提升的策略与指引。

(四)居住空间的布局优化

本次规划根据绵阳市现状居住用地开发强度和城市规划对地块容积率的要求,测算了规划期商品住房和保障性住房的居住用地需求。在此基础上,综合考虑优化存量、完善配套、落实既有规划等因素,提出了规划期内住房建设的重点区域。针对保障性住房布局要求，基于现状居住空间分布、教育和医疗等重要公共服务设施分布、交通出行条件等因素，提出了保障性住房用地布局指引，此外还基于政府引导、市场运作的原则，对商品住房用地提出了布局指引。

1. 居住用地规模测算

基于中心城区控制性详细规划对居住用地开发强度的要求和保障性住房小区的平均容积率，测算规划期居住用地的需求量。

对于保障性住房，参照绵阳市近年建设的保障性住房项目开发强度，结合国内同类城市的建设经验，按容积率 2.3～2.5 取值，确定保障性住房用地规模。

对于商品住房，在本次规划确定的优先发展居住用地范围内，按照中心城区控制性详细规划对各居住地块的容积率要求，测算各社区新增居住用地的平均容积率及可提供的新增住房建筑面积（未编制控规地块参照周边已编制控规地块），进而与商品住房实际需求面积双向对照、确定商品住房用地的总量规模。

2. 住房重点建设区域

基于绵阳市城市总体规划、近期建设规划等相关规划确定的重点拓展空间，结合绵阳市旧城更新和棚户区改造项目安排，确定居住用地选择的范围。本次规划重点基于以下原则明确居住用地开发的时序：

（1）结合实际，优化存量

结合实际发展需求，首先将已列入近期工作计划的棚户区、旧城改造项目作为优先发展对象；其次，位于近期重点拓展空间内的存量用地更新（由其他更能调整为居住功能的）也考虑优先发展。

（2）利用既有设施，完善成熟社区

位于既有中小学合理服务半径内的新增用地优先发展，以实现对公共服务设施的充分利用；呈连片发展态势的成熟居住区范围内及周边的地块也作为优先发展对象。

（3）结合近期建设规划确定的重点建设地区

结合近期建设规划确定住房重点建设区域，以更好地引导和支撑城市空间结构的优化和发展，促进住房布

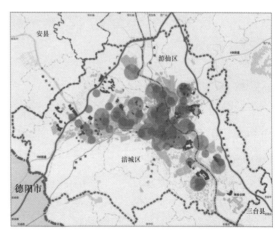

图 3-8　既有中小学服务范围与可选地块关系

局与基础设施建设、公共服务配套等各方面的同步协调发展。

根据上述原则及近期居住用地规模测算，规划确定了近期优先发展居住用地和近期预留发展居住用地。

3. 保障性住房用地布局

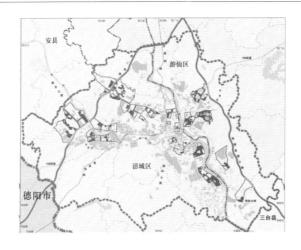

图 3-9　社区发展现状与可选地块的关系

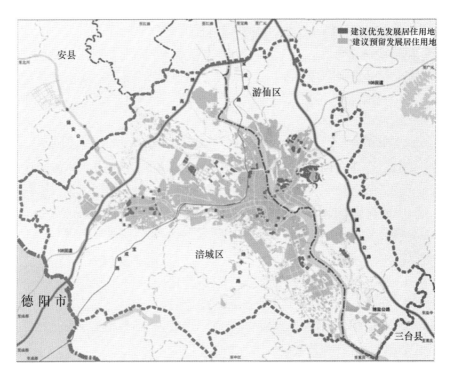

图 3-10　近期居住用地发展时序评价

（1）保障性住房用地布局的总体原则

保障性住房与普通商品住房混合建设，使中低收入家庭平等享受城市各类基础设施和公共服务，避免由于大规模集中建设保障性住房造成居民购买力不足、配套服务难以完善等问题。

保障性住房的空间布局坚持"大分散、小集中"的总体原则，结合中低收入群体就业空间分布、公共交通等重要设施布局等因素综合确定；合理确定单个保障房项目的适宜规模，避免低收入群体过度集中。

（2）用地选择影响因子的确定及评级

基于本次规划对绵阳市区居民发放的 1100 份调查问卷，分析中低收入群体住房空间区位选择的特征，结合政府土地开发成本、绵阳市保障性住房建设主体划分，确定绵阳市保障性住房选址的主要影响因素：交通（公共交通）便捷度；医疗设施服务水平；教育设施服务水平；土地开发成本；建设主体辖区。

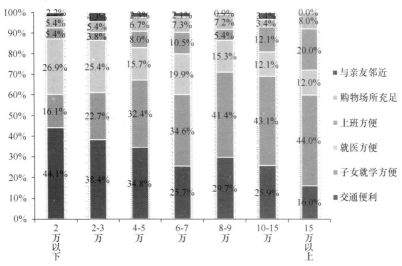

图 3-11 基于大样本抽样的不同收入群体住房区位选择考虑因素

依据前期调研发放的 1100 份住房需求调查问卷统计结果，结合对开发主体和主管部门的座谈，综合确定交通、土地开发成本、医疗设施条件和教育设施条件四项因子的权重为 0.36：0.3：0.2：0.15，在此基础上，使用 ARCMAP 9.1 进行栅格计算，确定保障性住房用地适宜性综合评价得分：

（3）建设主体与用地选择

根据建设主体的管辖范围，在 ARCMAP9.1 中建立地块从属关系，同时考虑单个保障性住房项目的适宜规模，删除规模过大或过小地块，得到各建设主体的备选地块。按照近期各建设主体的保障性住房建设任务，结合控规等对地块开发强度的要求，双向

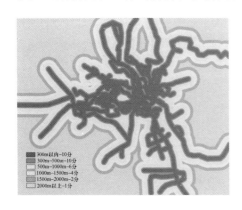

图 3-12 交通便捷度评价结果

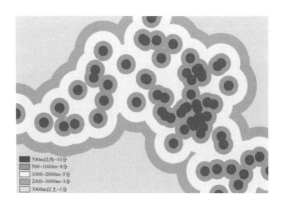

图 3-13 医疗设施服务水平评价结果

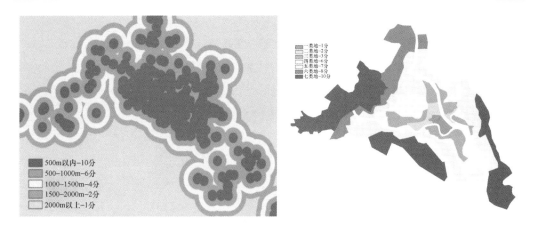

图 3-14 教育设施服务水平评价结果　　　　图 3-15 土地开发成本分布

比对，按照用地适应性分值从高到低的原则依次筛选，最终选定各建设主体的保障性住房建设地块。

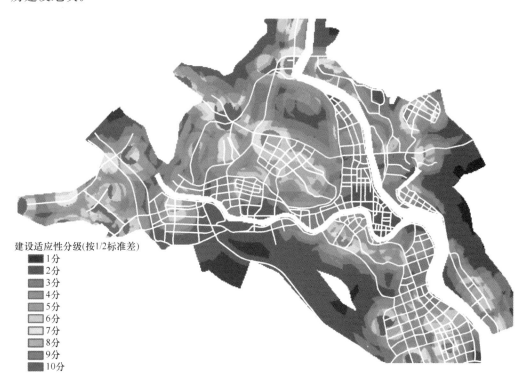

图 3-16 绵阳市区保障性住房建设适应性综合评价图

4. 商品住房布局指引

基于本次规划确定的居住用地优先发展区域，按照"布局合理、配套完善、环境良好"的原则布局商品住房用地。结合不同类型家庭的就业需求和特征，充分考虑就业空间与居住用地布局的关系，鼓励就地、就近就业，促进职住平衡。

　　结合保障性住房的地块选择建设中小套型普通商品住房，促进居住融合。

　　结合产业园区和大型项目的发展，在满足人居环境条件的前提下，建设面向产业工人需求的普通商品住房，促进职住平衡，方便产业工人的生产生活。

　　充分发挥核心地段的区位优势和沿江、临山的区域的景观资源优势，建设高品质住宅小区，打造精品示范工程。

后　记

　　《城市住房发展规划编制导则》在编写过程中开展了深入的调查研究，认真总结了近年来我国城市住房发展规划编制和实施的经验，并借鉴国际先进理念，对主要问题进行了专题研究。囿于篇幅和行文格式的限制，《导则》的成果无法深入阐述调查研究的过程和对相关重要问题的全面认识，《城市住房发展规划编制指南》弥补了这一不足。

　　由于我国的城市住房发展规划编制历史较短，加之住房供应体系和相关政策仍处于不断完善的过程中，因此《导则》和《指南》的相关内容势必存在不完善之处，请各位同仁在使用过程中提出宝贵的意见和建议。

　　在《指南》编制过程中，上海市住房保障和房屋管理局、深圳市规划和国土资源委员会、福州市住房保障和房产管理局、无锡市建设局、扬州市政府、玉溪市建设局、大庆市政府、宜兴市住房保障和房产管理局等部门慷慨提供了本市住房建设规划的案例，在此一并致谢。